Ernst Peter Fischer

# Die Stunde der Physiker



PIPER

Zu diesem Buch

In den 1920er Jahren schlug die Stunde der Physiker: Sie machten sich auf den Weg zu den Atomen im Innersten der Welt – und mussten das gewohnte Weltbild vollkommen aufgeben. Zu den Pionieren der neuen Physik gehörten die Freunde Max Planck und Albert Einstein, die in Berlin lebten. Zu ihnen gesellten sich weitere Ausnahme-Physiker: Niels Bohr, Werner Heisenberg, Wolfgang Pauli, Paul Dirac. Insbesondere Heisenberg agierte als ungeheuer kreativer Kopf, dem unentwegt verrückte physikalische Ideen in den Sinn kamen, die in vielen Fällen von Pauli gnadenlos zerfetzt wurden. Die schließlich ausgearbeitete Form der Wissenschaft feiert seitdem unter der Bezeichnung »Quantenmechanik« Triumphe. Ihr Clou sind nicht nur die für uns heute selbstverständlichen elektronischen Geräte mit ihren grandiosen kommunikativen Möglichkeiten. Ihr Clou ist auch ein völlig verändertes Bild von der Welt hinter den Dingen: Es gibt nur Bewegung, im Wirklichen genauso wie im Wissen und Denken. Und überall hält die Energie mit ihren Wandlungsmöglichkeiten das Geschehen in Gang.

*Ernst Peter Fischer* ist Bestsellerautor, Physiker, Biologie und »Bildungsentertainer« (*Die Zeit*). Als Professor lehrte er an den Universitäten Konstanz und Heidelberg Wissenschaftsgeschichte. Er berät die Stiftung «Forum für Verantwortung».

Ernst Peter Fischer

# Die Stunde der Physiker

## Einstein, Bohr, Heisenberg und das Innerste der Welt

PIPER

*Mehr über unsere Autorinnen, Autoren und Bücher:*
*www.piper.de*



Erweiterte Taschenbuchausgabe
ISBN 978-3-492-32157-0
1. Auflage August 2025
2. Auflage Januar 2026

Für einen direkten Kontakt und Fragen zum Produkt wenden Sie sich bitte an:
*info@piper.de*
Umschlaggestaltung: zero-media.net, München nach einem Entwurf von geviert.com, Christian Otto
Umschlagabbildung: Niels Bohr und Albert Einstein, aufgenommen 1925 von Paul Ehrenfest in Leiden, © Universal Images Group/akg-images
Satz: Fotosatz Amann, Memmingen
Gesetzt aus der Apollo
Gedruckt von ScandBook in Litauen
Printed in the EU

# Inhalt

## Anhang

«Alles, was ich tue und denke, ist nur Probestück des mir Möglichen. Mein Mögliches verlässt mich nie.»

*Paul Valéry, Monsieur Teste* (1927)

«Wenn es aber Wirklichkeitssinn gibt, …
dann muss es auch Möglichkeitssinn geben. …
Gott macht die Welt und denkt dabei,
es könnte ebenso gut anders sein.»

*Robert Musil, Der Mann ohne Eigenschaften,* geschrieben in den 1920er Jahren

# Vorwort zur Taschenbuchausgabe

*Eine Achse der Wissenschaft*

Man kann „»zum Schneckengang verderben, was Adlerflug geworden wäre«, wie Friedrich Schiller *Die Räuber* verkünden lässt, und der Satz ist politisch gemeint. An dieser Stelle soll er den Schritt einschätzen, den die Physik 1925 – also vor 100 Jahren – gehen konnte und mit dem sie dort angekommen ist, wo sich Goethes *Faust* schon umschauen wollte, im Innersten der Welt. Es geht um die Geburtsstunde der Quantenmechanik, die nicht nur relevant für das Verständnis der Atome ist, sondern mit ihren technisch nutzbaren Einsichten auch den Alltag der Menschen massiv verändert – bekannte Stichworte liefern die iPhones und Laptops, die es ohne die Theorie der Quanten nicht geben würde. Ein Blick in die Geschichte der Physik zeigt, dass ihre Vertreter lange Zeit im Dunkeln tappten, bis der damals dreiundzwanzigjährige Werner Heisenberg, der sich auf Helgoland vom Heuschnupfen erholen musste, auf der Felseninsel das Licht anzuzünden vermochte, mit dem es in der Quantenmechanik Tag wurde. Heisenberg beschreibt in seiner Autobiographie *Der Teil und das Ganze*, wie ihm 1925 in einsamer Nacht plötzlich vieles klar wird, wobei anzumerken ist, dass er das Buch mehr als vier Jahrzehnte nach seinem Durchbruch geschrieben hat. Als Historiker seinen Erinnerungen auf den Zahn fühlen wollten, stellten sie vereinzelt Ungereimtheiten fest, was sie ermutigte, von dem Mythos Helgoland zu reden, den Heisenberg in die Welt gesetzt habe. Sie wollten seinen Adlerflug zum Schneckengang verderben, was bei aller Korrektheit einen kleinkarierten Eindruck macht. Was man die Geburtsstunde der Quantenmechanik und mit ihr den Beginn der modernen Welt nennen kann, lässt sich nicht auf die Frage reduzieren, wann die Intensitäten des Lichts, das Atome aussenden, zur Leitidee der wissenschaftlichen Arbeit geworden sind, über die sich fantasielose Fachleuten den Kopf zerbrechen. Zur Geburt einer neuen Physik in einem genialen Gehirn gehört eine intensive Vorgeschichte des Scheiterns, der Mut zu einem ungewohnten Ansatz und das Hervorlocken von inneren Gegebenheiten, die in der Seele aufleuchten – wie zum Beispiel Johannes Kepler das Zustandekommen seiner Einsichten im 17. Jahrhundert geschildert hat. Eine vergleichbare Lichterfahrung kommt Anfang Juni auf Helgoland zustande, als Heisenberg in tiefer Nacht erlebt, wie seine inneren Bilder aufsteigen und mit den äußeren Daten zur Deckung kommen, und er spürt höchstes Glück. Er weiß, dass sich der Weg zu den Atomen zum ersten Mal geöffnet hat, während zugleich noch viel zu erledigen ist, um ihn gehen zu können. Dafür wird der junge Mann das verbleibende Jahr 1925 brauchen. Wenn hier eine historische Parallele erlaubt ist, kann man sagen, dass Heisenberg der Physik eine Achse verschafft hat, um die sich alles dreht und die in der Wissenschaft ein Vorher von einem Nachher trennt. Die Idee solch einer Achsenzeit hat der Philosoph Karl Jaspers in die Geschichte des menschlichen Geistes eingeführt, und die Fachwelt datiert den damit gemeinten Umschwung des Denkens auf das letzte Jahrtausend vor Christus, als Menschen vom Mythos zum Logos fanden und dem Diesseits ein Jenseits hinzufügten. Sie haben diese kulturelle Achse als Offenbarung erfahren und nicht durch Evolution geschaffen. Adlerflug! Kein Schneckengang! Wie bei Heisenberg auf Helgoland.

Es lohnt sich, den Begriff Achsenzeit genauer in Augenschein zu nehmen, der von Karl Jaspers 1949 in seinem Buch *Vom Ursprung und Ziel der Geschichte* eingeführt wurde. Gemeint ist die Zeit zwischen 800 und 200 v. Chr., »in der sich Außerordentliches zusammendrängt«, was Jaspers im Folgenden ausführt:

> »In China leben Konfuzius und Laotse, entstanden alle Richtungen der chinesischen Philosophie …, in Indien entstanden die Upanischaden, lebte Buddha, wurden alle philosophischen Möglichkeiten bis zur Skepsis und zum Materialismus, bis zur Sophistik und zum Nihilismus, wie in China, entwickelt, … in Iran lehrte Zarathustra das fordernde Weltbild zwischen Gut und Böse, in Palästina traten die Propheten auf von Elias über Jesaias bis Jeremias, Griechenland sah Homer und die Philosophen – Parmenides, Heraklit, Plato – und die Tragiker, Thukydides und Archimedes.«

Bemerkt wurde diese Gleichzeitigkeit geistigen Geschehens erstmals im 18. Jahrhundert, wobei Historiker annahmen, die Natur habe wohl an verschiedenen Stellen der Erde zugleich Genies entstehen lassen, die –

wie man im 19. Jahrhundert in Anlehnung an die Physik sagte – ein *kulturelles Feld* konstituierten. Während der Romantik lässt Georg Wilhelm Friedrich Hegel das *geistige Feld* der Achsenzeit zur Geschichte selbst werden. Er macht aus der Revolution des Denkens eine Evolutionsgeschichte des menschlichen Geistes, wie Jan Assmann in seinem Buch *Achsenzeit* schreibt, das als »Archäologie der Moderne« konzipiert ist. Nach Hegel wird versucht, den spirituellen Durchbruch durch kommunikative Wege oder strukturelle Analogien in der Entwicklung von Schriftkulturen zu begreifen. Hierbei wird auch auf die Kopernikanische Wende Bezug genommen, weil im heliozentrischen Weltbild das unendlich gedachte Universum nicht mehr von einem außerweltlichen Gott umschlossen werden kann – der muss ab jetzt innerweltlich agieren. Die Geschichtsphilosophen danach erlauben dem Menschen, Anteil an dem göttlichen Geist zu haben, der sich in der Kulturentwicklung zu erkennen gibt, und dabei taucht die erneut physikalisch lesbare Idee einer »gemeinsamen alle Völker bewegenden Schwingung« auf, die Hegel Weltgeist genannt hätte. Sie stattet die Geschichte mit Frequenzen aus, die in den geistigen Bewegungen zu finden sind. Mit ihrer Hilfe können »neue Sprossen aus der tiefsten Wurzel des nationalen Lebens« hervorgehen, wie man erdverbunden und lebensnah meinte. Im späten 19. Jahrhundert taucht dann die romantische Idee auf, dass »echte Produktivität die dunkle Hülle der Unbewusstheit« benötigt, und es folgen weitere Bemühungen, das »synchronistische Weltzeitalter« zu verstehen, das Jaspers griffig Achsenzeit tauft und bei dessen Konzeption er den christlichen Begriff der Offenbarung im Sinn hatte. Ihm ist klar: »niemand kann zureichend begreifen, was hier geschah und zur Achsenzeit wurde«, die für ihn Tatbestand und Mysterium zugleich ist. Wenn Jaspers von revolutionärer Klarheit schreibt, meint er die säkulare Form der Offenbarung. Sie sorgt auch für die Kreativität in der Physik, deren Quantentheorie vom empirischen Material inspiriert worden ist und mit der ein Genie innere Bilder und äußere Ereignisse zur Deckung bringt, so dass sie in seiner Seele aufleuchten können. Die Geschichte der Physik ist voller Offenbarungserlebnisse. Wie sonst sollte sich diese Wissenschaft der Wahrheit nähern und ihre Vertreter den Mut aufbringen, ihr gegenüberzutreten. *Die Stunde der Physiker* hat geschlagen und der Menschheit ein großes Geschenk gemacht. Hier soll Mut gemacht werden, es mit Freuden anzunehmen.

# Zur Vorsicht

## *Die Revolutionen der Romantik und der Quantenmechanik*

«Die wichtigste Grundannahme früherer Jahrhunderte ist die,
dass es eine bestimmte Natur und Struktur der Dinge gebe,
eine *rerum natura.* Aus der Sicht der Romantiker
beruht dies auf einem tiefen Missverständnis. …
Es muss Platz zum Handeln geben.
Das Potentielle ist wirklicher als das Konkrete.»

*Isaiah Berlin, Die Wurzeln der Romantik*

«Die heutige Wissenschaft ist an die Stelle gelangt,
wo sie den von Aristoteles begonnenen Weg
[das Mögliche zu erfassen], weitergehen kann. …
Die nicht mehr klassische Naturwissenschaft [ist]
zum ersten Mal eine wahre Theorie des Werdens.»

*Wolfgang Pauli 1953 in einem Brief an C. G. Jung*

In den 1920er Jahren machten sich Physikerinnen und Physiker auf den Weg zu den Atomen im Innersten der Welt. Um auf ihm voranzukommen und ihr Ziel im Auge zu behalten, mussten sie mutig und unerschrocken vorwärtsgehen und viele ungewöhnliche Entscheidungen treffen. Sie sahen sich gezwungen, ihr Verständnis des Wirklichen dramatisch umzugestalten und ihr gewohntes Weltbild vollkommen aufzugeben, ohne zu ahnen, welch ungeheure Folgen der von ihnen vollzogene Wandel langfristig sowohl für das Leben von Einzelnen als auch für das Überleben von Gesellschaften mit sich bringen sollte. Zu den Pionieren der erneuerten Physik gehörten die persönlichen und wissenschaftlichen Freunde Max Planck und Albert Einstein, die in den 1920er Jahren in Berlin lebten und dort zu ihrer großen Verwirrung zur Kenntnis nehmen mussten, dass die seit Jahrhunderten gefeierte Physik der alltäglichen Phänomene sie schnurstracks in die Irre führte, sobald sie versuchten, mit ihr die Atome, das von ihnen ausgestrahlte Licht und seine Energie zu verstehen. Einstein, Planck und die anderen fanden sich plötzlich und unerwartet in einer verrückten Situation wieder, in der sich viele Gewissheiten auflösten:

Während im 19. Jahrhundert noch stolz verkündet worden war, dass sich die Physik und die von ihr gelieferten Erklärungen der Bewegungen von Körpern am Himmel und auf Erden und damit die theoretische Erfassung der den Menschen vor Augen liegenden Welt ihrer Vollendung zu nähern schien, ließ das mit diesen Vorgaben errichtete und ehrfurchtgebietende Haus der Physik im frühen 20. Jahrhundert massive Risse in seinen Mauern erkennen. Der Boden, auf den man es gestellt hatte, begann zu schwanken, was bald dazu führte, dass die vertraute Mechanik des Alltags durch eine völlig neue und verrückte Theorie der Atome und der Materie erst ergänzt und dann ersetzt werden musste. Die schließlich in den 1920er Jahren ausgearbeitete Form der Wissenschaft feiert seitdem unter der Bezeichnung «Quantenmechanik» nicht nur erstaunliche wissenschaftliche Triumphe. Mit ihr als Grundlage können Menschen zudem eine Fülle von elektronischen Geräten aus Transistoren und Chips zusammensetzen und mit all ihren kommunikativen Möglichkeiten auf den Markt bringen, die das soziale Leben vollkommen verändern und einen beträchtlichen Anteil der Weltwirtschaftsleistung ausmachen. Doch bei aller Begeisterung für diese grandiose neue Physik mit ihren ungeheuren ökonomischen Folgen – über ihrer strahlenden Welt liegt unübersehbar ein philosophischer Schatten. Denn so paradox dies auch klingen mag: Während alle wissenschaftlichen Berechnungen zuverlässig die Ergebnisse sämtlicher Experimente präzise vorhersagen und die mit ihrer Hilfe konstruierten technischen Produkte wie iPhones prächtig funktionieren und sich noch besser verkaufen, bleiben die Ideen und Theorien der Quantenwelt selbst so unbegreiflich wie am ersten Tag ihres Erscheinens. Das Geheimnisvolle der Natur und der Dinge hat mit den neuen Einsichten der Wissenschaft nur zugenommen. Die Physik sorgt für eine Verzauberung der Welt sowohl durch ihre Erklärungen als auch durch die Produkte, die dank technischer Triumphe wie Magie wirken und wie von Zauberhand funktionieren.

## *Schockierte und bewegliche Europäer*

Als die Physiker bemerkten, dass ein umfassendes Verständnis der atomaren Sphäre neben dem Finden von Naturgesetzen für diesen Weltinnenraum nach ungewohnten metaphysischen Überlegungen verlangte, meinten einige von ihren, die Theoretische Physik (mit großem T), die sie gerade erfunden hatten und entwickeln wollten, als Fortsetzung der Philosophie mit den Mitteln der Mathematik bezeichnen zu können. Die Sprache der Mathematik muss tatsächlich verwenden, wer das Verhalten von Atomen und noch kleineren Gebilden vorhersagen und für technische Anwendungen in den Griff bekommen möchte, und ihre schönsten Wendungen werden in diesem Buch aufgegriffen und angesprochen, weil sich mit ihrer Hilfe etwas Eigentümliches zeigen lässt, über das es sich wahrlich zu wundern lohnt. Gemeint ist die Tatsache, dass die Beschreibung der atomaren Sphäre nur mit Größen gelingt, die nicht aus dieser Welt sind und deshalb imaginär heißen. Die Realität im Innersten der Dinge erschließt sich mit mathematischen Symbolen, die es nur im Denken gibt und nirgendwo in der äußeren Wirklichkeit ihre Entsprechung finden. Großzügig ausgedrückt, erzwingt die Physik der Atome die Einbeziehung einer jenseitigen Welt oder von Transzendenz, auch wenn man so etwas eher im Bereich des Religiösen erwartet. Aber ein Wunder bleibt es trotzdem, und in diesem Buch wird erzählt, wie der Weg zu den Atomen durch solch eine unerwartete Grenzüberschreitung gefunden werden konnte. So kann auch verständlich werden, warum die Schöpfer der neuen Physik höchst emotional reagierten und sich verzweifelt und schockiert zeigten, als die Erklärungen der Natur immer geheimnisvoller wurden.

Zu der in den 1920er Jahren vorgeschlagenen und immer verrückter werdenden Theorie der Atome haben vor allem Wissenschaftler aus europäischen Ländern wie Belgien, Dänemark, Deutschland, England, Frankreich, Holland, Italien, Österreich und Russland beigetragen, die sich ungehindert miteinander austauschen konnten, bis die Naziherrschaft nicht nur dieser Kultur ein abruptes und schlimmes Ende setzte. Solange die Physiker selbst und ihre Ideen noch frei zirkulieren konnten, lieferten sie mit der Quantentheorie ein Beispiel für die schöne historische These, dass sich weitreichende und große Fortschritte von Kulturen einem internationalen Austausch verdanken, wie er in diesem konkreten Fall der Atomphysik auf besondere Weise von Kopenhagen aus gepflegt wurde, wo die Erzählung auch ihren dramatischen Abschluss findet, als dort 1932 eine historische Faust-Parodie aufgeführt wurde, um Goethe an seinem hundertsten Todestag zu ehren.

## *Das Meer der Möglichkeiten*

Das Buch beschreibt, wie die Physiker im 20. Jahrhundert nicht zögerten, ihren Alltagsbereich zu verlassen und in das geheimnisumwitterte Innerste der materiellen Welt vorzudringen. Sie gerieten dabei in das Meer der Möglichkeiten hinein, für das die wirbelnden Atome dort sorgen. Wie sich zeigte, stellen sie und die zu ihnen gehörenden Elementarteilchen wie die Elektronen keine gewöhnlichen Körper oder Objekte mehr dar, wie sie Menschen im Alltag begegnen und die dabei als Kügelchen in die Hand genommen und beschaut werden können. Atome und ihre Teile – die elementaren Teilchen – bilden weniger ein Ensemble aus festen realen Dingen und mehr eine Sphäre aus dynamischen Möglichkeiten. Atome enthalten das Potential, die Erscheinungen des Wirklichen – die Phänomene – hervorzubringen und somit werden zu lassen, und zwar unentwegt. In ihrem Innersten zeigt sich die Welt vor allem als wirksame Energie voller Wandlungskünste, und das Ganze zeigt sich als Werden, das ebenso wenig an ein Ende kommen wird wie das Werden des Wissen, das sich dabei entwickelt. Alles ist im Fluss, wie bereits in der Antike spekuliert wurde und wie die Physik jetzt zeigen und mit ihren Mitteln genauer verfolgen kann. Es gibt nur Bewegung, im Wirklichen und im Wissen und Denken der Welt. Und überall hält die Energie mit ihren Wendefähigkeiten und Wandlungsmöglichkeiten das Geschehen in Gang.

## *Von der Klassik zur Romantik*

Um die radikale Erneuerung der Naturbeschreibung im 20. Jahrhundert mit und von Atomen durch eine historische Einordnung verstehen und kulturphilosophisch einbetten zu können, versucht die hier präsentierte Darstellung sich bei einer anderen und älteren Revolution der Geistesgeschichte zu bedienen, die als Romantik berühmt geworden ist. Dies mag beim ersten Lesen überraschend klingen, wenn man bei diesem Begriff eher an märchenhaftes Geschehen mit himmelblauem Klingklang denkt und sich stirnrunzelnd fragt, was so eine Schwärmerei mit rationaler Physik zu tun haben kann. Die Anleihe wird besser verständlich, wenn man sich zum einen daran erinnert, dass der revolutionären Epoche mit dem Namen Romantik im 18. Jahrhundert das gefeierte Zeitalter der Aufklärung mit ihrer Vernunft ebenso eindrucksvoll vorausgegangen war wie der modernen Quantenmechanik die ebenfalls gefeierte Klassische Physik des 19. Jahrhunderts mit ihrem Verstand. In beiden Fällen wurden überzeugende, auf mathematische Sicherheit angelegte, mit der Rationalität begründete und als abgeschlossen angekündigte Welterklärungen aufgegeben und durch irrational wirkende, von wahrscheinlich eintretenden Möglichkeiten handelnde, mit kreativen Elementen bestückte und durchgehend offenbleibende Denkweisen ersetzt. In beiden Fällen kam es wahrhaftig zu zwei tiefgreifenden Revolutionen des Verstehens, die in der Romantik das Bild vom Menschen mit seinem kreativen Handeln betrafen und in der Quantenphysik das Bild der Welt mit ihrem gestalthaften Werden umfassend und nachhaltig veränderten.

Beide Umwälzungen stellen als Revolutionen der abendländischen Kultur einen dramatischen Wandel des menschlichen Denkens dar, und das jeweils dazugehörige geistige Geschehen lässt sich besser verstehen, wenn beide Umbrüche gemeinsam in den historischen Blick genommen werden. Dabei kann etwas über die Möglichkeiten oder Chancen von Akteuren in Wissenschaft und Kunst gelernt werden, der Wirklichkeit bei ihren Erkundigungen ganz nahe zu kommen oder sogar der Wahrheit gegenüberzutreten, um mit den dabei sich öffnenden Blicken die Welt in ihrem Innersten erst zu erspähen, sich dann nähernd auf sie einzulassen und schließlich mit ihr zu versöhnen, wie man emphatisch und optimistisch formulieren könnte.

Die Romantik und die Quantenmechanik lassen sich – dies zum Zweiten – vordergründig auch deshalb zum besseren Verständnis der physikalischen Entwicklung heranziehen, weil im politischen und sozialen Hintergrund der zwei kulturellen Revolutionen jeweils äußerst dramatische politische und soziale Ereignisse ablaufen – die Französische Revolution von 1789 im Fall der Romantik,* deren große Zeit zwischen 1770 und 1830 angesiedelt werden kann, und die Unruhen nach dem Ersten Weltkrieg in der Weimarer Republik im Falle der Quantenmechanik, deren ungewöhnlich folgenreiche Formulierung in den 1920er Jahren gelingt, also in den Goldenen Zwanzigern, den Roaring Twenties, wie Kulturhistoriker diese bewegte Zeit enormer künstlerischer Kreativität bezeichnen, als sich die Welt «am Nullpunkt des Sinns» befand und von ihm aus einen neuen Aufbruch wagte.

## *Quantensprünge*

Wenn man in aller Kürze ausdrücken will, was der Quantenmechanik ihren Namen und ihre Besonderheit gibt, kann man sagen, dass sie dem Geschehen auf der atomaren Bühne diskrete Quantensprünge** zugesteht (Abb. 1). Dabei gelingt es paradoxerweise genau diesem Riss im Innersten der Welt, den Atomen nach außen ihre Stabilität zu verleihen. Vor und nach den Quantensprüngen liegt ihr Zustand fest, und nichts ändert sich daran, solange diese diskreten Veränderungen unterbleiben. Es ist und bleibt verrückt und klingt auf jeden Fall paradox, aber die Stabilität der Welt entsteht aus der Möglichkeit von Sprüngen in ihrem Innersten, solange sie verhindert werden. Und da ist noch mehr. Denn zu den plötzlichen Übergängen von Atomen mit Energiefreigaben, die in der Alltagssprache mit einem längst populären Wort als Quantensprünge auftauchen, kommt es unvermeidlich dann, wenn ein Beobachter sich dem Objekt seiner Begierde zuwendet, um

* An dieser Stelle müsste auch noch auf die industrielle Revolution verwiesen werden, was aber auf diese Fußnote beschränkt bleiben soll.

** Am Ende des Buches findet sich ein Glossar mit besonderen Begriffen der Wissenschaften, unter anderem von denen, die von Quanten handeln.

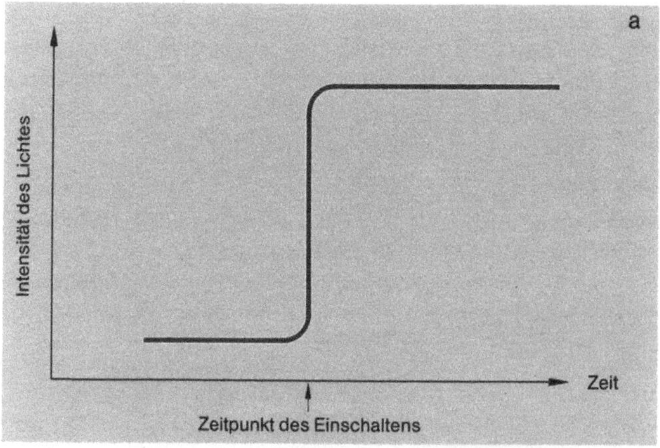


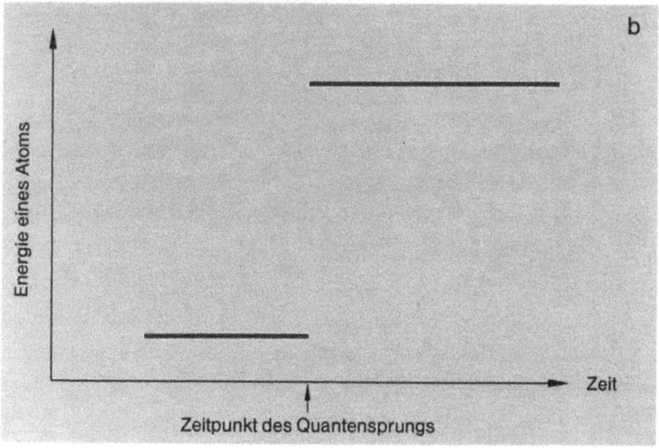


Abb. 1: Ein Quantensprung

*Wenn sich im Alltag Zustände plötzlich ändern und etwa eine Lampe eingeschaltet wird, steigt die Helligkeit in dem beleuchteten Zimmer kontinuierlich an, auch wenn es nicht so aussieht. Man kann die Änderung der Lichtintensität zeichnen, ohne den Stift absetzen zu müssen (a). Das geht bei einem Quantensprung nicht mehr (b). Ein Atom geht dabei diskret von einem Zustand in einen anderen über, und bei diesem Wechsel ändert sich seine Energie. Ein Quantensprung kann nicht als durchgezogene Linie gezeichnet werden. Die Natur erlaubt den Atomen diskrete Sprünge und hält sie dadurch stabil. Wenn sie ihre Gestalt sprunghaft ändern, kommt die Energie frei, die der Welt unter anderem ihr Licht bringt.*

durch eine Messung seinen Zustand zu bestimmen – oder ihn festzustellen, wenn man diesen Ausdruck im Wortsinn versteht, eben als fest stellen (getrennt geschrieben). Solche informativen Kontakte und ihre dazugehörige Wechselwirkung zwischen einem Menschen und seinem oder ihrem Gegenstand setzten diskrete Quanten mit ihrer Energie in Bewegung, wodurch das untersuchte Phänomen seinen (bislang unbeobachteten) Zustand ändert und einen neuen annimmt, nämlich den, den eine durchgeführte Messung als ihr Ergebnis anzeigt. Die Quantenmechanik trägt diesem Wandeln und Werden und dem dazugehörigen energetischen Geschehen Rechnung, indem ihre Gesetze oder Gleichungen nicht mehr beschreiben, wie die Natur *ist*, sondern angeben, wie die Natur *wird*, wenn Menschen auf sie zugreifen, sie sich zurechtlegen und bei den Atomen nachfragen, was oder wie sie sind und sich wandeln können. Atome sind, wie sie geworden ist, nicht zuletzt durch menschliches Zugreifen.

Das neugierige Subjekt kann dabei entscheiden, ob er oder sie vom Licht wissen will, wie groß seine Wellenlänge ist oder an welchem Ort sich die Teilchen befinden, die seine Energie tragen. Im Rahmen der Quantenmechanik bekommen Menschen, die das sich ausbreitende Licht beobachten, die Chance, zwischen zwei Möglichkeiten zu wählen, von denen eine geopfert werden muss, während die andere aktuell eintritt. Auf diese Weise greifen Menschen bei ihrem wissenschaftlichen Vorgehen in die Welt ein, und sie müssen sie deshalb mit einer Art von Schnitt unvermeidlich aufteilen. Die Physik kennt diese Situation konkret als die Dualität von Welle und Teilchen, als eine Dichotomie oder Dopplung, die sich nicht nur beim Licht, sondern auch bei den Elektronen zeigt, die trotz ihrer Masse neben der zuerst erkannten Teilchen ebenfalls eine Wellennatur aufweisen. Nebenbei gesagt, hat das Physikerinnen und Physikern überhaupt die Möglichkeit beschert, nicht nur Licht-, sondern auch die Elektronenmikroskope zu konstruieren, mit denen seit dem 20. Jahrhundert die Struktur der Materie in immer besseren Bildern erkundet werden kann.

### *Die zweigeteilte Welt und das neue Atom*

Zweiteilungen gehören von Anfang an zur Wissenschaft, die in klassischen Zeiten ein Ich kannte, das als Subjekt vor ein Objekt der Welt trat. Ihm konnte es dann als Gegenstand wortwörtlich gegenüberstehen, um es aus dieser Position heraus mit einer Beschreibung zu erfassen, in der das Ich selbst nicht vorkam. Diese gewohnte Welt ohne ein Ich* muss mit der Quantenmechanik und ihren Sprüngen aufgegeben werden. Neben der oben genannten Dualität muss sie zusätzlich noch die Spaltung der forschenden Persönlichkeit zulassen, die dadurch zustande kommt, dass sie ihre Experimente nur in der Sprache des Alltags (in den Begriffen der klassischen Physik) beschreiben kann, während sie zugleich weiß, dass sich Quantenphänomene solch einer Darstellung letztlich entziehen. Aber dies liefert keinen Grund zur Sorge, denn wovon man nicht sprechen kann, darüber muss man nicht schweigen, auch wenn der schwierige Philosoph Ludwig Wittgenstein dies in dem letzten Satz seines legendären *Tractatus logico-philosophicus* verkündet hat, der 1921 erschienen ist. Man kann nämlich von den offenen Möglichkeiten im Inneren der Welt erzählen.**

* Der *Welt ohne Ich*, wie sie zur westlichen Wissenschaft gehört, steht im Osten der meditierende Mensch gegenüber, der ein *Ich ohne Welt* werden will. Eine Zweiteilung findet sich also selbst in den Kulturen der Welt.

** Was Wittgensteins «Logisch-philosophische Abhandlung» angeht, so setzt der damals knapp dreißigjährige Philosoph dem Leser darin auf etwas mehr als 100 Seiten eine Fülle von durchnummerierten Sätzen vor, die alle den einschüchternden Eindruck erwecken sollen, unverrückbare Wahrheiten zu verkünden, die man hinzunehmen hatte und hat. Dabei greifen viele von Wittgensteins Sätze viel zu kurz oder gehen gar ins Leere, wie die Quantenmechanik klarmachen kann. Der gern zitierte Satz mit dem größten logischen Gewicht – er trägt die Ziffer 1 – lautet: «Die Welt ist alles, was der Fall ist.» Doch wirklich der Fall ist etwas anderes, nämlich die Tatsache, dass dieser Satz an der Welt vorbeigeht. Er müsste mindestens lauten: «Die Welt ist alles, was der Fall sein könnte», oder noch besser, «Die Welt kann alles werden, was der Fall sein könnte». So mussten es Naturwissenschaftlerinnen und Naturwissenschaftler erfahren, als sie in das erwähnte Meer der Möglichkeiten eintauchten, die Atome ihnen boten. Es gibt noch weitere vertrackte Ansichten in Wittgensteins Buch, etwa die, die er als Satz 6.53 verkündet, wenn es heißt, dass «Sätze der Naturwissenschaft ... mit Philosophie nichts zu tun» haben. Dies stimmte schon damals seit Jahrzehnten nicht mehr, und diese Art von

Mit der Quantenmechanik und ihrer eigentümlichen Zweiheit tritt neben dem Trennenden zugleich auch eine neue Einheit auf, nämlich die aus Welt und Ich, die man ruhig als das neue und jetzt wahrlich unteilbare Atom verstehen sollte, in dem sich die Welt als ein Ganzes zeigt, zu dem auch ihre Bewohner zählen. Diese Überwindung der herkömmlichen Trennung von Subjekt und Objekt hat der Philosoph Martin Heidegger in den 1950er Jahren in seiner eigenwilligen Sprache als «Entbergung ihrer ontologischen Verschränkung» bezeichnet, wobei er in dieser Charakterisierung einen beim ersten Lesen eher harmlos klingenden Ausdruck – den der Verschränkung – einsetzt. Die Physiker benutzen ihn seit der Mitte der 1930er Jahre, um eine erstaunlich dynamische Ganzheit im Meer der Möglichkeiten zu benennen, das die Atome bilden und in dem sie sich tummeln.

Unabhängig davon kommt das angesprochene neue Verhältnis von Subjekt und Objekt zustande, weil es die Menschen selbst sind, die dem Innersten der Welt unerschrocken sein Aussehen geben müssen, wie Künstlerinnen und Künstler es tun, da sie dort kein Gegenüber mehr finden und nur noch sich selbst begegnen. Es passiert, was Novalis um 1800 mit seiner blauen Blume der Romantik in seinem Roman *Heinrich von Ofterdingen* mit einem phantastischen Bild vorgestellt hat, als der junge Dichter den die Welt erwandernden Heinrich ein Bergwerk betreten und somit in das Innere der Erde eindringen lässt, aber nur, um ihn dort auf jemanden treffen zu lassen, der in einem Buch liest, in dem die Geschichte des Eindringlings geschrieben steht. Das romantische Erlebnis, im Innersten der Welt auf das Geheimnis zu treffen, das man selbst ist, beglückte in der modernen Geschichte der Wissenschaft die Physiker, deren abenteuerliche Suche hier Schritt für Schritt erzählt ist.

Philosophie muss eher aufpassen, ohne Naturwissenschaft nichts mehr zu tun zu haben. Man braucht deshalb auch keine Angst vor dem Satz mit der Ziffer 7 zu haben, der am Ende des Tractatus verkündet: «Wovon man nicht sprechen kann, darüber muss man schweigen.» Muss man gar nicht und haben Physiker wie Werner Heisenberg auch nicht getan. Sie wussten, wovon man nicht sprechen kann, davon muss man erzählen, und es ist die Aufgabe der Wissenschaftler oder der dazugehörigen Historiker, aus ihrer privilegierten Position heraus damit zu beginnen.

# Gruppenbild mit Dame

*Die Solvay-Konferenz von 1927*

«Selten, vielleicht noch nie in der Geistesgeschichte, haben so wenig Menschen so viel in so kurzer Zeit erreicht.»

*Victor Weisskopf 1940*

Die Dame auf dem Bild heißt Marie Curie, und sie sitzt vorne in der ersten Reihe zwischen dem von allen hoch verehrten Deutschen Max Planck und dem ebenfalls allgemein bewunderten Holländer Hendrik Antoon Lorentz (Abb. 2). Dieser prominente Platz steht der in Polen geborenen und in Frankreich heimisch gewordenen Wissenschaftlerin zu, denn sie fällt in der sie umgebenden Männerwelt nicht nur aus dem Rahmen, weil sie eine Frau ist, sondern vor allem deshalb, weil sie zweimal mit dem Nobelpreis ausgezeichnet wurde: das erste Mal 1903 mit dem für Physik, und das zweite Mal 1911 mit dem für Chemie. In beiden Fällen ging es um ihre weitreichenden Einsichten in die Eigenschaften von radioaktiven Atomen, deren Strahlungen sie als Physikerin und deren elementare Zusammensetzung sie als Chemikerin untersucht hatte. Dabei ist anzumerken, dass das Wort «Radioaktivität» von Madame Curie persönlich vorgeschlagen wurde, und zwar auf Französisch, wo es «radioactivité» heißt und für eine «Strahlungstätigkeit» steht, wie es schwerfällig auf Deutsch heißt. Die Wissenschaft von der Radioaktivität hielt seit dem Ende des 19. Jahrhunderts die Welt in Atem, weil das damit verbundene Zerstrahlen von Materie die Möglichkeit erkennen ließ, dass sich Elemente so umwandeln lassen, wie es vor vielen Jahrhunderten die Alchemisten gehofft hatten. Sie wollten damals aus wertlosem Blei das wertvolle Gold herbeischaffen, von dem sie annahmen, das begehrte Element sei im Inneren des unedlen Stoffes bereits vorhanden

Abb. 2: Die Solvay-Konferenz von 1927 mit 28 Teilnehmern und einer Dame

*Hintere Reihe von links nach rechts: Auguste Piccard (Schweizer Physiker und Erfinder), Émile Henriot (französischer Chemiker), Paul Ehrenfest (österreichischer Physiker), Édouard Herzen (belgischer Chemiker), Théophile de Donder (belgischer Physiker), Erwin Schrödinger (österreichischer Physiker), Jules-Émile Verschaffelt (belgischer Physiker), Wolfgang Pauli (österreichischer Physiker), Werner Heisenberg (deutscher Physiker), Ralph Howard Fowler (britischer Astronom), Léon Brillouin (französisch-amerikanischer Physiker).*

*Mittlere Reihe von links nach rechts: Peter Debye (französisch-amerikanischer Physiker), Martin Knudsen (dänischer Ozeanograph), William Lawrence Bragg (australisch-britischer Physiker), Hendrik Anthony Kramers (niederländischer Physiker), Paul Dirac (britischer Physiker), Arthur Holly Compton (US-amerikanischer Physiker), Louis-Victor de Broglie (französischer Physiker), Max Born (deutscher Physiker), Niels Bohr (dänischer Physiker).*

*Vordere Reihe von links nach rechts: Irving Langmuir (US-amerikanischer Chemiker), Max Planck (deutscher Physiker), Marie Curie (französische Physikerin), Hendrik Antoon Lorentz (niederländischer Physiker), Albert Einstein (Schweizer Physiker mit deutscher Herkunft), Paul Langevin (französischer Physiker), Charles-Eugène Guye (Schweizer Physiker), Charles Thomson Rees Wilson (schottischer Physiker), Owen Willans Richardson (englischer Physiker).*

und warte nur auf seine Befreiung wie die Strahlen, die durch die Radioaktivität aus den sich dabei wandelnden Atomen austreten und ihren Weg durch die Welt beginnen.

Ihren ersten Nobelpreis konnte die in Paris lebende und an der Sorbonne forschende Marie Curie noch gemeinsam mit ihrem Ehemann Pierre entgegennehmen, der 1906 plötzlich und unerwartet aus dem gemeinsamen Leben gerissen wurde, als ihn auf den Straßen der französischen Hauptstadt eine Pferdekutsche erfasste und zermalmte. Marie Curies Trauer muss unermesslich gewesen sein, und ihr Schmerz konnte selbst dadurch kaum abgefangen werden, dass sich die Pariser Sorbonne bereiterklärte, der bis dahin unbezahlt arbeitenden Nobelpreisträgerin die Position ihres getöteten Mannes anzubieten, was sie zur ersten Professorin überhaupt in Frankreich machte.

Wenige Tage nach dem dramatischen Verlust des «liebsten Gefährten meines Lebens» begann Marie Curie ein intimes Tagebuch zu führen, in dem sie tief empfundene Gefühle einer liebenden Frau notierte, die ein anderes Gesicht als das der kontrollierten und kühl argumentierenden Physikerin erkennen lassen, das sie gewöhnlich nach außen zeigte. In vielen Eintragungen spricht sie ihren abwesenden Mann direkt an, und sie orientiert sich dabei an der Überzeugung von Pierre, der sich im Hinblick auf die unheimlichen radioaktiven Strahlen, die unsichtbar aus den Atomen im Inneren der Materie kamen (und deren Energie anzeigten), gefragt hatte, ob es nicht ein vergleichbares (physikalisches) Medium geben könne, das aus der Tiefe des Totenreichs in die reale Welt hineinreichte und statt die Messgenauigkeit von Geräten die Wahrnehmung von Menschen ansprechen und von ihnen registriert würde. Zwar konnte Pierre Curie sich keinen wissenschaftlichen Reim auf die anvisierten spirituellen Phänomene machen, aber die modernen Entdeckungen der Physik – energiereiche Röntgenstrahlen, spontane Radioaktivität, magnetische Kräfte, elektromagnetische Wechselwirkungen und negativ geladene Atomanteile zum Beispiel – entzogen sich zu seinen Lebzeiten ebenfalls vielfach dem erklärenden Zugriff der Physiker, und so versuchte Marie Curie in den ersten Jahren nach dem Tod ihres Mannes, voller Verlangen und in der Hoffnung auf ungewöhnlich wirkende – eben spirituelle oder spiritistische – Weise Kontakt mit ihm aufzunehmen.

Diese Tatsache wird hier nicht nur berichtet, um anzudeuten, wie verzweifelt die große Wissenschaftlerin in ihrer Lage war, sondern auch, um darauf hinzuweisen, dass es zu Beginn des 20. Jahrhunderts einen dermaßen dramatischen Wandel im Weltbild der Physik gab, dass einige Vertreter des Fachs bereit waren, jeden Wahnsinn zu glauben oder mitzumachen, wenn er nur methodisch verfolgt werden konnte und half, die Atome und ihr Verhalten wenigstens ansatzweise zu verstehen. Als sich die auf dem Gruppenbild mit Dame versammelten Physiker in Brüssel auf einer von dem belgischen Industriellen Ernest Solvay geförderten Konferenz trafen, um über «Elektronen und Photonen» zu diskutieren, schienen sie nach langem Ringen so etwas wie ein neues Verständnis der Atome und ihrer Möglichkeiten erreicht zu haben. Intensiv und massiv an dessen Entstehung beteiligt waren vor allem drei Herren, die in der oberen Reihe als Dritter, Vierter und Sechster von rechts zu sehen sind. Sie heißen Werner Heisenberg und Wolfgang Pauli – beide bei dem Treffen ungefähr so alt wie das Jahrhundert selbst – und Erwin Schrödinger, der in diesem Sommer gerade seinen vierzigsten Geburtstag gefeiert hatte. Eine wichtige Rolle spielt auch der Jüngste im Bild, der in der Mitte der mittleren Reihe sitzende Paul Dirac. Doch bevor jetzt alle noch verbleibenden Herren ebenfalls mit ihrem Namen genannt werden – sie stehen in der Bildlegende –, soll auf die beiden ganz Großen der Physik verwiesen werden, die sich auf dem Gruppenbild fast aus dem Weg gehen, während sie auf der Konferenz heftig aneinandergerieten und ihre dramatischen Debatten eine ungeheure Spannung unter den Teilnehmern zu erzeugen vermochten. Gemeint sind der in der zweiten Reihe rechts außen sitzende Niels Bohr und der unverkennbar an vorderster Front in die Kamera blickende Albert Einstein. Aus den 1930er Jahren gibt es noch ein weiteres Foto der beiden, auf denen ein heftig argumentierender Bohr hinter einem selbstsicher strahlenden Einstein herrennt, um dessen Aufmerksamkeit zu bekommen und ihm seine Sichtweise zu erklären (Abb. 3). Man kann sich vorstellen, dass sich Szenen dieser Art ähnlich intensiv 1927 abgespielt haben, als die beiden großen Männer bis zur Erschöpfung um die Bedeutung der Atomphysik rangen, die damals erstmals als eine völlig neuartige und ungewohnte Theorie der Materie vorgelegt werden konnte, die ihren Erfindern bis heute – also seit fast 100 Jahren – schlaflose Nächte bereitet.

Abb. 3: Albert Einstein und Niels Bohr
*Diese Photographie stammt von Paul Ehrenfest, aufgenommen während der Solvay-Konferenz 1930 in Brüssel.*

*Die Solvay-Konferenzen*

Direkt neben Einstein sitzt der französische Physiker Paul Langevin, der hier deshalb erwähnt wird, weil sich Marie Curie, als sie in den Jahren nach dem Tod ihres Mannes Pierre sämtliche spirituellen Hoffnungen aufgegeben hatte und ihren praktischen Lebensmut neu aufleben lassen wollte, in den ebenfalls in Paris tätigen charmanten Physiker verliebte. Er sitzt 1927 in Brüssel mit ihr in der ersten Reihe, in der sie durch zwei berühmte Nobelpreisträger voneinander getrennt Platz genommen haben. Als sich Marie Curie und Paul Langevin im Laufe des Jahres 1911 heimlich nähergekommen waren und privat zusammengefunden hatten, bat die Dame ihren Liebhaber, sich offen und öffentlich zu ihr zu bekennen, um zusammen mit ihr nach Stockholm fahren und dort gemeinsam ihren zweiten Nobelpreis feiern zu können. Dabei kam es zu einem Eklat. Denn als der höchst unglücklich verheiratete Langevin sich scheiden lassen wollte, fiel die französische Presse über die «Polackin» her, Liebesbriefe des Paares wurden gestohlen und der betrogenen Ehefrau übergeben, die sie in Zeitungen abdrucken ließ, was eine öffentliche Hetze gegen die «Gattendiebin» Marie Curie nach sich zog und Langevin zwang, sich einem Duell zu stellen, das aber nur symbolisch ausgetragen wurde. Die Romanze zwischen den beiden war damit trotzdem vorbei und ihre Beziehung beendet, was die beiden aber nicht daran hinderte, weiter freundschaftlich verbunden zu bleiben, so dass sie sich auch 1927 in Brüssel noch in die einstmals verliebten Augen blicken konnten.

Nach Stockholm fuhr Marie Curie 1911 nicht nur allein, sondern sie kam auch gegen den Widerstand der Schwedischen Akademie zur Preisverleihung, obwohl es dem Veranstalter lieber gewesen wäre, die Dame wäre wegen des öffentlichen Skandals zu Hause in Paris geblieben. Doch sie kam, sah und nahm den Preis am 11. Dezember 1911 in Stockholm voller Stolz entgegen. Danach gestand ihr endlich auch ihre Wahlheimat die ihr zustehende Anerkennung zu, hatte sie doch mehr entdeckt und beschrieben als radioaktiv strahlende Materie und der Wissenschaft ein Gesicht gegeben.

Zwar verpasste Langevin auf diese unangenehme und eher empörende Weise seine Chance, jemals im Rampenlicht von Nobelkrönungen zu stehen – wenn auch nur als der elegante Begleiter der berühmten Marie –, doch zu seinem Glück konnte der französische Physiker in dem genannten Jahr 1911 etwas anderes mit mehr Grandesse und Erfolg erledigen. Ihm wurde nämlich die Aufgabe übertragen, als Herausgeber für die Publikation der Vorträge zu sorgen, die auf der ersten Solvay-Konferenz gehalten worden waren. Die Idee zu diesen hochkarätigen Treffen geht auf den Physiker und Chemiker Walther Nernst zurück, der den belgischen Konzernchef Ernest Solvay angesprochen und von ihm Geld für ein Treffen von Atomwissenschaftlern in einer schwierigen Phase ihrer Forschung erbeten hatte. Solvay hatte sein Vermögen mit einem für die industrielle Fertigung geeigneten Verfahren zur Herstellung von Soda (Natriumkarbonat) gemacht, das unter anderem zur Herstellung von Seifen dient und viele Anwendungsmöglichkeiten für den Haushalt bietet. Mit wachsendem Erfolg seiner Produkte entwickelte Solvay sich immer mehr vom Unternehmer zum Philanthropen. Er wollte «der Menschheit einen Teil seines Reichtums zurückgeben», gründete deshalb Bildungsinstitute und karitative Einrichtungen und finanzierte schließlich auch die bis in die Gegenwart veranstalteten Solvay-Konferenzen, die den Physikern und Chemikern im frühen 20. Jahrhundert die Chance gaben, auf höchstem Niveau die damals auf sie bedrückend wirkenden und unüberwindbar scheinenden Probleme der Atomphysik gemeinsam zu erörtern.

1911, in dem Jahr, in dem auch die Vorläuferin der heutigen Max-Planck-Gesellschaft, die Kaiser-Wilhelm-Gesellschaft in Berlin, gegründet wurde, fand in Brüssel die erste Solvay-Konferenz statt, bei der unter anderem Einstein, Planck und Marie Curie anwesend waren, um «Die Theorie der Strahlen und Quanten» zu erörtern. 1913 stand «Die Struktur der Materie» zur Debatte, und 1921 diskutierten die Teilnehmer nach der Unterbrechung durch den Ersten Weltkrieg über «Atome und Elektronen». Zu dieser dritten Solvay-Konferenz war kein Teilnehmer aus Deutschland eingeladen, hatte doch die Armee dieses Landes 1914 Belgien besetzt und verwüstet. Natürlich war der Ausschluss politisch verständlich und berechtigt, doch unter den teilnehmenden Wissenschaftlern überwog das Bedauern, ohne Vertreter der damals in der Physik führenden Nation diskutieren zu müssen, wusste man doch, dass die großen Fortschritte ihrer Wissenschaft an deutschen Universitäten gelungen waren. 1927 konnten die Vertreter aus dem einstigen Feindesland wieder teilnehmen, wobei aber unübersehbar wurde und hier deutlich angemerkt werden soll, wie international die Gemeinde der Wissenschaft inzwischen geworden war. Auf dem Gruppenbild mit Dame sieht man Menschen aus Frankreich, aus Österreich, aus der Schweiz, aus Belgien, aus Dänemark, aus England, aus den USA, aus den Niederlanden, aus Schottland und natürlich auch aus Deutschland.

Der überlebensgroße Einstein zählte dabei nicht so recht zu den deutschen Staatsbürgern, auch wenn dies überraschend klingt. Zwar war er 1879 in Ulm zur Welt gekommen, aber damit besaß er zunächst vor allem die württembergische Staatsangehörigkeit (und nicht notwendig eine reichsdeutsche). Bereits im Oktober 1899 beantragte der junge Einstein die «Bewilligung zur Erwerbung eines schweizerischen Kantonal- und Gemeindebürgerrechts», was ihm einen Schweizer Pass einbrachte, mit dem Einstein nicht nur in Zürich, sondern nach 1914 auch in Berlin unbehelligt leben und arbeiten konnte. Erst als dem Schweizer Einstein 1921 der Nobelpreis für Physik verliehen wurde, meldete sich die deutsche Reichsregierung, um den inzwischen weltberühmten Physiker als ihren Landsmann für sich zu reklamieren. Die Schweiz zog es vor, sich dem großen Kanton im Norden zu beugen, und Einstein musste widerwillig die deutsche Staatsbürgerschaft annehmen, was ihn aber trotz seiner Enttäuschung über die Eidgenossen nicht dazu verleitete, seinen Schweizer Pass aus den Händen zu geben.

Ein Jahr nach Einstein bekam Bohr den Nobelpreis für Physik, wobei diese zeitliche Nähe des Erfolgs der beiden großen Forscher, die sich zudem als enge Freunde betrachteten und sich unentwegt ihres gegenseitigen Respekts versicherten, nicht über die zunehmende gedankliche Ferne hinwegtäuschen sollte, die erstmals 1927 in Solvay offen zur Sprache kam. Tatsächlich gehört der Dialog zwischen Bohr und Einstein zu den philosophischen Höhepunkten des 20. Jahrhunderts, auch wenn die Berufsphilosophen fröhlich darüber hinwegsehen und sich ernsthaft nur mit einem Werk wie *Sein und Zeit* befassen, das Martin Heidegger ebenfalls 1927 vorgelegt hat, ohne darüber nachzudenken, dass es vielleicht spannender gewesen wäre, über «Energie und Zeit» nachzudenken, wie Bohr und Einstein ihm hätten sagen können.

## *Zu den Sachen selbst*

Die Quantenphysik führt immer wieder auf Philosophisches. Als die Wissenschaft sich mit der Wende zum 20. Jahrhunderts den Quanten und ihren Sprüngen im Atom zuwandte, tauchte auch ein neues Denken auf, das als Phänomenologie bekannt geworden und vor allem mit dem Namen von Edmund Husserl verbunden ist. Ihm schien die Aufgabe der Philosophie darin zu bestehen, Phänomene (Erscheinungen) zu beschreiben und die Aufmerksamkeit von den Worten weg auf «die Sachen selbst» zu richten, wie er es nannte. Husserl erforschte in den 1920er Jahren, was Dichter wie Hugo von Hofmannsthal oder Rainer Maria Rilke schon früher beschrieben hatten, dass sich keine Gewissheiten mehr finden oder in Worten eindeutig ausdrücken ließen. Albert Einstein bekam dasselbe Gefühl bereits 1905, als er merkte, dass sich Licht als Welle und Teilchen zeigte und er also nicht mehr sagen oder wissen konnte, was es (wirklich) ist. Das Problem der Physiker bestand nun darin, dass sie auf dem Weg zu den Atomen einsehen mussten, dass es im Innersten der Welt ausgeschlossen war, Husserls Rat zu folgen und «zu den Sachen selbst» zu kommen, weil es dort keine Realität – vom lateinischen «res» für «Sache» – mehr gab. Husserl hätte gesagt, dass die Erforscher der physikalischen Innenwelt nicht von Dingen handeln, sondern von dem, was sie dort – wie auch immer – wahrnehmen und wissenschaftlich feststellen können, wenn sie sich an ihre Methoden halten. Doch so einfach dies klingt, es bedurfte eines Genies wie Werner Heisenberg, um auf diese Weise Erfolg zu haben und etwas über die atomare Sphäre sagen zu können. Auf jeden Fall verändert die Quantenphysik das, was Philosophen das Sein der Atome nennen würden, weil es auf der von ihnen bespielten Bühne Mühe macht zu sagen, dass sie sind und sonst nichts. Der Zustand von Atomen kommt durch Beobachtungen zustande, die den Übergang von Ausgangs- zu Endsituationen bewirken, ohne dass diese selbst zu erfassen sind. Ihre Differenz allein ist das Dasein, wie die Quantenmechanik mathematisch festschreibt. Die Physik läuft auf innere Bewegungen im Innersten der Welt zu und benötigt zu ihrem philosophischen Verständnis eine Art Quantenphänomenologie, bei der man dem Quantum der Wirkung seine Existenz zubilligt und sein irrationales Vorhandensein gelassen hinnimmt.

### *Die Unbestimmtheit*

Von Einstein stammt das (überhaupt nicht triviale) Diktum, dass Gott nicht würfelt, dass der hohe Herr im Himmel also nicht mit den Möglichkeiten der Welt spielt, sondern ihre Wirklichkeit festlegt, ohne sich in die Karten blicken zu lassen. Einsteins Feststellung greift die ihm höchst unsympathische und von ihm massiv bekämpfte Besonderheit der physikalischen Gesetze im atomaren Bereich an, die Abläufe in der Natur nicht zu bestimmen (zu determinieren), sondern nur Auskünfte über deren Wahrscheinlichkeit zu liefern und die Zukunft offenzuhalten. Im Gegensatz zu Einstein zeigte sich Bohr davon begeistert und von dem statistischen Charakter der Physik motiviert und angetan. Dem Dänen gefiel dabei vor allem der ungewöhnliche Gedanke, der im Jahre 1927 im Verlauf seiner intensiven Debatten mit dem jungen Heisenberg in Kopenhagen entstanden war und der inzwischen unter dem Stichwort «Unbestimmtheit» im Umlauf ist und immer wieder zur Verwunderung Anlass geben sollte. Die Idee der Unbestimmtheit ist dem kreativen Kopf von Heisenberg entsprungen – der junge Mann steht stolz mit steif gekämmten Haaren als Dritter von rechts in der oberen Reihe –, aber niemand hat sie vehementer und unbedingter verteidigt als Bohr, der seinen Kopf so schräg hält wie Heisenberg und in die gesamte Debatte um ein Verständnis der neuen Physik das schöne Bild eingebracht hat, das vom Spielen oder Mitspielen handelt und den Menschen, die einen Blick auf das Stück werfen wollen, das die Atome aufführen, neben der Rolle von Zuschauern auch die von Akteuren zuerkennt. Sie bestimmen, was vom Stück her unbestimmt bleibt – ein Bild, das Bohr seit seinen Studententagen vertraut war.

Die Unbestimmtheit der Atome wird in populär wirken wollenden, aber sich dem Lesepublikum eher anbiedernden Beiträgen ebenso leichtfertig und unglücklich als ihre Unschärfe beschrieben. Man meint dann, es reiche zu sagen, Heisenberg habe herausgefunden, dass man den Ort und die Geschwindigkeit – genauer den Impuls – eines Objektes von atomarer Größenordnung nicht gleichzeitig mit beliebiger Genauigkeit messen kann. Wenn man die Position eines Elektrons etwa fixieren möchte, muss man dabei derart mit dem Mikroteilchen in Wechselwirkung treten, dass seine Geschwindigkeit beeinflusst und damit nur noch ungenau zu messen sein wird. So hört man zwar oft, aber so schlicht kommt man nicht davon, denn tatsächlich meint Unbestimmtheit etwas völlig anderes, etwas, das sehr viel tiefer geht und ungeheuer weit reicht. Heisenbergs Einsicht zeigt und Bohrs Überzeugung betont, dass ein Elektron – in seiner Wirklichkeit – gar keine festliegenden Eigenschaften hat, solange sie niemand durch einen Eingriff bestimmt. Atomare Objekte bleiben unbestimmt, bis ein Beobachter kommt und sie durch seine Frage, seine experimentelle Feststellung, im Wortsinn feststellt und also bestimmt. Die Welt, die Physiker im Innersten finden, haben sie auf diese Weise selbst bereitet und also gemacht. Bohr zeigte sich begeistert von dieser Verbindung zwischen der atomaren und der humanen Sphäre und meinte, jetzt sei klar, dass die Menschen nicht nur Zuschauer im Drama des Daseins sind. Sie tragen als Mitspieler zu seinem Ablauf bei und schwimmen tatkräftig im Meer der Möglichkeiten.

## *Giganten im Dialog*

Bevor die ganze Geschichte erzählt wird, die ihren Höhepunkt 1927 in Brüssel findet, wenn Einstein und Bohr direkt miteinander ringen oder gegeneinander kämpfen, soll ein besonderer Twist im Dialog der beiden Giganten vorgestellt werden, der mit der Unbestimmtheit zu tun hat, die Einstein einfach nicht leiden konnte und die er deshalb mit allen Mitteln widerlegen wollte. Wenn ein Theoretiker diesen leidenschaftlichen Wunsch zum Widerspruch verspürt, versucht er ein einfaches Gedankenexperiment zu ersinnen, mit dessen Hilfe ein Fehler in der angebotenen Deutung der Natur aufgespürt werden kann. Einstein unternahm seine ersten Widerlegungsversuche 1927 in Brüssel und wiederholte sie Jahre später auf weiteren Solvay-Konferenzen – stets ohne Erfolg. Dabei meinte Einstein 1930, eine unschlagbare Anordnung gefunden zu haben, und er konzentrierte sich bei seinem letzten großen Angriff auf Bohr (mit ihm schlug Einstein den Sack, während er den Esel Heisenberg meinte) auf das Wechselspiel von Energie und Zeit. Zur allgemeinen Unbestimmtheit, wie sie Heisenberg aufgefallen ist, gehört die Unmöglichkeit, den genauen Zeitpunkt zu bestimmen, zu dem ein physikalisches System über eine präzis messbare Energie verfügt. Im Denken von Heisenberg und Bohr hatte sich die Erkenntnis durchgesetzt, dass ein Physiker entweder die Energie eines Systems oder den dazugehörigen Zeitpunkt genau ermitteln konnte, an dem es darüber verfügt, aber nicht beides gemeinsam, weil mit diesem Paar eine Unbestimmtheit verbunden ist, die eine geeignete Betrachtung offenbaren konnte. Einstein fand das unsinnig und falsch und konstruierte zum Beweis seiner Ansicht (in Gedanken) einen Kasten voller Lichtenergie, der an einer Feder hing und an seiner Vorderseite mit einer Klappe ausgerüstet war, die sich öffnen ließ (Abb. 4). Wenn diese Klappe nun zu einem festgesetzten Zeitpunkt geöffnet wurde und Lichtenergie entkam, änderte sich das Gewicht des Kastens, was durch eine kleine Verschiebung der Federposition angezeigt wurde, die sich unmittelbar ablesen ließ. Einstein meinte, dass man in dieser Anordnung sowohl die Energie des Systems als auch die Zeit, zu der es über diese Energie verfügt, genau messen kann, was jedes weitere Gerede von einer Unbestimmtheit oder Unschärfe hinfällig mache. Er sprach's vergnügt und ließ Bohr und seine Freunde ratlos zurück.

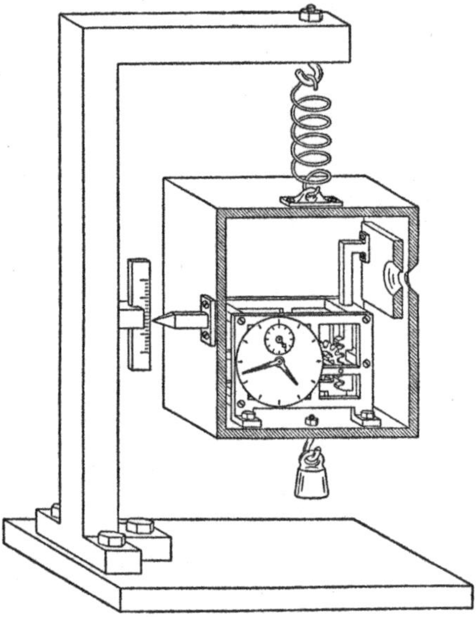

Abb. 4: Einsteins Kasten mit Uhr und Feder
*In einem Kasten befindet sich eine Uhr, die zu einer festgelegten Zeit dafür sorgt, dass sich eine Klappe öffnet und Licht entweicht. Da dessen Energie einer Masse entspricht, ändert sich das Gewicht des Kastens mit der Uhr, was eine Feder in Bewegung setzt, deren Position angezeigt wird. Offenbar – so meinte Einstein – lassen sich sowohl die Energie des Kastens als auch die Zeit, zu der er über diese Energie verfügt, genau bestimmen, was Heisenbergs Idee der Unbestimmtheit aushebeln würde. Aber Einstein hatte etwas übersehen, das Bohr nicht entging, wie der Text ausführt.*

Die erholten sich aber rasch von diesem Schreck, als Bohr etwas auffiel, das wahrhaft köstlich ist. Bohr konzentrierte sich auf die Bewegung der Feder, deren Position das Gewicht und damit die Energie anzeigt, und fragte sich, ob man tatsächlich den genauen Zeitpunkt angeben könne, zu dem sie einen bestimmten Wert annimmt. Dabei fiel ihm ausgerechnet die Theorie von Einstein ein, die seinem Kontrahenten als Allgemeine Relativitätstheorie zu Weltruhm verholfen hatte, weil sie merkwürdige Zusammenhänge zwischen Materie und Raum oder zwischen Energie und Zeit ausfindig machen konnte, wie in Experimenten und Beobachtungen bestätigt werden konnte. Einsteins großer Einsicht aus den Jahren des Ersten Weltkriegs zufolge vergeht die Zeit nicht gleichmäßig oder absolut. Sie vergeht vielmehr relativ und wird langsamer, wenn die Energie der Uhr zunimmt, die sie anzeigt. Das kann kein Mensch in dieser knappen Form durchgängig verstehen, er oder sie kann es sich aber kurz merken und gewiss sein, dass Bohr Einsteins etwa zehn Jahre alte Theorie sehr gut kannte. Und so fiel dem Dänen auf, dass die Bestimmung des Zeitpunkts, zu dem die Feder das Gewicht des Kastens nach dem Aussenden der Lichtenergie anzeigt, durch die Effekte der Allgemeinen Relativitätstheorie ungenau oder unbestimmt wird, und Bohr konnte sogar quantitativ zeigen, dass die durch Einsteins Einsicht bedingte Unschärfe oder Unsicherheit oder Ungewissheit genau so groß war, wie Heisenberg allgemein ausgerechnet hatte, als er die Idee der Unbestimmtheit vorstellte.

Mit anderen Worten – Menschen waren und sind tatsächlich Mitspieler im großen Drama der bewegten Wirklichkeit, und sie tragen mit zu den Möglichkeiten der Welt bei, die sie betrachten. Es spielt keine Rolle, ob Gott würfelt und auf diese Weise die Menschen mit ihren Chancen versorgt. Es ist eher so, dass die Menschen mit den Dingen spielen und ihre Freiheiten nutzen, sie geben ihnen ihr vorgefundenes Dasein durch ihre kreative Tätigkeit. Alles bleibt in Bewegung, und die Zukunft bleibt offen, während sie den Menschen entgegenkommt.

# Zehn Schritte durch die Zeit

# 1
# Weltstars in Berlin (1900–1919)

«Ham's schon eins g'sehn?»

*Ernst Mach, der Atome als Thema für Metaphysiker betrachtete*

Die Geschichte ist zwar schon oft erzählt worden, aber sie ist zu schön, um auf sie zu verzichten. Aufgeschrieben hat sie der sechsundsechzigjährige Max Planck im Jahre 1924, und das berichtete Geschehen spielt rund ein halbes Jahrhundert vorher, als der spätere Nobelpreisträger für Physik als junger Mann auf dem Weg zur Universität war und sich überlegte, ob er Musik oder Naturwissenschaften studieren sollte. Planck spielte leidenschaftlich Klavier, er hatte als Schüler eine Operette mit dem hübschen Titel *Die Liebe im Walde* komponiert, und so stellte er sich zuerst bei einem Musikwissenschaftler in München vor, der ihn aber schlicht und einfach abkanzelte, als Planck erwähnte, er habe auch Interesse an der Physik. «Dann sind Sie für die Musik verloren», tönte ihm professorale Überheblichkeit entgegen, und so machte sich ein verstörter Jüngling auf den Weg in das Institut für Physik, wo ihn eine weitere Überraschung erwartete. In Plancks eigenen Worten:

> Als ich bei meinem ehrwürdigen Lehrer Philipp v. Jolly wegen der Bedingungen und Aussichten meines Studiums mir Rat erholte, schilderte mir dieser die Physik als eine hochentwickelte, nahezu voll ausgereifte Wissenschaft, die nunmehr, nachdem ihr durch die Entdeckung des Prinzips der Erhaltung der Energie gewissenmaßen die Krone aufgesetzt sei, wohl bald ihre endgültige stabile Form angenommen haben würde. Wohl gäbe es vielleicht in einem oder dem anderen Winkel noch ein Stäubchen oder ein Bläschen zu prüfen und einzuordnen, aber das System als Ganzes stehe ziemlich gesichert da, und die theoretische Physik nähere sich merklich demjenigen

Grade der Vollendung, wie ihn etwa die Geometrie schon seit Jahrhunderten besitze.

Mit anderen Worten, der Professor riet dem Lernwilligen dringend von seinen Plänen ab: «Studieren Sie etwas anderes als Physik, junger Mann, Sie verschwenden mit und in diesem Fach Ihre Zeit und Ihr Talent. Es gibt nichts mehr von Bedeutung zu entdecken», was eine Ergänzung erfordert, nämlich die, dass Plancks gelehrter Gesprächspartner nicht der einzige Forscher war, der so dachte. Noch im Jahre 1899 verkündete der 1907 mit dem Nobelpreis für Physik ausgezeichnete Amerikaner Albert Michelson, «die wichtigsten Grundgesetze und Fakten der physikalischen Wissenschaften sind alle bereits entdeckt worden und so fest verankert, dass die Möglichkeit, sie jemals umzustoßen, unendlich klein ist. Unsere zukünftigen Entdeckungen werden nur noch unwesentliche Details sein.»

Natürlich schmunzeln Leserinnen und Leser im 21. Jahrhundert gerne über solch kühnen Prognosen, vor allem wenn berühmte Herren damit eine komplette Bruchlandung erlitten haben und mit ihren Prognosen lächerlich wirken. Aber selbst ein flüchtiger Blick auf die Physik des 19. Jahrhunderts lässt den Grund für den Stolz der Professoren auf das von vielen Bauleuten errichtete Haus ihrer Wissenschaft erkennen – konnten die dort Wohnenden doch unter anderem die Bewegungen der materiellen Körper im Weltall, Planeten und Kometen zum Beispiel, höchst genau berechnen und den ganzen Kosmos dank der auf Isaac Newton zurückgehenden Gesetze als ein gigantisches Uhrwerk verstehen, das ewig so weiterlaufen würde. Zudem kannten die Physiker die Kräfte und Energien, über die elektrische und magnetische Felder verfügten und mit denen sie ihre Wirkung entfalten konnten. Mit ihrer Hilfe war es sogar gelungen, etwas Einsicht in das lange rätselhaft gebliebene Licht zu bekommen und seine Ausbreitung als Bewegung einer elektromagnetischen Welle zu verstehen. Und kurz vor Plancks Vorsprechen im Büro des hochgeschätzten Philipp v. Jolly konnten neben den determinierenden Gesetzen mechanischer Körper oder leuchtender Strahlen auch deren statistische Varianten angegeben werden, die es erlaubten, die Eigenschaften von Gasen – ihre Temperatur, ihren Druck und ihr Volumen – oder die Qualitäten von Flüssigkeiten – ihre Strömungseigenschaften, ihren Dampfdruck, ihre Farbe – sauber zu analysieren und zuverlässig vorherzusagen. Was sollte da noch fehlen und unerklärt bleiben?

### *Energie und Entropie*

Den von Planck in seiner Erzählung eigens erwähnten Satz von der Erhaltung der Energie kannten die Physiker seit der Mitte des 19. Jahrhunderts, und wenn sich in diesem Prinzip, wie Planck es nennt, auch eine merkwürdige Eigenschaft zu erkennen gibt – wenn die Energie der Welt konstant und also unzerstörbar ist, dann muss sie immer und ewig vorhanden gewesen sein, ohne irgendwann von irgendjemandem aus einem Nichts wie der Finsternis über der biblischen Urflut geschaffen werden zu können –, so half der Energiesatz den Physikern immerhin, den Betrieb von technischen Industriegeräten zu verstehen und ihren Wirkungsgrad zu verbessern. Das heißt, um genau zu erfassen, wie die Wärme, die in einem Kessel erzeugt wurde, in die Bewegung etwa eines Rades oder gar einer Dampfmaschine umgesetzt wird und wie viel man für eine anvisierte Arbeitsleistung benötigte und bereitzustellen hatte, mussten die Physiker neben der Energie eine zweite Größe einführen und berücksichtigen, der sie den kunstvollen Namen «Entropie» gaben, weil er so ähnlich wie die wandelbare Energie klingen sollte. Während die geliebte Energie konstant blieb, zeigte die ungeliebte Entropie ein anderes Verhalten. Sie nahm zu wie die Unordnung in einem bewohnten Zimmer, das niemand aufräumt. Diese Einsicht wird hier vor allem deshalb erwähnt, weil es der Physik kurz vor Plancks Vorsprache bei seinem die verbleibenden Stäubchen zählenden Professor gelungen war, neben dem Ersten Hauptsatz, der von der Erhaltung der Energie kündete, einen Zweiten Hauptsatz zu formulieren. Er besagte: «Die Entropie der Welt nimmt zu und strebt einem Maximum entgegen», wie es bei der oben angesprochenen Unordnung in einem Zimmer oder der zufälligen Verteilung der in ihm ausgebreiteten Gegenstände eintreten wird, wenn die sich selbst überlassen bleiben.

Zwar konnte niemand ganz genau verstehen, was die Physik mit dem Wachsen der Entropie erkannt hatte, aber die Zunahme der geheimnisvollen Entropie markiert unabhängig davon einen besonderen Punkt in der Geschichte der Physik, tauchte an dieser Stelle in den Gesetzen dieser Wissenschaft doch zum ersten Mal eine Richtung oder der Pfeil der Zeit auf. Wenn man eine einzelne rollende Kugel in einem Film sieht, kann man nicht entscheiden, ob die Bilder vorwärts- oder rückwärtslaufen, was niemanden wundern muss, da die Gesetze der Bewegung, die Newton dafür aufgestellt hat, genauso symmetrisch bezüglich der Richtung der Zeit sind. Wenn man hingegen einen Tintentropfen beobachtet, der in ein Wasserglas fällt und sich dort ausbreitet, kann man das davon gemachte Video nicht andersherum abspielen und meinen, immer noch auf einen beobachtbaren und zufällig ablaufenden physikalischen Vorgang zu blicken, der sich auch in Wirklichkeit so abspielen könnte. Selbst wenn sich jedes einzelne Tintenmolekül reversibel durch die Flüssigkeit bewegt, wie die Physiker sagen, wenn in seinem Einzelfall eine Umkehr der Zeitrichtung möglich ist und es rückwärtslaufen kann – die große Masse der unvorstellbar vielen Moleküle im ursprünglichen Tropfen zerläuft und verteilt sich als ein lockeres Ensemble irreversibel in einem unwiederholbaren Muster, und ihre Milliarden von Einzelbewegungen verlaufen zusammen unumkehrbar und vergrößern dabei die Entropie des Glases mit dem Tropfen.

Es scheint genau dieses Thema gewesen zu sein, das Irreversible, das Unmögliche der Umkehr von Bewegungen mit vielen Teilchen, das die Aufmerksamkeit des jungen Planck gefesselt hatte, als er mit seinem Studium beginnen wollte. Wenn er in seinen Erinnerungen auch bedauernswerterweise keine Begründung für seine mutige Entscheidung gibt, als Novize der Wissenschaft den erfahrenen Rat eines ehrwürdigen Forschers auszuschlagen, so lässt sich doch als eine erste Vermutung der Verdacht äußern, dass Planck unbedingt verstehen wollte, wie aus den reversiblen Bewegungen der Mechanik die unumkehrbaren Verläufe werden, die mehrheitlich in der Natur zu finden sind. So lässt sich erklären, dass sich der junge Planck nach seinem enttäuschenden Besuch bei dem verehrten Philipp v. Jolly gegen dessen Rat daranmachte, eine Doktorarbeit «Über den zweiten Hauptsatz der mechanischen Wärmetheorie» zu verfassen, wobei ihm unter anderem der Gedanke kam und gefiel, dass die Natur offenbar eine «Vorliebe» für den eher ungeordneten Endzustand von irreversiblen (zeitlich unumkehrbaren) Abläufen zeigt, weshalb sie auch voll von solchen Prozessen ist und die reversiblen (zeitlich umkehrbaren) Wechsel zwischen ordentlichen Zuständen eine Minderheit darstellen.

Nachdem der einundzwanzigjährige Planck in München seine Doktorarbeit eingereicht hatte – er tat dies in demselben Jahr 1879, in dem ein gewisser Albert Einstein in Ulm geboren wurde –, musste er feststellen, dass «der Eindruck dieser Schrift in der damaligen Öffentlichkeit gleich Null» war. Von den – hier namenlos bleibenden – Gutachtern zeigte «keiner ein Verständnis für ihren Inhalt», und der berühmte Hermann von Helmholtz «hat die Schrift wohl überhaupt nicht gelesen», auch wenn dies zu seinen Pflichten gehört hätte, wie Planck in seinen Erinnerungen von 1924 nicht ohne Bedauern berichtet, um hinzuzufügen, dass er sich durch solche Erfahrungen nicht hindern lassen wollte, «das Studium der Entropie» weiter fortzusetzen. Offenbar spürte der neugierige Jüngling aus Kiel instinktiv, dass sich durch deren Wirken etwas Geheimnisvolles unter einem Schleier aus undurchsichtigen Überlegungen und kühnen Behauptungen regte, dessen Existenz ihn unweigerlich anzog.

### *Atomistik oder Atommystik?*

Mit diesem neugierigen Verlangen kann eine zweite Vermutung zu der Frage geäußert werden, warum Planck sich trotz der professoralen Abschreckung mächtig und unweigerlich von der Physik angezogen und zu ihren offenen Geheimnissen hingezogen fühlte. Er ahnte, spürte und antizipierte, dass es in der Natur der Dinge noch etwas Grundlegendes gab, von dem die Physik des 19. Jahrhunderts bei aller Qualität nichts wusste oder nichts wissen wollte, und das waren die Atome, denen er selbst anfänglich ebenfalls mit Skepsis begegnete. In der Tat: Die Fachleute für den Aufbau und die Zusammensetzung der Materie wussten damals nicht einmal zu sagen, ob Atome dazugehören, ob es diese unsichtbar bleibenden Elementargebilde Atome wirklich und überhaupt gibt – und natürlich konnten sie erst recht keinerlei Auskunft zu der Frage geben, wie solche Atome aussehen oder wie viele von ihnen sich in einem Wasserglas tummeln können oder bei jedem Atemzug mit der Luft in einen Körper geholt werden.

Unter führenden Forschern tobte sogar ein erbitterter Streit über die Frage, ob Atome der spekulativen Metaphysik zuzurechnen sind oder sich von einer empirischen Wissenschaft erforschen lassen. Der Philosoph und Physiker Ernst Mach lehnte die Idee von Atomen rundweg ab, und er traf sich dabei mit dem Chemiker Wilhelm Ostwald, der 1909 mit dem Nobelpreis für sein Fach ausgezeichnet werden sollte. Ostwald meinte zum Beispiel, man könne die Phänomene der Wärme verstehen, wenn man sich nur auf das Konzept der Energie beschränke und die Stoffe und ihre Zusammensetzung außen vor lasse. Was zähle, seien die makroskopischen Messwerte der untersuchten Gase, Flüssigkeiten und Kristalle – also etwa Temperatur, Volumen und Wärmeleitung –, und damit schien man ohne Rücksicht auf den mikroskopischen Aufbau Physik oder Chemie treiben und die Eigenschaften der Materie verstehen zu können, und was wollte man mehr?

Ostwald und seine Anhänger nannte man «Energetiker», weil sie besonders auf die Energie eines Systems achteten und phänomenologisch vorgingen. Sie interessierte nicht, ob man etwa die Farbe oder das Gewicht von Gegenständen – die Wissenschaft sprach dabei gerne von Körpern, wie man es auch bei den Himmelskörpern machte – aus grundlegenden Prinzipien und möglicherweise von ihren Atomen her verstehen konnte.

Im späten 19. Jahrhundert gab es einen philosophisch geschulten und sprachgewaltigen Gegner der Atomisten, und zwar den bereits erwähnten Ernst Mach, der keine Physik über hypothetische Gegenstände akzeptieren wollte, die man weder sehen noch zu fassen bekommen konnte, und es bedurfte einiger Standfestigkeit und Sicherheit in der physikalischen Argumentation, um gegen Machs energische Polemik den atomaren Standpunkt zu vertreten. Dies reizte den aus Wien stammenden Theoretiker Ludwig Boltzmann aber eher noch mehr, der schon länger den atomaren Standpunkt eingenommen hatte und kühn und aggressiv an ihm vor allem dann festhielt, als die Entropie ins Spiel kam. Im Jahre 1886 sprach der kämpferische Physiker in einem Vortrag «Über den zweiten Hauptsatz der mechanischen Wärmetheorie» – genau so lautete auch der Titel von Plancks Doktorarbeit –, und hierin unterschlug er keineswegs die Schwierigkeiten, die den Befürwortern der Existenz von Atomen das Leben schwer machten. Über ihr Aussehen und ihre Beschaffenheit «wissen wir noch gar nichts», wie Boltzmann einräumte, um weiter auszuführen, «wir werden auch so lange nichts wissen, bis es uns gelingt, aus den durch die Sinne beobachtbaren Tatsachen eine Hypothese zu formen». Aber woher nehmen, wenn nicht stehlen?

Boltzmann bekannte sich trotz aller Lücken zur Gedankenwelt der «Atomistik», weil er sich so erst vorstellen (und dann auch berechnen) konnte, dass die «winzigen Einzeldinge», «deren Zusammenwirken erst die sinnlich wahrnehmbaren Körper bildet», «nicht etwa ruhen und starr nebeneinander liegend die Materie bilden, wie Bausteine eine Mauer, sondern dass sie in reger Bewegung begriffen sind». Boltzmann zeigte sich sicher, dass die Wärme sich nicht nur als eine Form von Energie, sondern auch als eine Art von Bewegung verstehen lässt, und er meinte die Bewegung von den unteilbaren Gebilden, die seit der Antike Atome hießen.

Wenn Planck nun verstehen wollte, was umkehrbare und irreversible Bewegungen unterschied, konnte er dank Boltzmann mit der Idee ansetzen, dass es wirklich Atome waren, die etwa in einem Gas ihre Bahnen zogen, dabei miteinander kollidierten und gegen die Wand des Gefäßes prallten, in dem das Gas aufbewahrt wurde. Planck war sich völlig sicher, dass er bei seinen Überlegungen zur Entropie am besten mit der Annahme von Atomen – vorgestellt als kleine, starre Kügelchen – weiterkam, was ihn schließlich mit seinem mathematischen Geschick zu einer grandiosen Einsicht befähigte. Sie lässt sich als Gesetz schreiben und besagt in schlichten Worten, dass die Entropie eines Gases durch eine Wahrscheinlichkeit gegeben ist, nämlich durch die Wahrscheinlichkeit, mit der sich eine gegebene Menge von Atomen in einem gegebenen Volumen auf gegebene Weise verteilt.

Die Physiker unterschieden damals den Makrozustand eines Gases oder einer Flüssigkeit – er liegt durch geeignete Messwerte etwa des Volumens oder der Temperatur fest – von seinem Mikrozustand, bei dem man wissen muss, wie sich die Bausteine (Atome oder Moleküle) des untersuchten Objektes verteilen. Verschiedene Makrozustände können durch unterschiedliche viele Mikrozustände umgesetzt und verwirklicht werden, was es erlaubt, ihrem Eintreten unterschiedliche Wahrscheinlichkeiten zuzuschreiben, wie das bereits angesprochene Beispiel mit der Tinte im Becher klarmachen kann. Die Wahrscheinlichkeit, alle Moleküle des Tropfens, der von oben in ein Wasserglas eingelassen wurde, in dieser ursprünglichen (lokalen) Ansammlung zu finden, ist wesentlich kleiner, als sie im ganzen Behälter verteilt anzutreffen, weil es für die Ausgangslage im Wesentlichen einen und für die Endverteilung fast beliebig viele Mikrozustände gibt, die zu dem beobachteten

Abb. 5: Das Grab von Ludwig Boltzmann auf dem Wiener Zentralfriedhof

*Das Grab von Ludwig Boltzmann auf dem Wiener Zentralfriedhof zeigt über dessen Kopf die Formel, mit der die Physiker den Zweiten Hauptsatz der Thermodynamik kennzeichnen: $S = k \cdot \log W$. Die Entropie S ist proportional zu der Wahrscheinlichkeit W, mit der ein System einen bestimmten Zustand – mit mehr oder weniger Ordnung – einnimmt. Die Ideen einer solchen Deutung der Entropie gehen auf Boltzmann zurück. Die Formel selbst hat zuerst Max Planck aufgeschrieben, und die auftretende Konstante k hat er nach Boltzmann benannt.*

Makrozustand führen. Deshalb ist die Entropie anfangs klein und nimmt im Laufe der Tropfenausweitung und seiner Auflösung zu, bis sie ihren in dieser Anordnung möglichen Maximalwert erreicht hat. Er liegt vor, wenn die Tinte sich völlig mit dem Wasser durchmischt hat und im Glas eine gleichmäßige Färbung zu erkennen ist.

Die exakte Fassung dieses Gesetzes der Entropie findet man übrigens in Stein gemeißelt (Abb. 5) auf der Platte, die Boltzmanns Grab auf dem Wiener Zentralfriedhof schmückt, was aber nichts daran ändert, dass ihre erste Formulierung von Planck stammt, der sich damit endlich von der Energetik gelöst und der Atomistik verschrieben hatte, um mit ihr seinen größten Triumph feiern zu können. Im Anschluss daran sollte aus der anfänglich schüchtern eingeschlagenen Atomistik in den 1920er Jahren sogar noch eine gefällig auftrumpfende Atommystik werden, mit deren Hilfe die Physiker schließlich lernen konnten, wie man mit den Atomen auf moderne Weise klarkommen kann und auskommen muss.

### *Ein Akt der Verzweiflung*

Von allen Menschen, die Planck gekannt haben oder ihm begegnet sind, gibt es nur bewundernde, liebenswürdige, dankbare und ehrfurchtsvolle Beschreibungen seiner Persönlichkeit. Als die Physikerin Lise Meitner einmal etwas über «Max Planck als Mensch» schrieb, hätte man erwarten können, dass sie sich über den Mann beklagt, der bei ihrer ersten Begegnung die im Deutschen Reich landläufige Meinung vertrat, Frauen sollten keine Karriere in der Wissenschaft anstreben und ihre Talente anders einsetzen. Planck brauchte etwas Zeit, um ihre Begabung zu erkennen, legte dann aber sein Vorurteil ab und sorgte schließlich dafür, dass sie die Stelle einer ersten weiblichen Universitätsassistentin in Preußen antreten konnte, und durch diese Lern- und Hilfsbereitschaft des Lehrers kommt ihre Einschätzung von Planck zustande, dem sie bescheinigt, er habe stets «ohne Rücksicht auf seine eigene Person» gehandelt und sich mit aller Kraft für die Belange anderer eingesetzt. Durch diese Selbstlosigkeit konnte insgesamt der wunderbar atmosphärische Eindruck entstehen, dass die Luft in einem Zimmer besser wurde, nachdem Planck es betreten hatte, was nicht nur der Ansicht von Lise Meitner entsprach, sondern vielfach geteilt wurde.

Die junge Frau aus Wien hatte Planck 1907 in ihrer Heimatstadt kennengelernt, als er von der dortigen Universität nicht nur zu einem Vortrag eingeladen worden war, sondern auch zu Gesprächen über die Frage erwartet wurde, ob er bereit sei, einen Lehrstuhl für Theoretische Physik als Nachfolger von Ludwig Boltzmann zu besetzen, der im Jahr zuvor seinem Leben ein plötzliches und unerwartetes Ende gesetzt hatte, wobei die Motive seiner Selbsttötung viel erörtert wurden. Sie schienen nicht zuletzt etwas mit der neuen Physik im 20. Jahrhundert zu tun zu haben, die Planck einige Jahre zuvor losgetreten hatte.

Planck kam als Berliner Ordinarius nach Wien, wobei er die hohe Stellung in der deutschen Wissenschaft seit 1892 bekleidete, nachdem er bereits eine erste Professur für Physik in seiner Vaterstadt Kiel innegehabt hatte, die er vier Jahr lang ausfüllte. Als Lise Meitner Planck 1907 in Wien erlebte und hörte, was er über die für die meisten Physiker immer noch ungewohnte Theorie der Strahlung zu sagen hatte, wusste die damals noch junge Frau sogleich, «wo sich ein wirkliches

Verständnis für die Physik gewinnen ließ», nämlich bei Planck, und das hieß schließlich in Berlin, denn der umworbene Mann konnte sich bei aller Liebe zu Boltzmann nicht dazu durchringen, Deutschland zu verlassen, und so kam Lise Meitner zu ihm in die preußische Hauptstadt.

Das von ihr angesprochene «wirkliche Verständnis für die Physik» bedeutete im gerade angebrochenen 20. Jahrhundert plötzlich und massiv etwas anderes als im ausgehenden 19. Säkulum, und die entscheidende und zugleich erstaunliche Wendung verdankt die Menschheit einem revolutionären Vorschlag, zu dem sich Planck – in seinen eigenen Worten – «in einem Akt der Verzweiflung» durchgerungen hatte und den er im Dezember 1900 erstmals öffentlich seinen Kollegen unterbreitete. Bei der entsprechenden Präsentation blieb Planck zwar bescheiden, und er trat zurückhaltend auf, aber nur nach außen. Im Inneren von Planck brodelte es, wie Historiker von seinem Sohn Erwin erfahren konnten. Er hat davon erzählt, dass sein Vater der Familie bei Spaziergängen im Grunewald aufgeregt berichtet habe, er sei auf etwas gestoßen, das sich entweder als vollständiger Unsinn herausstellen oder als eine der größten Entdeckungen der Physik seit Newton gefeiert werden und seinen Platz in den Annalen seiner Wissenschaft sicherstellen würde. In manchen Erzählungen ist sogar davon die Rede, dass Planck meinte, seine Einsicht habe für die Menschheit die gleiche Bedeutung wie die von Kopernikus. Plancks Einsicht, die eine zugleich einfache und korrekte Beschreibung erlaubt, lief darauf hinaus, dass er «eine neue Naturkonstante» ausfindig machen konnte. Gemeint ist die Konstante, mit der die Größe der heute wohlbekannten Quantensprünge festliegt, die Atome vollziehen, um auf diese Weise Licht auszusenden. Planck hat es vermocht, einen ersten der vielen Schleier zu heben, die über den Atomen lagen, und schon bei diesem ersten Zugriff zeigte sich ihm, dass es unter den einhüllenden Tüchern in der atomaren Welt völlig anders zuging, als es sich viele Denker seit ewigen Zeiten vorgestellt hatten. «Die Natur macht keine Sprünge», oder auf Lateinisch: «natura non facit saltus.» So lautete eine Grundannahme der antiken Philosophie seit Aristoteles, und so hatte es in der Neuzeit der Universalgelehrte Gottfried Wilhelm Leibniz fest und unverrückbar verkündet. Und jetzt stieß Planck auf das Gegenteil und musste gegen seine eher bedachte und konservative Grundhaltung erkennen und zulassen, dass Atome doch Sprünge machen, und zwar die Quantensprünge, deren Dimension durch seine heute nach ihm benannte Naturkonstante bestimmt wird.

### *Hoffen auf das Absolute*

Was Planck um das Jahr 1900 herum beschäftigte, kann man zunächst ganz einfach beschreiben. Er wollte verstehen, wie die Farben eines Schwarzen Körpers zustande kommen, wenn man ihm Wärme zuführt und ihn also erhitzt. Ein Schwarzer Körper meint einen Gegenstand, der idealerweise keine auf ihn einfallende Strahlung reflektiert. Er sendet also im Grunde möglichst wenig von dem Licht, das von außen auf ihn trifft, zurück und kann die Farben, die bei seiner Erwärmung sichtbar werden, aus sich selbst und damit dank der Teile oder Teilchen hervorrufen, aus denen er innen besteht. Ein Eisenofen etwa, den man befeuert, glüht erst rot, leuchtet dann gelblich und wird zuletzt weiß – jedenfalls bevor er schmilzt, was hier vermieden werden soll. Die Physiker hatten im 19. Jahrhundert ganz genau vermessen, wie viel Wärme in einem erhitzten Körper das Licht welcher Wellenlänge oder Frequenz zum Leuchten brachte, und sie waren dabei sogar zu dem Schluss gekommen, dass sich in diesem Prozess eine «universale Funktion» erst verbergen und dann zu erkennen geben müsse. Deren Kenntnis sollte es erlauben, die Wärmestrahlung eines Schwarzen Körpers quantitativ korrekt zu beschreiben, es müsse nur gelingen, den Schleier der Messresultate zu lüften oder zu durchschauen, um die darunterliegende Wahrheit zu finden und ans Licht der Wissenschaft zu befördern.

Nun konnte Planck kaum etwas mehr reizen, als nach solch einer geschlossenen mathematischen Form mit universalem Charakter zu fahnden, war er doch nicht zuletzt deshalb Theoretischer Physiker geworden, weil er das Absolute verehrte und das Allgemeingültige und Invariante in den Daten der Experimente suchte, um den Schleier, den sie über den Erscheinungen spannten, mit theoretischen Überlegungen endgültig aus dem Weg räumen zu können.

Er begann konkret seine persönliche «Suche nach dem Absoluten» als Mensch mit konservativer Grundhaltung. Planck ging vom traditionellen energetischen Standpunkt aus, ohne dabei allerdings ein Ziel zu Gesicht zu bekommen. Im Verlauf des Jahres 1900 hatte sich Planck dann bei seinen atomfreien Bemühungen derart festgefahren, dass er die Richtung wechseln musste, wollte er doch «um jeden Preis» ein Strahlengesetz aufstellen, wie er in einer «Wissenschaftlichen Selbstbiographie» eingestanden hat, «und wäre er noch so hoch». Er entschloss sich in dem schon zitierten «Akt der Verzweiflung», es «mit den Methode Boltzmann» zu versuchen, wie Planck es nannte. Das Verfahren des verehrten Wiener Physikers bestand darin, die Gesamtenergie eines betrachteten Systems erst in kleine Portionen zu zerlegen, um mit deren Hilfe zuerst deren Häufigkeit oder die Wahrscheinlichkeit ihres Auftretens in einer bestimmten Größe ableiten zu können und dann am Ende der Berechnungen die mathematische Hilfsgröße der Päckchen gegen null gehen und verschwinden zu lassen, da sie in den endgültigen Formeln ja nichts zu suchen hatte.

Bevor ausgeführt wird, dass das Verschwindenlassen von anfangs benötigten Parametern in der Endrechnung seit langem von Mathematikern erfolgreich als Infinitesimalrechnung praktiziert wurde, soll noch einmal überlegt werden, was Planck so an den Farben des Schwarzen Körpers faszinierte. Natürlich gab es technische Gründe, sie zu erklären, kannte man seit der Mitte des 19. Jahrhunderts doch Glühlampen, deren Leuchten man verstehen und deren Wirkung man verbessern wollte. Doch Planck hatte sicher mehr als das technisch Nützliche im Sinn und sich wahrscheinlich in seinem Herzen durch die berühmten Worte aus der Schöpfungsgeschichte «Es werde Licht» angezogen gefühlt, die er durch die physikalische Anmerkung «und mit ihnen die Farben» ergänzen konnte. Während in der Bibel das Licht aus der Finsternis kommt, kommen die Farben im Laboratorium aus dem Schwarzen Körper, und wenn die ursprüngliche Schöpfung auch unvergleichlich bleibt, so kann in Planck doch das Gefühl oder Verlangen geweckt worden sein, mit seiner Physik sagen zu können, wie aus dem Schwarzen das Helle des Lichts oder das Spektrum der Farben entsteht. Und wer mit seinen inneren Augen in diese Dunkelheit blicken konnte – etwa durch ein Strahlengesetz –, der trat dabei vielleicht sogar der Wahrheit gegenüber. Natürlich sagt ein Physiker so etwas nicht explizit, aber es könnte Planck innerlich wohl befeuert und bereitgemacht haben, alles zu opfern, um endlich Licht in die Dunkelheit der Strahlenquelle zu bringen.

Möglicherweise klingen manchen solche Verbindungen zwischen biblischen Texten und wissenschaftlichen Hypothesen als zu weit hergeholt. Aber als Planck über das Verhältnis von «Religion und Naturwissenschaft» nachdachte und vortrug, unterschied er religiöse Menschen, die von Anfang an bei Gott sind, von wissenschaftlichen Menschen, die am Ende zu Gott finden. In beiden Fällen kennt das Streben nur eine Richtung, nämlich «Hin zu Gott!», und genau diese schlägt er mit der Formulierung der Quantenhypothese ein.

### *Das Quantum der Wirkung*

Wie erwähnt, wandte sich Planck der Methode Boltzmann zu, und wenn sie für ungeübte Augen auch trickreich wirkt, so gehörte sie doch zum Standardrepertoire der Mathematik, deren Vertreter im 19. Jahrhundert die Integral- und Differentialrechnung entwickelt hatten. Bei diesen Verfahren spielt seit diesen Tagen ein sogenanntes Infinitesimal – eine ins unendlich Kleine gehende Größe – die Hauptrolle. Wahrscheinlich gibt es kaum ein mentales Werkzeug, das auf die moderne Welt mit ihrer Technik einen größeren Einfluss ausgeübt hat als dieses verschwindend kleine Infinitesimale. Wenn Philosophen von der Berechenbarkeit der Welt sprechen – der Berechenbarkeit von Maschinen zum Beispiel oder der Erwartbarkeit des Ergebnisses von naturgesetzlichen Abläufen –, dann beziehen sie sich auf den Einsatz der Mathematik, die mit dem Infinitesimalen operiert, ohne dass sie dies häufig merken, wissen oder gar anerkennen. Das unendlich klein Werdende stellt dabei keine feste Größe dar, es bezeichnet vielmehr einen raffinierten Grenzwertprozess, der so durchgeführt wird, dass sich am Ende des Rechnens das Infinitesimale – nachdem es seine Schuldigkeit getan hat – auflösen kann.

Boltzmann konnte mit seinen Energieportionen dasselbe machen wie die Mathematiker mit dem Infinitesimal, und so riskierte Planck den Versuch, auch die Farben des Schwarzen Körpers dadurch zu erfassen, dass er dem ausgesandten Licht diskrete Energiewerte einräumte, die proportional zu seiner Frequenz sein sollten. Das heißt, Planck führte in seine mathematisch gefassten Überlegungen die kleine Formel $E = h\nu$ ein, wobei E die Energie des Lichts abkürzt, der griechische Buchstabe ν seine Frequenz meint und h die Naturkonstante ist, die hier ihren ersten harmlosen Auftritt hat und von der damals niemand erwartete, dass sie bald die ganze Welt verändern würde. Planck hat seinem geistigen Kind später bescheinigt, «ein bedrohlicher Sprengkörper» zu sein und als «geheimnisvoller Bote» aus der Unterwelt aufzutreten, was an dieser Stelle nur weitere Neugierde auf den neuen Mitspieler in den Gleichungen der Physiker wecken soll.

Etwas Besonderes an dem unscheinbaren h fiel Planck allerdings sofort auf, denn der Parameter verhielt sich gerade nicht so wie eine infinitesimale Größe und damit überhaupt nicht, wie Boltzmann es von seinen Portionen her kannte. Planck konnte seine mathematische Hilfsgröße nicht ohne weiteres aus den Gleichungen nehmen und sich von ihm nach getaner Arbeit verabschieden, er musste vielmehr – wie nach ihm alle Welt – mit dem h als einem Quantum leben, was eine feststehende Menge meinte, und wenn er sich zunächst «eigentlich nicht viel dabei dachte», kam ihm doch bald ins Bewusstsein, dass er seiner Wissenschaft hiermit wahrlich eine kopernikanische Wende zumutete.

Übrigens – wenn hier mehr von mathematischen Relationen als von physikalischen Zusammenhängen die Rede ist, dann geschieht dies ganz im Sinne von Planck, der am derzeitigen Anfang seiner Überlegungen keinesfalls an konkrete Atome dachte, deren Schwingungen dazu führten, dass Licht ausgesendet wird. Planck stellte sich vielmehr abstrakte Oszillatoren vor, von denen eine ebenfalls abstrakte Energie losgeschickt werde, die sich wellenförmig ausbreite und als Farben des Schwarzen Körpers wahrgenommen werde. Planck hielt sich auch deshalb lieber in den mathematischen Räumen auf, weil seine kleine Gleichung ihm als physikalische Feststellung nicht geheuer war. Denn obwohl eine Frequenz natürlich zu einer Wellenbewegung gehört, hatte die Energie in der Physik eher die Aufgabe, Auskunft über Teilchen zu geben, etwa ihren Ort als Lage- oder ihre Geschwindigkeit als Bewegungsenergie. Planck wollte so etwas nicht, aber er musste es wohl so hinnehmen.

Kein Wunder bei all den Vorgaben und Fragen, dass sich die Aufregung um Plancks Bemühen zunächst in Grenzen hielt. Die Runde der Gelehrten, die seiner ersten öffentlichen Vorstellung der neuen Naturkonstanten am 14. Dezember 1900 in Berlin lauschen durfte, bekam es mit einem ziemlich komplizierten Strahlengesetz zu tun, das ihnen Planck am Ende voller Stolz präsentierte, und zwar mit Recht, konnte es doch mit erstaunlicher Genauigkeit die Messpunkte der Strahlung eines Schwarzen Körpers bis ins Kleinste vorhersagen. Außerdem wunderten sich die Herren in Berlin sicher über die Naturkonstante h, die heute nach Planck benannt ist, sie wunderten sich sowohl über die Wahl des Buchstabens als auch über die Größe des Wirkungsquantums, wie man das kleine h heute nennt, wobei den Messungen zufolge statt von dessen Größe lieber von dessen unglaublicher Winzigkeit die Rede sein sollte. Als Zahlenwert für h konnten die Physiker $6{,}626 \times 10^{-34}$ Joule × Sekunde angeben, was fast nichts ist, wobei Joule eine Energie- und die Sekunde eine Zeiteinheit ist, die beide als Produkt das ergeben, was Physiker Wirkung nennen. Die Naturkonstante h gibt also eine winzige (zugleich aber höchst weitreichende) Wirkung an – die Energie mit der Zeit multipliziert –, weshalb sie in den Lehrbüchern als Plancksches Wirkungsquantum vorgestellt wird, das von dem gemessenen Zahlenwert her verschwindend klein ist und fast infinitesimal erscheint, das sich aber mit der Bedeutung seiner Existenz im Laufe der Zeit riesenhaft bemerkbar machen wird.

Wer will, kann die Wahl des unscheinbaren Buchstabens h dadurch erklären, dass Planck zunächst meinte, damit eine Hilfsgröße vor sich zu haben – h wie Hilfsgröße –, die er gegen null gehen lassen wollte. Man kann aber auch nüchtern darauf hinweisen, dass für die Naturkonstante, die in dem oben erwähnten Gesetz die Verbindung zwischen Entropie und Wahrscheinlichkeit ermöglichte, der Buchstabe k verwendet wurde, was bei einer Konstanten fraglos einleuchtet – k wie Konstante –, eine weitere Verwendung danach aber ausschließt. Als Planck nun für sein Quantum der Wirkung ein Symbol suchte, konnte er das q (für Quantum) ebenfalls nicht gebrauchen, das Physiker anders nutzen – nämlich für eine Ortsbestimmung –, die Buchstaben um k – also i, j, l und m – waren ebenfalls besetzt, und so ist eben das h in die Welt gekommen. Vielleicht wollte Planck seine Konstante auch wie ein k aussehen lassen, wobei er nicht wissen konnte, dass es berühmter als alle anderen Konstanten werden sollte.

## *Plancks zweite Entdeckung*

So sicher Planck war, mit der Relation $E = h\nu$ etwas Großes für seine Wissenschaft erreicht zu haben, so unsicher und für ihn enttäuschend reagierten seine Kollegen. Wie nach der Einreichung seiner Doktorarbeit zeigte die Fachwelt keinerlei Verständnis für die Quantenhypothese und blieb weitgehend stumm. Das heißt, es dauerte sage und schreibe fünf lange und stille Jahre, bevor endlich jemand Plancks Idee 1905 aufgriff und etwas aus ihr machte, aber dann direkt etwas ganz Besonderes und ungemein Überraschendes. 1905 meldete sich ein bis dahin unerkannt gebliebenes und ungewöhnliches Talent gleich mehrfach und mit revolutionären Einsichten zu Wort, wie er selbst in einem Fall frohlockend anmerkte. Gemeint ist der junge Albert Einstein, der damals noch am Patentamt in Bern angestellt war, weil er nach dem Abschluss seines Physikstudiums in Zürich keine Möglichkeit gefunden hatte, in die akademische Welt aufgenommen zu werden und an einer Universität zu arbeiten. Er musste notgedrungen einem Brotberuf nachgehen, was vielleicht ein Vorteil war, denn offenbar ließen Einstein seine Verpflichtungen im Amt viel Zeit zum Nachdenken – die Schublade seines Schreibtisches in dem ihm zugewiesenen Arbeitszimmer der eidgenössischen Behörde nannte er augenzwinkernd «mein Büro für Theoretische Physik». In seinem Wunderjahr 1905 legte Einstein fünf Arbeiten vor, die seiner alten Wissenschaft ein völlig neues Gewand gaben und jede für sich den Nobelpreis verdient hätte:

**Einsteins Arbeiten im Wunderjahr 1905**

1. Über einen die Erzeugung und Verwandlung des Lichts betreffenden heuristischen Standpunkt, *Annalen der Physik*, Band 17, S. 132–184; eingereicht am 18. März 1905
2. Eine neue Bestimmung der Moleküldimension, Dissertation, beendet am 30. April 1905, gedruckt bei K. J. Wyss, Bern (später geringfügig verändert erschienen unter dem gleichen Titel in *Annalen der Physik*, Band 19 (1906), S. 289–305)
3. Über die von der molekularkinetischen Theorie der Wärme geforderte Bewegung von in ruhenden Flüssigkeiten suspendierten Teilchen, *Annalen der Physik*, Band 17, S. 549–560; eingegangen am 11. Mai 1905
4. Zur Elektrodynamik bewegter Körper, *Annalen der Physik*, Band 17, S. 891–921; eingegangen am 30. Juni 1905
5. Ist die Trägheit eines Körpers von seinem Energieinhalt abhängig?, *Annalen der Physik*, Band 18, S. 639–641; eingegangen am 27. September 1905

Bei Einsteins Zauberquintett gibt es ein Kuriosum der besonderen Art zu vermelden. Die erste der fünf Arbeiten, die im März veröffentlicht wurde, enthält den von Einstein selbst explizit als revolutionär eingestuften Vorschlag, dem Licht einen doppelten Charakter zuzuweisen und zu akzeptieren, dass sich Strahlungen nicht nur als elektromagnetische Wellen durch die Wirklichkeit bewegen, sondern dass sie auch als Strom von Teilchen aufzufassen sind, die etwa auf ein Metallstück treffen und dabei dessen Leitfähigkeit beeinflussen können. Lichtteilchen können Elektronen freischlagen, wie Einstein in seiner Korpuskulartheorie berechnen konnte, wofür ihm 1921 der Nobelpreis für Physik verliehen wurde, was Planck aber – jetzt wird es wahrlich kurios – trotz des Rückenwindes für seine eigene Theorie für falsch hielt. Bei Einsteins Lichtpartikel sei «die größte Vorsicht geboten», ließ sich Planck vernehmen. Und er fügte hinzu, der junge Einstein sei mit seinen Spekulationen über Lichtquanten «weit über das Ziel hinausgeschossen», und dass, obwohl er in seiner Arbeit vor allem gezeigt hatte, dass Plancks einfache Beziehung $E = h\nu$ präzise zutraf. Was Planck auf einmal nervös machte, war, dass Einstein gezeigt hatte, dass seine mathematische Hilfsgröße nicht bloß eine Idee darstellte, sondern vielmehr eine physikalische Wirklichkeit erfasste.

### *Gleichungen für die Energie*

Es lohnt sich, auf den Unterschied zu achten, den es ausmacht, ob man etwas mathematisch darstellen kann oder physikalisch deuten und verstehen will. Für Planck war $E = h\nu$ eine mathematische Relation, was bedeutete, er brauchte sich nicht ernsthaft Sorgen über die Frage zu machen, ob eine mit der Frequenz verknüpfte Energie noch zu jedem Zeitpunkt den ihm heiligen Ersten Hauptsatz erfüllte. Mit Einsteins physikalischer Wendung änderte sich diese Lage, was Planck ins Grübeln bringen musste, konnte eine Frequenz doch nicht in jedem Zeitpunkt definiert oder ermittelt werden. Und noch etwas: Einsteins fünfte Arbeit in dem Wunderjahr 1905 liefert die wohl bekannteste Formel der Welt, in der Energie (E), Masse (m) und Lichtgeschwindigkeit (c) verknüpft sind, ebendie zauberhafte Formel $E = mc^2$. Es geht jetzt nicht um die tiefe oder weite Bedeutung dieser weltverändernden Relation, sondern darum, dass man die beiden Gleichungen für die Energie mathematisch ganz einfach kombinieren kann und dann $E = h\nu = mc^2$ bekommt. Dies kann in einem weiteren Schritt umgeschrieben werden, um $m = h\nu/c^2$ zu ergeben. Jetzt hat man eine Gleichung für die Masse m, und ihre Herleitung wird Leserinnen und Lesern vorgeführt, weil sie zu erkennen erlaubt, wie schwierig auch für große Leute oftmals sein kann, den scheinbar einfachsten Schritt zu gehen. Denn so harmlos dieser Block aus Buchstaben und Zeichen auch aussieht, wenn man ihn physikalisch ernst nimmt und deutet, besagt er, dass zu einer Masse m eine Frequenz ν gehört, dass also eine Masse in der realen Welt auch als eine Welle auftreten und sich wie sie bewegen kann. Das hätten Planck und Einstein bereits 1905 wissen und von der mathematischen Ebene auf die physikalische Bühne holen können, aber sie haben es weder gesehen noch getan.

Es hat fast zwei weitere Jahrzehnte gedauert, bis der französische Physiker Louis de Broglie in seiner 1924 angefertigten Doktorarbeit auf den physikalischen Zusammenhang gekommen ist und dem Elektron mit seiner Masse auch eine Wellenlänge zugewiesen hat. De Broglie wurde für seinen Vorschlag mit einer Einladung nach Stockholm geehrt, um hier den Nobelpreis für Physik entgegenzunehmen. Offenbar sind die kleinsten Schritte oft die schwersten, vor allem wenn sie den Wechsel aus einem Denkbereich in einen anderen verlangen, in diesem Fall den Schritt von einer mathematischen Gleichung in die physikalische Wirklichkeit, wie ihn theoretisch tätige Physiker eigentlich als ihr tägliches Brot zu vollziehen haben.

Und noch etwas: Die Energie bleibt stets für Überraschungen gut, und es gibt an dieser Stelle sogar einen besonderen Twist zu melden, auf den schon hingewiesen wurde. Er kommt dadurch zustande, dass eine sorgfältige Analyse der fünften Arbeit von Einstein in seinem Wunderjahr zeigt, dass ihr Autor nicht ganz sauber argumentiert hat, wie der Wissenschaftstheoretiker Max Jammer in seinem Buch über den *Begriff der Masse in der modernen Physik* feststellen musste. Jammer macht deutlich, dass $E = mc^2$ «nur das Ergebnis eines ‹petitio principii› ist, also einer Schlussfolgerung, die darauf beruht, dass sie die Behauptung bereits als erwiesen annimmt». Der Wissenschaftshistoriker meint, dass «Einstein unbewusst annahm», dass es «die Äquivalenz von Masse und Energie» gebe, für die schließlich Planck zu Einsteins großer

Erleichterung 1907 «eine korrekte Ableitung der Masse-Energie-Beziehung» geben konnte. Kein Wunder, dass die beiden Physiker von da an enge Freunde wurden und es durch alle politische Unbill blieben.

### *Zwei Freunde*

Nicht nur Einstein machte Gebrauch von Plancks Ideen für seine Lichttheorie, auch Planck machte umgekehrt für sein Gesetz Gebrauch von Einsteins Überlegungen, der im Juni 1905 seine berühmte Arbeit *Zur Elektrodynamik bewegter Körper* veröffentlichte. Ihr Inhalt ist heute als Spezielle Relativitätstheorie bekannt, in der die seit den Tagen von Newton als absolut betrachtete Zeit und der ebenso absolut verstandene absolute Raum ihre Eigenständigkeit aufgeben mussten, um fortan miteinander verbunden in einer Raumzeit zu existieren, was beide zueinander in Beziehung setzt, sie also als relative Größen zu erkennen gibt. Doch obwohl Planck dieses Prinzip der gegenseitigen Abhängigkeit, also der Relativität von Raum und Zeit, verstand, fiel ihm vor allem auf, dass Einsteins Theorie zugleich anderen Größen das Gegenteil zusprach, nämlich etwas Absolutes zu sein, wie Planck es sich wünschte.

Im Sinne von Planck hatte Einstein weniger eine Relativitäts- und mehr eine Absolutheitstheorie geliefert, bekam bei ihm doch zum Beispiel die Lichtgeschwindigkeit die Eigenschaft, eine «absolute Gegebenheit» zu sein, was man einfacher durch den Hinweis ausdrücken kann, dass sie eine Naturkonstante ist. Die Lichtgeschwindigkeit bleibt konstant und ändert sich nicht, wenn man bei der Beschreibung einer Lichtquelle von einem ruhenden Koordinatensystem auf ein bewegtes übergeht. Und wenn dies auch dem Common Sense damals wie heute große Mühe macht, so konnte Planck sich und andere jetzt fragen, ob die von ihm gefundene und für die Eigenschaften der Strahlung Schwarzer Körper maßgebende Größe h ihren Charakter als Naturkonstante behält, während sich der Raum, die Zeit und die Energie um sie herum ändern.

Um seine Naturkonstante – etwas Absolutes – zu verstehen, beschäftigte sich Planck mit dem Relativen, wie es Einstein in seiner Theorie vorgestellt hatte, mit dem Ergebnis, dass Planck erneut auf Kopernikus zurückgriff, um sein Entzücken über Einsteins Vorschläge auszudrücken. Der Professor im großen Berlin stellte der Gemeinde der Physiker den kleinen Angestellten des Patentamtes in Bern einfach als den Kopernikus der neuen Zeit vor, was ihm zum einen die lebenslange Freundschaft von Einstein eintrug und zum Zweiten dafür sorgte, dass Planck mit seinem Bemühen Erfolg hatte, den Vater der Relativitätstheorie dazu zu bringen, seine Abneigung gegen Berlin aufzugeben. Er folgte der Bitte von Planck, die Schweiz zu verlassen und in die Hauptstadt des Deutschen Reiches zu wechseln, um hier weitere physikalische Forschungen zu unternehmen. In den Jahren vor dem Ersten Weltkrieg kam Einstein nach Berlin, wo er dann bereits 1915 seine Spezielle in eine Allgemeine Relativitätstheorie erweitern konnte, die nach 1919 zu enormen Folgen für Einstein und die ganze Physik führte

## *Auf schwankendem Boden*

Als Einstein 1905 erstmals die gespaltene Natur der von ihm untersuchten Strahlen bemerkte und ihm auffiel, dass sie nicht zu ignorieren war, kam bei ihm keine Freude auf. Er meinte im Gegenteil, dass ihm und seiner Wissenschaft jeder Boden unter den Füßen weggezogen sei, dass er in ein tiefes Loch stürze, ohne zu wissen, wann sich eine neue Haltemöglichkeit bieten oder eine rettende Ebene erreicht würde.

Es ist wichtig, sich klarzumachen, worüber Einstein so verzweifelt war. Als er Physiker wurde, fühlte er sich selbstverständlich von der Überzeugung beseelt, die Menschen den Philosophen der Aufklärung verdanken und die sich mit einfachen Worten so ausdrücken lässt: Es ist erstens möglich, vernünftige Fragen über die Welt zu stellen, zum Beispiel «Was ist Licht?» oder «Was ist Wärme?». Es ist dann zweitens möglich, auf diese vernünftigen Fragen vernünftige Antworten zu geben – «Licht ist eine elektromagnetische Welle, und Wärme kommt durch die Bewegung von Atomen zustande». Und wer sie kennt, der weiß damit Bescheid.

Kein Aufklärer wäre auf die Idee gekommen, dass sich vernünftige Antworten auf vernünftige Fragen in die Quere kommen und plötzlich widersprechen könnten. Aber genau dies passierte Einstein bei seinem Versuch, die bekannten Daten über das Licht zu verstehen, vor allem den fotoelektrischen Effekt zu erklären, bei dem Licht Einfluss auf die

Leitfähigkeit eines Materials ausübt, wobei dessen Wirkung nicht von der Intensität der einfallenden Strahlung, wohl aber von dessen Frequenz abhing – genau so, wie es Planck doch aufgeschrieben hatte – $E = h \cdot v$. So richtig das alles war und so treffend Einstein die experimentellen Resultate damit erklären konnte – die eingestandene Dualität machte ihn verrückt. Seit einhundert Jahren wussten die Physiker, dass Lichtstrahlen sich wie Wellen ausbreiten, und wenn diese Strahlen jetzt wie Teilchen wirken, dann konnte man nicht mehr sagen, was das untersuchte Objekt – das Licht in diesem Fall – in Wirklichkeit ist, und das wiederum bedeutete, dass Licht sein Geheimnis behalten und bewahren würde. Man konnte den vielbesungenen Schleier heben, unter dem sich seine Natur verbergen musste, aber nur, um im Anschluss daran zu erkennen, dass die Wahrheit nicht offengelegt, sondern ihr Geheimnis im Gegenteil vertieft wurde, was Einstein ebenso mächtig und bleibend irritierte wie Planck.

Die Einsicht in die duale Erscheinungsweise des Lichts wird in vielen Beschreibungen der Physik brav erwähnt und durch schöne Experimente sauber vorgeführt und vielfach bestätigt, aber dann geht man rasch zum nächsten Thema über, ohne mit einem Wort die tief reichende philosophische Konsequenz von Einsteins revolutionärer Erkenntnis anzusprechen. Dies ist aber nötig und kann durch den Hinweis gelingen, dass den Aufklärern der Gedanke zwar fremd blieb, dass sich vernünftige Antworten auf vernünftige Fragen widersprechen können, dass die Romantiker damit aber keine Probleme hatten und eher ihr Vergnügen am Spiel mit Gegenpolen fanden. Wer auch nur einen oberflächlichen Blick auf die Quantenmechanik wirft, die Planck und Einstein zu Beginn des 20. Jahrhunderts losgetreten haben, kann immer nur wieder staunen, wie die Welt gerade mit ihrer Hilfe romantisiert wurde, auch wenn viele Wissenschaftshistoriker und -philosophen davor das aufklärende Augenpaar verschließen und stattdessen das Hohe Lied vernünftiger Rationalität anstimmen.

Was in den 1920er Jahren in der Physik passierte und in den folgenden Kapiteln geschildert wird, bringt sowohl die wichtigste Grundlage der globalen Ökonomie als auch das wichtigste Ereignis der modernen Philosophie hervor. Dass sich mit dem 20. Jahrhundert das philosophische Denken einen neuen Ort ausgesucht hat, lässt sich früh einer Bemerkung des in Berlin tätigen protestantischen Theologen Adolf von

Harnack entnehmen, dem die Gründung der Kaiser-Wilhelm-Gesellschaft zu verdanken ist, die heute als Max-Planck-Gesellschaft weltweit großes Ansehen genießt. Als Harnack die Naturwissenschaften im Kaiserreich stärken, reichhaltiger fördern und besser organisieren wollte, wurde er gefragt, was denn eigentlich mit der deutschen Philosophie sei, die doch in den vergangenen Jahrhunderten so stark gewirkt habe. Wo sind sie geblieben, die Philosophen? Harnack antwortete darauf mit dem Hinweis, dass es die großen deutschen Philosophen auch im 20. Jahrhundert gebe. Sie säßen nur in einer anderen Fakultät und hießen Planck und Einstein.

### *Ein schweres Schicksal*

Da in den folgenden Kapiteln eher weniger von Planck die Rede sein wird und er auf der Bühne der Forschung bescheiden die vorderen Plätze für andere freigibt, möchte der Verfasser noch auf das unvorstellbar schwere Leid hinweisen, welches der große Mann ertragen musste. 1887 hatte er Marie Merck geheiratet, die ihm vier Kinder schenken konnte, bevor sie 1909 starb. Nun passierte, was fast unvorstellbar ist: Alle Kinder aus dieser Ehe starben vor Planck. Sein erster Sohn Karl fiel 1916 bei Verdun, seine Töchter Grete und Emma starben beide bei der Geburt ihres ersten Kindes, 1917 die Jüngere und 1919 die Ältere, und Plancks zweiter Sohn, Erwin, wurde 1945 von den «gesichtslosen, unbedeutenden, erbärmlichen Männern» ermordet, die damals als Nazis die Macht in Deutschland hatten. Planck hatte sein eigenes Leben angeboten, um das von Erwin zu retten. Aber seine verzweifelte Bitte wurde schlicht ignoriert. Bei solchen Schicksalsschlägen spielt es nur eine Nebenrolle, dass Plancks Haus 1944 bei einem alliierten Bombenangriff völlig zerstört wurde und in Flammen aufging, was mühselige Ort- und Wohnungswechsel erforderte. Als die Nazis Erwin in einem Konzentrationslager ermordet hatten, schrieb Planck in einem Brief an den Physiker Arnold Sommerfeld in München:

> Mein Schmerz ist nicht in Worte zu fassen. Ich ringe täglich aufs Neue, um Kraft zu gewinnen, mich mit dieser Schicksalsfügung abzufinden. Denn mit jedem neu anbrechenden Morgen kommt es wie ein neuer Schlag über mich,

> der mich lähmt und mir das klare Bewusstsein trübt, und es wird lange dauern, bis ich wieder völlig ins seelische Gleichgewicht komme. Denn er bildete einen wertvollen Teil meines eigenen Lebens. Er war mein Sonnenschein, mein Stolz, meine Hoffnung. Was ich mit ihm verloren habe, können keine Worte schildern.

Es wird erlaubt sein, das Kapitel mit einer etwas erfreulicheren Geschichte abzuschließen. Sie handelt von den beiden Tatsachen, dass zum einen die berühmte britische Vereinigung der Wissenschaft, die seit dem 17. Jahrhundert bestehende Royal Society in London, die ursprünglich für 1942 vorgesehenen Festlichkeiten zur Feier des dreihundertsten Geburtstags von Isaac Newton, dem Urvater der Theoretischen Physik, auf die Zeit nach dem Ende des Zweiten Weltkriegs gelegt hatte, und dass zum Zweiten Planck der einzige Deutsche war, der von den Briten nicht nur eingeladen worden war, sondern der eigens von einer britischen Militärmaschine in Göttingen abgeholt wurde, wohin Planck nach den Zerstörung seines Hauses und wegen der bedrohlichen Lage in Berlin geflüchtet war. Zwar setzte ihm eine schmerzhafte Arthrose zu, sein Gedächtnis bekam immer größere Lücken, aber Planck fühlte sich wie immer in der Pflicht, und so kam es, dass er langsam, aber aufrecht gehend in die Festhalle mit den versammelten Gästen eintreten konnte. Das heißt, bevor ein Gast an die Reihe kam, kündigte ein Zeremonienmeister dessen Namen an und fügte das Land hinzu, aus dem der Gelehrte stammte oder gekommen war. Als Planck den Beginn der Schlange erreicht hatte und als Nächstes vorgestellt werden sollte, erwartete er die Worte, «Max Planck, Repräsentant von Deutschland.» Aber er hörte etwas anderes, nämlich «Professor Planck, representing no country». Er betrat den Saal und fand dabei, dass die Ankündigung sogar stimmte. Das Deutschland, das er hätte repräsentieren können, das gab es wirklich nicht mehr. Es ist auch nicht wieder aufgetaucht.

# 2
# Frühling in Kopenhagen (1912–1920)

«Was an Bohr als Forscher so wunderbar anmutet, das ist die seltsame Vereinigung von Kühnheit und vorsichtigem Abwägen; selten hat ein Forscher in solchem Maß wie er die Fähigkeit intuitiven Erfassens verborgener Dinge mit scharfer Kritik besessen. Bei aller Kenntnis des Einzelnen ist sein Blick unverkennbar auf das Prinzipielle gerichtet. Er ist zweifellos einer der größten Erfinder unserer Zeit auf dem Gebiete der Wissenschaft.»

*Albert Einstein 1922 über Niels Bohr*

Als Max Planck und Albert Einstein die ersten Quantensprünge der Atome in Berlin und Bern in ihr Denken aufnahmen und schließlich in ihre physikalischen Theorien einbauten, da ging es mehr um das Licht und weniger um die Atome, die es aussenden und den Strahlen dabei ihre Energie liefern, wie man heute weiß. Wenn man Einstein 1905 gesagt hätte, seine berühmte (und von Planck bewiesene) Formel $E = mc^2$ würde Auskunft über die Energie geben, die aus dem Zentrum eines Atomkerns freigesetzt werden kann – was vierzig Jahre später beim ersten Einsatz einer Kernwaffe, der Atombombe im Zweiten Weltkrieg, auch tatsächlich unter dramatischen Umständen gelang –, wenn dem jungen Physiker diese Folge seiner Theorie vor dem Ersten Weltkrieg vorhergesagt worden wäre, hätte er damit nichts anfangen und überhaupt nicht verstehen können, wovon die Rede war. Von der Existenz energiereicher Atomkerne wussten die Physiker in den ersten zehn Jahren des 20. Jahrhunderts nichts, und es mussten noch Jahrzehnte vergehen, bevor sie sich zeigten und in ihren Überlegungen auftraten. Das Modell, das zunächst noch für die inzwischen von vielen Menschen zugleich bewunderten wie gefürchteten Strukturen zirkulierte, die den

Weltinnenraum bevölkerten und mit Masse auszustatten schienen, stammte von dem britischen Physiker Joseph John Thomson. Er konnte kurz vor Ende des 19. Jahrhunderts mit Hilfe von Kathodenstrahlen erstmals nachweisen, dass es viel kleinere Gebilde als die antiken Atome geben musste, nämlich negativ geladene Teilstücke von ihnen. Der Physiker sprach von Elektronen, die er in seinen Experimenten ablösen und gezielt bewegen konnte und von denen sich zeigen ließ, dass sie den elektrischen Strom ausmachen, der in einem leitenden Draht fließt. Der von vielen J. J. Thomson genannte (und ohne p in seinem Nachnamen geschriebene) Physiker wollte wie viele seiner Kollegen besser verstehen, wie elektromagnetische Kräfte genutzt werden konnten und woraus die Elektrizität bestand, die seit dem 19. Jahrhundert immer mehr in die Haushalte eingezogen war und den dort wohnenden Menschen den Strom lieferte, mit dem sie dann Lampen und andere Geräte betreiben konnten. Und so machte sich das Häuflein der Wissenschaft an die Arbeit, das praktische Funktionieren theoretisch abzusichern.

Während die nicht allzu ernsthaft betriebenen Überlegungen antiker Philosophen zur Existenz kleinster unteilbarer Partikel, den Atomen, im Rahmen der Allgemeinbildung immer mal wieder erörtert und zitiert werden, kommen die seit dem 19. Jahrhundert immer erfolgreicher werdenden Bemühungen der Physiker um die Frage, ob es daneben auch kleinste unteilbare Mengen von elektrischer Ladung gibt, nahezu nirgendwo oder höchst selten zur Sprache. Dabei hatte der Brite Michael Faraday schon früh festgestellt, dass Ladungsmengen proportional zu einer Stoffmenge zunehmen. Dieser Befund beruhte auf der naheliegenden Annahme, dass eine wachsende Zahl von Atomen zu einer größeren Ansammlung von Elementarladungen führt, was wiederum den Gedanken erlaubte, dass es auch «Atome der Elektrizität» geben müsse. Spätestens im Jahre 1874 wurde unter anderem durch Herrmann von Helmholtz die Bezeichnung «Elektronen» für diese anderen Atome vorgeschlagen, mit denen man dann in den evakuierten Glaskolben experimentieren wollte, die – wie sonst? – Elektronenröhren hießen. In ihnen befanden sich leitende Metallstücke (Elektroden), an denen sich hohe Spannungen anlegen ließen, mit deren Hilfe die negativ geladene Seite namens Kathode dazu gebracht werden konnte, Strahlen auszusenden, die man zum Beispiel durch ein Magnetfeld ablenken und auf diese Weise quantitativ untersuchen konnte. Bei der sorgfältigen Vermessung von solchen Kathodenstrahlen unter wechselnden Bedingungen konnte J. J. Thomson herausfinden, dass die losgesandten und sich ausbreitenden Energiebündel aus negativ geladenen Objekten bestanden, deren Wechselwirkung mit dem Magnetfeld zeigte, dass sie über deutlich weniger Masse verfügten als ein Atom, und es war anzunehmen, dass es sich bei diesen Bruchstücken um die Elektronen handelte, auf die sich fortan die Aufmerksamkeit der Physiker konzentrierte. Das heißt, J. J. Thomson konnte als geschickter Experimentator neben den Elektronen zusätzlich noch positiv geladene Anteile von Atomen ausfindig machen und sogar zeigen, dass diese Mitspieler im Innenraum der Dinge viel mehr Masse als die kleinen negativen Partikel mit sich herumschleppten. Er wusste nur nicht, in welcher Form die gewichtige positive Ladung in den Atomen zu finden war und auf welche Weise sie sich mit den Elektronen vertrug, um dabei insgesamt etwas Stabiles zustande zu bringen, mit dem man sich an den Bau der Welt machen konnte.

In solchen Fällen entwerfen Physiker gerne ein anschaulich gehaltenes, aber trotzdem möglichst phantasievoll gestaltetes Modell, mit dessen Hilfe sie dann Hypothesen formulieren können, die sich anschließend gezielt in experimentellen Fragen an die Natur testen und dabei entweder falsifizieren oder verifizieren lassen. Und so schlug J. J. Thomson vor, sich Atome wie einen Rosinenkuchenteig – in seiner Sprache und Esskultur wie einen «plumpudding» – vorzustellen, in dem sich negativ geladene Elektronen als Rosinen von einem positiv geladenen Teig umfangen zeigen, in dem sich die getrockneten Weinbeeren zwar zäh und mühevoll bewegen können, in dem sie aber vor allem an ihrem Platz gehalten werden und dabei die atomare Wirklichkeit formen. So sah das Atom ganz zu Beginn des 20. Jahrhunderts aus, und dieses Bild hielt sich bis in das Jahr 1911. Dann änderte sich alles durch ein einfaches Experiment und den Mut, sich zu ihm zu bekennen und an den dabei gemachten Beobachtungen festzuhalten.

### *Mit Gewehrkugeln auf Zeitungen schießen*

Wenn Physiker die Struktur oder den Aufbau von winzig kleinen Objekten untersuchen wollen, die sich dem Auge entziehen, dann führen sie Streuversuche durch. Das heißt, sie leiten gezielt einen energiereichen Strahl auf das Objekt und prüfen nach, wie er abgelenkt wird und wo sich auf welche Weise dessen Spuren hinter dem untersuchten Gegenstand verteilen. Dies ließ sich am besten mit einem der Zählrohre durchführen, die der Deutsche Hans Geiger entwickelt hatte und die nach ihm benannt waren. Im schnöden Laboralltag dienten Geigerzähler zur Überprüfung der Frage, ob man sich etwa in der Nähe von radioaktiven Atomen aufhielt, die ihre zwar unsichtbare, aber oftmals gefährlich energiereiche Strahlung verbreiteten, was Verbrennungen auf der Haut hinterlassen und Krebs auslösen konnte. Wenn radioaktives Material zu finden war, ließ der eingesetzte Geigerzähler ein knarrendes oder knisterndes Geräusch vernehmen – das dem Autor aus seinen Kindertagen vom Radio her vertraut ist, als etwa in Schulfunksendungen der 1950er Jahre viel von Geigerzählern die Rede war, die man nicht zu sehen brauchte, wenn sie operierten und Strahlungsgefahr signalisierten, die sich aber deutlich mit einem prasselnden Geräusch meldeten, wenn sie etwas aufgespürt hatten, und diese Töne nahmen die jungen Hörer vor den Apparaten wahr, wenn sie aufgeregt lauschten.

Im Jahre 1911 führte der aus Neuseeland stammende Physiker Ernst Rutherford in der britischen Stadt Manchester ein bis heute berühmtes Streuexperiment durch, und es war Geiger selbst, der als Assistent von Rutherford die erforderlichen Messungen mit seinem Zähler vornehmen sollte. Abgesehen von diesem persönlichen Glücksfall hatte Rutherford bei seinen Versuchen den Konkurrenten zwei Dinge voraus. Zum einen kannte sich der selbstbewusste Nobelpreisträger wie kein anderer bei den in dem entscheidenden Experiment eingesetzten radioaktiven Strahlen aus, die von ihm seit 1908 mit dem ersten Buchstaben Alpha des griechischen Alphabets bezeichnet wurden. Rutherford hatte diesen Namen gewählt, nachdem sich herausgestellt hatte, dass bei der Radioaktivität die Energie der Atome in insgesamt drei Formen aus- und auftritt, die seitdem als α-, β- und γ-Strahlen unterschieden werden. In der Folgezeit stellte sich nach und nach heraus, dass die Sorten sehr verschieden waren, sich aber mit allen drei Formen der Radioaktivität beste Möglichkeiten boten, sie in Streuversuchen einzusetzen, um das atomare Geschehen zu untersuchen. Da die Strahlen aus dem Inneren von Atomen kamen, konnte man versuchen, sie auch dorthin zurückkehren zu lassen, um dann dabei zusehen zu können, was sie dort anstellten.

Vor dem zwar einfachen, aber weltbewegenden Versuch von 1911 soll noch eine Anekdote aus dem Jahre 1908 erzählt werden. Als sich Rutherford im Frühjahr 1908 auf die Analyse der α-Strahlen konzentrierte, konnte er nachweisen, dass sie aus Teilchen bestehen, den α-Teilchen, wie sie dann hießen. Er konnte nicht genau sagen, wie sie aussahen – heute ist bekannt, dass es sich um Kerne von Heliumatomen handelt, was damals allein deshalb niemand verstanden hätte, weil die Entdeckung von Atomkernen noch warten musste –, aber Rutherford konnte die α-Teilchen immerhin zählen. Dafür wurde ihm im Winter 1908 der Nobelpreis verliehen, was ihn allerdings mehr ärgerte als erfreute. Der sympathische und kecke Neuseeländer liebte kernige Sprüche, von denen einer lautstark verkündete, dass es nur eine echte Wissenschaft gebe, nämlich die Physik. Alles andere sei Briefmarkensammeln: «All science is either physics or stamp collecting.» Und nun ehrte ihn die Schwedische Akademie mit dem Nobelpreis – aber nicht für Physik, sondern «nur» mit dem für die Chemie, was Rutherford aber nicht daran hinderte, ihn mit Humor und voller Dankbarkeit anzunehmen.

Rutherford war dafür bekannt, extrem dünne Goldfolien anfertigen zu können, die stellenweise nur die Dicke einer einzigen Atomschicht aufwiesen. Und auf diese Zielscheibe lenkte er 1911 einen wohldosierten Strahl aus α-Teilchen. Wie es sich gehörte und der Common Sense verlangte, suchten er und sein Mitarbeiter Geiger zunächst hinter dem Goldstreifen mit den Zählrohren nach dem Verbleib der Strahlung, aber nur, um dabei zu ihrer Überraschung festzustellen, dass ein Teil von ihr dort gar nicht ankam. Erst zögerlich, dann aber entschlossen schauten Rutherford und Geiger auf der anderen Seite nach, also dort, woher die α-Strahlen kamen – und potzblitz! Hier wurden die beiden fündig. Die Folie ließ einen Teil der auf sie gelenkten Energie gar nicht durch und schickte Strahlen in Richtung der Quelle zurück.

Erst erschrak Rutherford – ihm kam es so vor, als habe jemand Gewehrkugeln auf eine Zeitung gefeuert, um dabei festzustellen, dass die Geschosse das Papier nicht durchdringen, sondern von ihm zurückgeschleudert werden. Doch zum Glück reagierte er nur kurz nervös, dachte dann länger über die Beobachtung nach und kam zu der aufregenden Ansicht, dass es auf keinen Fall der Rosinenkuchenteig von J. J. Thomson sein konnte, mit dem sich diese Streuung der Strahlen bewerkstelligen oder begreifen ließ. Rutherford konnte sein experimentelles Resultat nur erklären, wenn er den Atomen zubilligte, einen festen Punkt zu haben, in dem sich ihre Hauptmasse konzentrierte und von dem aus die α-Teilchen zurückprallten. Er stellte sich die inzwischen nicht mehr unteilbaren Urgebilde im Weltinneren wie den Planeten Saturn vor, der bekanntlich über einen eleganten Ring verfügt, der sich um einen massiven Zentralkörper windet. Die viel leichteren Elektronen, so dachte sich Rutherford, umrunden den schweren Rumpf des Atoms, der seinen Kern ausmachte, wie er den Zentralkörper fortan nannte. Allerdings verleitete ihn diese Einsicht weniger zu einem triumphalen Lächeln und mehr zum besorgten Stirnrunzeln. Denn so gerne man jetzt ausrufen und feiern möchte, dass Rutherford mit seinem Streuversuch auf den Atomkern gestoßen war und ihn insofern entdeckt hatte, so wenig konnten er und seine Kollegen übersehen, dass die Vorstellung eines Saturnatoms sich mit der grandios erfolgreichen Physik des 19. Jahrhunderts auf keinen Fall vereinbaren ließ. Im Gegenteil, sie stand mit ihr in einem unversöhnlichen Widerspruch.

Zunächst wurde Rutherford immer ratloser. Nach und nach nahm sogar seine Bereitschaft zu, sein gefälliges Saturn-Modell des Atoms auf den Müllhaufen gescheiterter Theorien der Wissenschaftsgeschichte zu werfen, als eines schönen Tages ein junger Mann an seine Tür klopfte und fragte, ob er mit ihm zusammenarbeiten könne. Der Besucher kam aus Dänemark und hieß Niels Bohr. Und mit ihm und seinem Eintreffen in Manchester nahm die Geschichte der Atome eine völlig neue Richtung und endgültig die volle Fahrt auf, die im inneren Meer der Möglichkeiten endete. Bohr hatte tatsächlich bald eine originelle Idee, was im Bereich der Atome und der dortigen Welt der Fall oder los sein konnte – oder wie die Physik dort eben alles beieinanderhalten und den Dingen die Stabilität geben könnte, die sie doch offensichtlich haben.

### *Eine Anmerkung zum Fortschritt der Wissenschaft*

Bevor das Ergebnis der Zusammenkunft von Bohr und Rutherford geschildert wird, soll eine allgemeine Bemerkung über die Art gemacht werden, wie sich im historischen Blick zu erkennen gibt, auf welche Weise eine Wissenschaft wahrlich und wirklich voranschreitet. Das heißt, es geht hier nicht um eine ebenso blutleere wie geschichts- und gesichtslose «Logik der Forschung», es geht auch nicht um spielerische Albernheiten wie das Schlagwort «Anything goes». Es geht hier vielmehr um die eher unterschätzte Tatsache, dass das höchste Glück von Forscherinnen und Forschern in scheinbar auswegloser Situation besteht, wie Bohr sie vorfand, als er in Manchester eintraf.

Das Glück besteht dabei aus zwei Komponenten, von denen sich die erste darin zeigt, dass dem oder der Suchenden eine phantastische Physik zur Verfügung steht, die seit Jahrhunderten gewachsen ist und stolz und kühn sich davon überzeugt zeigt, alles erklären zu können. Doch bevor das Leben in dem von vermeintlichen Alleswissern errichteten Haus langweilig wird, tritt die zweite Komponente hervor, indem ein höchst elegantes und erstaunlich einfaches Experiment ihren hohen Anspruch gegen die Wand laufen lässt und auf diese Weise wieder Schwung in die Bude bringt, weil die dazugehörende Beobachtung der Wissenschaft die Grenzen ihrer herkömmlichen Deutungsmuster unmittelbar vor Augen führt und ihre Vertreter zwingt, sich neu zu orientieren und ihre Laufrichtung zu ändern. Das ist das wahre Glück in der Wissenschaft: das Geschätzte und Gewohnte zu nutzen, um es erst zu stürzen und um danach mit seinen weiterhin nutzbaren Stücken und der persönlichen Kreativität den Mut aufzubringen, etwas ungewohnt Neues über den Trümmern zu errichten.

Bohr entdeckt bei Rutherford nichts und erfindet alles, und warum er sich so etwas zutraut, hat ein befreundeter Physiker verraten, der einmal mit Bohr in ein Gespräch über die Arbeits- und Denkweise von Wissenschaftlern verwickelt war. Bohr bekannte dabei: «Man muss sich nie zufriedengeben, nur das zu tun, was man kann; man muss vielmehr immer tun, was man eigentlich nicht kann.» Eine «Elektronentheorie der Metalle» formulieren, das konnte er, wie seine Doktorarbeit gezeigt hatte, die er in Kopenhagen angefertigt hatte, bevor es ihn nach England verschlug. Eine «Elektronentheorie der Atome» aufstellen, das konnte noch niemand, aber so etwas musste jetzt her, koste es, was es wolle, ganz gleich, wie hoch der Preis war, wie Max Planck an dieser Stelle zu Bohrs Ermutigung gesagt hätte. So – und nur so – kommt die Wissenschaft in ihren glücklichen Augenblicken und mit ihr die Menschheit voran.

### *Der gute Mensch aus Kopenhagen*

Bohr wuchs in Kopenhagen in einer wohlbehüteten Welt auf. Seine Mutter Ellen Adler stammte aus einer (jüdischen) Bankiersfamilie, und sein Vater Christian arbeitete als Professor für Physiologe an der Universität seiner Heimatstadt. Er war über die Grenzen seines Landes hinaus durch den von ihm beschriebenen Bohr-Effekt bekannt, der von der Bindung des Sauerstoffs im Blut handelt. Niels Bohr hatte einen jüngeren Bruder Harald, der Mathematiker werden wollte und sich deshalb nach seinem Studium in Richtung Deutschland orientierte, wo zu seiner Zeit die Musik seiner Disziplin spielte, während Niels mehr nach England blickte, wie sein Vater ihm empfohlen hatte. Nach dem Abschluss seiner Doktorarbeit, die sich mit einer «Elektronentheorie der Metalle» beschäftigte, machte sich Bohr in Richtung der berühmten Universitätsstadt Cambridge auf, um hier mit dem damals seine Disziplin dominierenden J. J. Thomson zu sprechen und dabei kräftig in mehrere Fettnäpfchen zu treten. Bohr wies den großen Professor erstens unverblümt auf Ungereimtheiten in seinen letzten Publikationen hin, er bot ihm zweitens an, die Korrektur der Fehler zu übernehmen, und traute sich drittens, den berühmten Mann keck zu fragen, ob sie bei der schwierigen Frage nach dem Bau der Atome nicht zusammenarbeiten und Bohr den Leuten in Cambridge etwas beibringen könne.

J. J. Thomson zeigte sich «not amused», er reagierte zudem unwirsch auf einen weiteren Wunsch von Bohr, der sich erkundigte, wie es gelingen könne, seine Dissertation auf Englisch zu publizieren. Als er eine Abweisung nach der anderen erfahren musste, änderte Bohr seine persönliche Marschrichtung. Er klopfte bei Rutherford in Manchester an die Türe, und der bullige Neuseeländer ließ den entschlossen wirkenden Dänen eintreten. Bohr verfügte selbst über einen ziemlichen Körperwuchs, und so standen sich zwei in vieler Hinsicht massive große Männer plötzlich gegenüber und fragten sich, wie sie die verlockenden und sich verborgen haltenden Winzlinge zu fassen bekommen könnten, die man Atome nannte.

Rutherford holte noch einmal sein Saturn-Modell aus der Schublade, aber die beiden wussten inzwischen genau, warum sich ihr Problem mit seiner Hilfe nicht beheben ließ und warum man auf keinen Fall damit weitergehen konnte. Woraus auch immer der Ring des Planeten im Sonnensystem in der Höhe des Himmels geformt war, in einem Atom in der Tiefe der Erde mussten die Elektronen dessen Rolle übernehmen, und damit begannen die Schwierigkeiten. Elektronen tragen negative Ladungen, und wenn sie sich nicht gradlinig, sondern auf einer Kreisbahn bewegen, müssen sie einer mechanischen Kraft unterliegen, die eine Beschleunigung mit sich bringt, was nach den bewährten und in dem Fall unverrückbaren Gesetzen der Physik leider nicht folgenlos bleibt. Es klingt zwar höchst einfach, zerstört aber Rutherfords Modell vollkommen: Elektrische Ladungen, die beschleunigt werden, sind gezwungen, Energie abzustrahlen, und wenn dies einem kreisenden Elektron in einem Atom passiert, verliert es an Schwung und Dynamik, es kann seine Bahn nicht halten und muss unweigerlich in den Kern stürzen. So schön das Saturnatom anzuschauen ist, es kann auf Dauer nicht funktionieren und insofern zu keiner Zeit dabei helfen, die Stabilität der Materie und ihrer Atome zu erklären.

### *Das schizophrene Atommodell*

Heute kennt fast jedes Kind das Atommodell von Bohr (Abb. 6), mit dem man aus der Falle herauskam und sich an der Weggabelung für das eine gelungene Experiment und gegen die ganze Physik entscheiden konnte, was bislang nur Einstein gewagt hatte, als er 1905 an seiner Relativitätstheorie werkelte. Wer Bohrs Bahnen in seinen Entwürfen mit seinen äußeren oder inneren Augen betrachtet, denkt sofort, dass er hier ein Planetensystem im Kleinen geschaffen hat, wobei die Idee des Saturns ihm vielleicht den Weg gewiesen hat. Aber als Bohr mit seinen Überlegungen einsetzte, die wissen wollten, wie es gelingen könnte, Atome nicht mehr als Rosinenkuchenteig, sondern mit dem von Rutherford zweifelsfrei nachgewiesenen Kern existieren zu lassen, konzentrierte sich seine Aufmerksamkeit vor allem auf die Frage nach der Stabilität. Vom Standpunkt der klassischen Physik war sie als reines Wunder zu betrachten, weil sie unerklärlich blieb. Mit dem Begriff der Stabilität meinte Bohr, dass auch nach vielen Veränderungen, die Atome selbst von innen beim Aussenden von radioaktiven Strahlen erfahren oder die ihnen von außen durch chemische Reaktionen zugefügt werden, dass

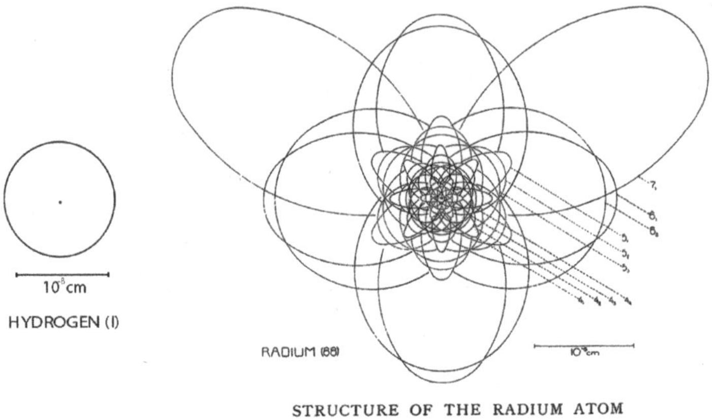


Abb. 6: Zwei Atommodelle nach Bohr – ein einfaches (Wasserstoff) und ein raffiniertes (Radium)

*Bei einem Wasserstoffatom gibt es ein Elektron, das um den Kern kreist, der in dem Fall aus einem Proton besteht. Bei einem Radiumatom müssen 88 Elektronen auf Bahnen untergebracht werden, und im Kern geht es äußerst eng zu. Die chemische Reaktionsfähigkeit von Atomen hängt von den Orbitalen der Elektronen ab, wie man sagt, ihren Umlaufbewegungsmöglichkeiten, wie man sagen könnte, die deshalb besondere Kennzeichnungen bekommen, die in der Darstellung zu sehen sind. In den Schulbüchern war dann von 2p- oder 4d-Orbitalen die Rede, die durch die mathematische Form der Wellenmechanik von 1926 merkwürdige Formen bekamen, von denen einige in Abb. 7 zu sehen sind. Die Angaben wie 2p oder 4d weisen auf verschiedene Typen von Orbitalen hin, was hier nur am Rande eine Rolle spielt.*

sich bei allen Prozessen immer wieder Atome mit den gleichen Eigenschaften bilden. Ihr Geheimnis steckte in ihrer Gestalt, und so dachte Bohr verzweifelt darüber nach, wie sich eine stabile Gestalt von Atomen sowohl bilden als auch halten ließ. Und auch wenn das Ergebnis, das bei seinem ersten Nachsinnen heraussprang, mit seinen um ein Zentrum rotierenden Kügelchen eher wie ein einfaches Planetensystem *en miniature* aussah, sollte nicht übersehen werden, worin das Besondere seines Vorschlags und seiner Leistung besteht.

Da er die Gestalt des Atoms nicht entdecken konnte – wo hätte er denn auch auf sie treffen können? –, musste Bohr die dazugehörige Form erfinden. Man kann das großzügig mit den Worten beschreiben,

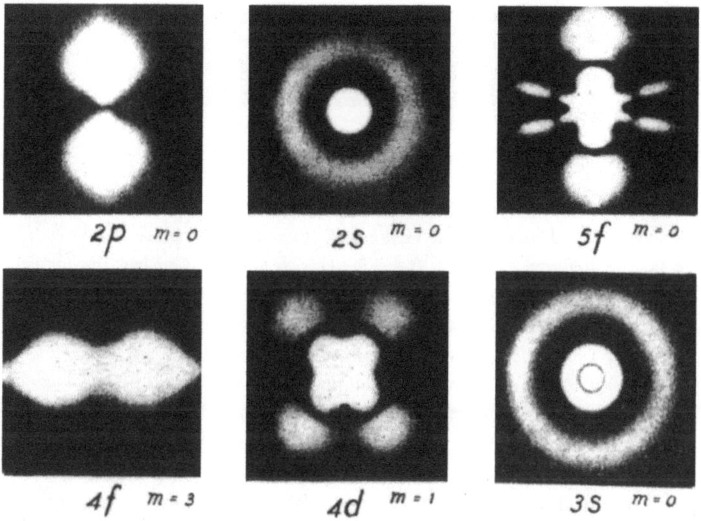


Abb. 7: Elektronenorbitale
*Quantenmechanisch berechenbare mögliche Aufenthaltsbereiche von Elektronen in Atomen. Da gibt es keine Dinge mehr, nur noch wolkenhafte Möglichkeiten der elektronischen Ladung, sich zu verteilen.*

dass Bohr seine Wissenschaft im Modell der Kunst betrieb. Er entwarf den gesuchten Gegenstand mit einem kreativen Zugriff, der sich an strenge Regeln hielt, wie ein Dichter, der ein Sonett verfassen will. Wie später bei anderen Physikern noch deutlicher wird: Kreativität heißt nicht, dass man machen kann, was einem beliebt. Kreativ sein heißt, die Stelle zu finden, an der dem Denken gerade keine Freiheit mehr bleibt und man versuchen muss, mit den äußeren Zwängen und der inneren Phantasie oder Einbildungskraft weiterzukommen und eine Lösung zu finden, sich also aus der Beklemmung zu lösen, in der die geliebte Wissenschaft festhängt.

Neben diesem wissenschaftlichen musste Bohr einen psychologisch anstrengenden Schritt tun. Einerseits gab er sich als klassischer Physiker zu erkennen, der mit den traditionellen Gesetzen seiner Wissenschaft die Bahnen ausrechnete, auf denen Elektronen einen Kern umrunden können. Andererseits schlüpfte Bohr in die Rolle des wissenschaftlichen

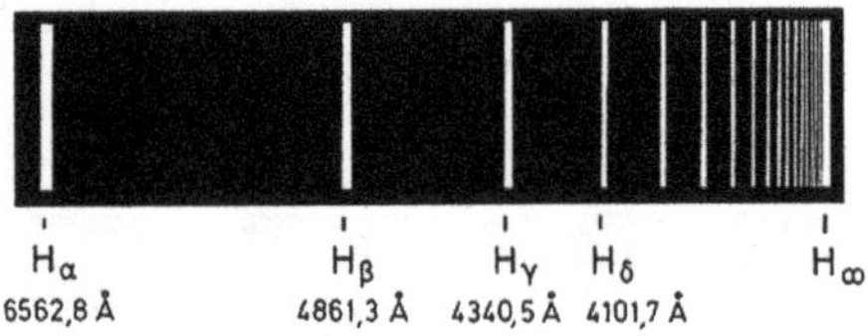


Abb. 8: Die Balmer-Serie
*Seit der Mitte des 19. Jahrhunderts haben Physiker das Licht genau vermessen, das ein Wasserstoffatom aussendet. Dabei lassen sich Linien ausmachen, die dann ein Atomspektrum bilden, und der Schweizer Mathematiker Johann Jakob Balmer konnte eine Formel angeben, die eine Berechnung der gemessenen Wellenlängen erlaubte. Die Linien bildeten eine Balmer-Reihe oder -Serie, wie man sagte, und Bohr gelang es mit seinem Atommodell, die Balmer-Serie abzuleiten. Es musste daher an Bohrs Ideen etwas richtig sein.*

Eroberers und setzte sein Quantengesicht auf, um von Plancks Quantensprüngen Gebrauch machen zu können, die hier erstmals ihre volle physikalische Bedeutung bekamen, weil sie die Existenz diskreter Zustände ermöglichten. Plancks Quanten halfen Bohr, einfache Regeln zu formulieren, mit denen er erst einzelne Umlaufrouten der Elektronen aussondern konnte, um sie anschließend dadurch als stabil zu erklären, dass er sagte, sie können nicht kontinuierlich wie auf klassischen Wegen von einer Bahn auf die andere wechseln und dort weiter kreisen. Die Elektronen benötigen einen diskreten Anstoß mit einer Mindestenergie, um zwischen zwei Quantenbahnen hüpfen – also Quantensprünge ausführen – zu können, wobei Bohr die Größe dieser Übergänge durch Plancks kleines h berechnen und dank des existierenden Quantums sagen konnte, dass die Elektronen in den Atomen bleiben, wo sie sind, und auf diese Weise das Innerste der Welt stabil halten, solange sie niemand von außen anstößt oder zum Springen anregt.

Hier taucht unter anderem die Frage auf, woher Bohr wusste, welche von den beliebig vielen klassisch berechenbaren – wenn auch physikalisch unmöglichen – Bahnen er auswählen und den Elektronen im Atom zuweisen konnte. Die Antwort steckt in dem Licht, das Atome aussenden und das seit dem 19. Jahrhundert ziemlich genau vermessen worden war. Dabei hatte sich gezeigt hatte, dass nicht jedes Atom jede Art von diffusem Licht abgibt und sich vielmehr scharfe Linien erken-

Abb. 9: Der perspektivische Blick auf Stufen

*Historiker der Quantenphysik würden gerne wissen, wie Balmer auf seine Formel gekommen ist, und es scheint, dass der Physiklehrer aus Basel dazu die Muster benutzt hat, die sich bei der perspektivischen Verengung von Treppenstufen zeigen und berechnen lassen. Das Licht der Atome liefert eine Reihe von Linien, wie man sie bei aufsteigenden Treppen beobachten kann. Der Blick der Kunst hilft der Wissenschaft.*

nen lassen, die charakteristisch für ein bestimmtes Atom sind. Am besten bekannt waren die Licht- oder Spektrallinien, die von dem einfachsten aller Atome ausgingen, dem Wasserstoff, und sie wiesen zudem eine ästhetische Besonderheit auf.

Wer auf die sich mit zunehmender Energie verkleinernden Abstände der Spektrallinien schaute, konnte sich an die perspektivische Verkürzung erinnert fühlen, die man sieht, wenn man etwa die ansonsten im gleichen Abstand stehenden Säulen einer Tempelfront von der Seite oder eine aufsteigende Folge von Treppenstufen betrachtet (Abb. 8 und 9). Bereits 1885 war dies dem Schweizer Mathematiker Johann Jakob Balmer aufgefallen, der die Wasserstofflinien mit dem Auge eines darstellenden Geometers betrachtete und daraus eine elegante Rechenvorschrift entwickeln konnte. Die sogenannte Balmer Formel inspirierte Bohr und wies ihm den Weg. Er wusste, dass er erneut die Richtung seines Denkens und Suchens ändern musste. Er konnte die Energie des von den Atomen kommenden Lichts nicht durch die Bahnen der Elektronen verstehen, auf denen sie den Kern umrunden wie die Planeten die Sonne, sondern durch die Übergänge zwischen den Kreisläufen. Balmer hatte erkannt, dass sich die Linien der seitlich betrachteten Säulen aus der perspektivischen Verkürzung der Abstände ergaben, und so erkannte Bohr, dass die vermessenen Linien etwas über die Abstände zwischen den Bahnen verrieten. Und damit stand er kurz vor dem Ziel.

Bohr machte sich folgendes Bild von den Abläufen im Atom: Wenn die Elektronen ihre Bahn wechseln, geben sie Energie ab und senden dies als Licht aus, dessen Frequenz durch $E = h\nu$ gegeben ist, was nicht nur das Licht, sondern vor allem die Stabilität der Atome verständlich macht. Dazu braucht man sich nur noch vorzustellen, dass Elektronen einen Anstoß brauchen, um sie zum Sprung zu verleiten. Lässt man sie in Ruhe kreisen, zirkulieren die Elektronen unbehelligt auf den Bahnen, für die der Bohr mit dem Quantengesicht Bedingungen aufstellen konnte. Für den klassischen Physiker strahlten die kreisenden Elektronen, für den Quantenphysiker übernahmen dies die springenden Ladungen zwischen den Bahnen.

## *Das romantische Modell*

Wenn es auch ungewohnt klingt, aber das Bohrsche Atommodell ist in mehrfacher Hinsicht romantisch, was sich ganz allgemein daran zeigt, dass es nicht dadurch zustande kommt, dass man ein Geheimnis lüften konnte, sondern im Gegenteil dadurch, dass man das Mysterium vertiefte. Das neue Geheimnis steckt in dem Wirkungsquantum, das Planck aus dem Hut gezaubert und dessen Existenz Bohr in eine Welterklärung eingebaut hat, ohne zu übersehen, dass das kleine h ein höchst irrationales Geschöpf ist. In dem Bohrschen Bild bewegen sich die Elektronen auf Kreisbahnen, weshalb die Physiker lieber mit einer Kreisfrequenz arbeiten, für die sie den griechischen Buchstaben ω verwenden. Aus der Frequenz ν wird die Kreisfrequenz ω, wenn man sie mit dem Umfang eines Kreises malnimmt, also $\omega = 2\pi\nu$, wobei π die berühmte Kreiszahl ist. Sie gibt das seit der Antike faszinierende Verhältnis des Umfangs eines Kreises zu seinem Durchmesser an, also dem doppelten Radius (was die 2 in der kleinen Formel erklärt). Das mag alles nach lästiger Schulmathematik aussehen, soll aber vorbereiten, dass die Physiker im Laufe der kommenden Jahre Plancks große Gleichung immer weniger mit $\nu$, also als $E = h\nu$, schreiben und stattdessen die physikalisch sinnvolle Kreisfrequenz ω verwenden, was dann zuerst so aussieht – $E = h\omega/2\pi$ –, bis die Physiker sich entscheiden, das h neu zu definieren und durch ein «h quer» zu ersetzen, für das sie das Symbol ħ einführten. Mit ihm lässt sich dann Plancks Einsicht ganz einfach aufschreiben als $E = \hbar\omega$. Wie sich herausstellt – und noch erläutert wird –, ist nicht das h, sondern das ħ die wichtige Größe, was den faszinierenden Satz zulässt, dass die Physik der Atome zu ihrer Grundlegung eine irrationale Größe und zugleich eine transzendente Zahl – nämlich π – benötigt – und man darf fragen, was könnte romantischer sein? Von kalter Rationalität jedenfalls weit und breit keine Spur.

Es wird sich zeigen, dass die Beschreibung der Quantenwelt tatsächlich noch eine weitere romantische Dimension bekommt, die über die des Bohrschen Atommodells hinausgeht. Bohr kannte und schätzte aus seinen Studententagen das 1843 von einem Landsmann, dem Philosophen Poul Martin Møller, verfasste Buch, das von den Abenteuern eines dänischen Studenten handelt – *En dansk students aventyr*, so der Originaltitel. Møller lässt seinen Helden unter anderem fragen, wo ein Gedanke war, bevor man ihn gedacht hat. Der Student stellt bei Beobachtungen während seiner Streifzüge durch die Stadt vor allem fest, was Bohr gerade in Manchester erfahren hat: «Bei vielen Gelegenheiten teilt sich ein Mann in zwei Persönlichkeiten auf, von denen der eine versucht, den anderen zu hintergehen, während ein Dritter, der in Wahrheit derselbe wie die beiden ersten ist, sich über diese Konfusion wundert.»

Es bietet sich unmittelbar an, diese spätromantische Schilderung auf

Bohr zu übertragen, der im Gespräch mit Rutherford in Gedanken mit seinen beiden Gesichtern, dem klassischen und dem Quantengesicht, spielt und zusieht, wie sie sich des Atoms bemächtigen, während er doch zugleich weiß, dass die beiden Sichtweisen zusammenfinden müssen und zusammengehören. Zu seinem Denken gehört von Anfang an eine Zweiteilung, und wer Møllers Buch liest, wird aufregenderweise schließlich finden, dass der dänische Dichter des 19. Jahrhunderts seinen Blick auf die gespaltene Persönlichkeit mit einer allgemeinen Betrachtung über das Denken abrundet. Er schildert es als einen dramatischen Vorgang, «der die kompliziertesten Abläufe mit sich selbst hervorbringt, und der Zuschauer wird immer wieder zum Schauspieler».

Hier findet sich wohl die Quelle von Bohrs Beschreibung der Lage eines Physikers in der Quantenwelt, der die gewohnte klassische Rolle eines Betrachters von objektiven Abläufen aufgeben muss, um vom Zuschauer zum Mitspieler im großen Drama des Lebens zu werden. Menschen bringen selbst das Stück hervor, das sie sehen und verstehen wollen und können – «als wär's ein Stück von mir» –, und Bohr zaubert das Atom herbei, um mit seinem Modell zu verstehen, was der Welt von innen her ihre Stabilität gibt.

Als Bohr mit den Atomen spielte, gestaltete er die Regeln, nach denen sie hüpfen und kreisen, nach seinen eigenen Wünschen, wenn die sich auch nach den Erfordernissen zu richten hatten, die experimentelle Erfahrungen vorgaben. Sein Bild vom Atom wird dadurch fast zu einem Kunstwerk. Es liefert jedenfalls weniger ein (anfangs skeptisch betrachtetes) Ergebnis der Wissenschaft, da Bohr die normalen Gesetze der Welt außer Kraft setzt, um sich durch einen eleganten Entwurf der Gestalt von Atomen zu belohnen, in denen viel Raum für die Phantasie bleibt. Es lohnt sich deshalb, die Mahnung des deutschen Physikers James Franck zu beherzigen, der 1925 den Nobelpreis für Arbeiten bekommen hat, die Bohrs Gedanken zu den Quantenphänomenen glänzend bestätigen konnten. Franck hat denjenigen einen historischen Trugschluss vorgeworfen, die denken, «wenn Bohr diese Idee nicht gehabt hätte, so wäre eben kurz darauf ein anderer auf die Idee gekommen». Franck selbst begründet seine Ansicht, dass «diese Auffassung [über Bohrs Modell] grundfalsch» ist, mit dem Hinweis auf den Mut und die Unabhängigkeit seines Schöpfers und die Langsamkeit, mit der Bohrs Vorschlag von den Kollegen akzeptiert wurde – wobei es niemanden wundern wird, dass der beleidigte J. J. Thomson Bohrs Atommodell völlig inakzeptabel fand. Immerhin stammt von Einstein die allgemeine Versicherung, dass die Menschen ohne Bohr «sehr wenig von der Atomtheorie wissen» würden.

## *Kunst und Wissenschaft*

In der Regel wird der Unterschied zwischen Kunst und Wissenschaft darin gesehen, dass Künstlerinnen und Künstler einzigartige Werke hervorbringen, die es ohne ein individuelles Genie nicht geben würde, während Wissenschaftlerinnen und Wissenschaftler austauschbare Wesen sind; denn was eine Dr. A heute nicht entdeckt, wird ein Dr. B morgen oder eine Dr. C übermorgen herausfinden. Doch so einleuchtend diese eher verächtlich gemeinte Ansicht auch klingt, sie ist schlicht und einfach «grundfalsch», wie James Franck beobachtet hat, weil es bei diesem törichten Vergleich unsinnigerweise um zwei unvergleichbare Dinge geht, nämlich um das Werk und seinen Wortlaut auf der einen Seite – Goethes *Faust* zum Beispiel – und um den *Inhalt* des betrachteten Werkes auf der anderen Seite – Bohrs Entwurf eines Atommodells zum Beispiel. Die Arbeiten, die Bohr 1913 publiziert hat und in denen er seine Vorstellungen von den Atomen präsentiert, sind vom Wortlaut her ebenso einzigartig wie jedes Drama oder Gemälde. Der Inhalt, um den es Bohr geht, spiegelt darüber hinaus seine schöpferische Kraft, seinen Mut und seine Entschlossenheit wider, mit der er sich ans Werk des Verstehens der kleinen Atome machte. Bohr musste – wie Planck ein Jahrzehnt zuvor in Berlin – etwas erfinden, um weiter Physik treiben und die Stabilität der Dinge – was die Welt im Innersten zusammenhält – verstehen zu können. Und sein Geistesblitz oder irrationaler Sprung konnte wie Plancks Akt der Verzweiflung bald den Rest der Menschheit in einer mächtigen schöpferischen Woge mitnehmen. Was erst Planck und dann Bohr in den beschriebenen kreativen Beiträgen zum Verständnis der Quantenwelt gelungen ist, hat vielleicht am schönsten Rainer Maria Rilke bereits 1899 in seinem Gedicht «Werkleute sind wir» in Worte gefasst. Die ersten Zeilen, die sich wunderbar auf Wissenschaft als eine Werkstätte übertragen lassen, lauten:

Werkleute sind wir: Knappen, Jünger, Meister,
und bauen dich, du hohes Mittelschiff.
Und manchmal kommt ein ernster Hergereister,
geht wie ein Glanz durch unsre hundert Geister
und zeigt uns zitternd einen neuen Griff.

### *Das Periodensystem der Elemente*

Nachdem Bohr den Physikern seiner Generation einen neuen Griff gezeigt hatte – erst ein wenig zitternd, dann aber voller Selbstbewusstsein –, stiegen sie mutig «in die wiegenden Gerüste», wie es bei Rilke heißt und womit gemeint ist, dass sie sich den konkreten Aufgaben zuwenden konnten, die zur Errichtung der Kathedrale namens Atomphysik oder Quantenmechanik erledigt werden mussten. Es sollte noch etwas dauern, bis «eine Stunde uns die Stirnen küsste», bis also die entscheidenden Genies der Quantenphysik auftraten und sich die «kommenden Konturen» der Physik in der Dämmerung zu zeigen begannen. Aber Bohr machte sich schon einmal unverdrossen ans Werk, sich dem Bau des hohen Mittelschiffs der Wissenschaft zuzuwenden. Damit ist in diesem Fall das Verständnis des Periodensystems der Elemente gemeint, das seit dem 19. Jahrhundert zum stolzen Bau der Naturwissenschaften gehörte und nur darauf wartete, aus dem atomaren Aufbau der Elemente heraus verstanden und erklärt zu werden.

Der russische Chemiker Dimitri Mendelejew hat die im Periodensystem gestaltete Grundordnung der materiellen Existenz zum ersten Mal 1869 in einem Traum gesehen, wie von ihm selbst zu erfahren war. Mendelejew gehörte zu den Wissenschaftlern, die auf die «demographische Explosion der Elemente» reagiert haben, wie Historiker die Tatsache in Worte fassen, dass im Verlauf des 18. und 19. Jahrhunderts die Zahl der von den Forschern zu unterscheidenden chemischen Elemente von zehn über vierzig und immer weiter gestiegen war. Erst kannte man nur Metalle wie Gold, Silber, Kupfer und Eisen, Gase wie Wasserstoff und Sauerstoff und andere Stoffe wie Kohlenstoff und Schwefel, die anfangs eher schwierig zu charakterisieren waren und zunächst einfachheitshalber als Nichtmetalle eingeordnet wurden. Bald kamen weitere und eher wenig vertraute Elemente wie Strontium und Tellur und irgendwann auch Helium und Radium dazu, und einige Chemiker hielten die Frage für geboten, ob und wie diese auf die 100 zugehende Mannigfaltigkeit in eine übersichtliche Ordnung zu bringen war. Seit den Arbeiten von John Dalton im frühen 19. Jahrhundert zirkulierte der Begriff des Atomgewichts von Elementen, und Mendelejew und andere bemerkten, dass sie die Atome mit diesem messbaren Parameter nicht nur der Größe nach mit zunehmenden Zahlenwerten aufreihen konnten, sondern dass in diesen Reihen periodisch Elemente auszumachen waren, die miteinander verwandt zu sein schienen. Sie erlaubten auf diese Weise die Konstruktion von Spalten, in denen die Elemente nicht neben-, sondern untereinander gestellt Platz fanden und ein schönes Gesamtbild abgaben. Zwar blieb eine Fülle von Fragen offen, aber als Mendelejew nach seinem Traum erwachte und die nächtliche Erscheinung vor seinen inneren Augen zum ersten Mal erkennen ließ, wie er allen bekannten «Individuen» – so nannte er die chemischen Elemente in seiner Vorstellung – in dem heute berühmten periodischen System einen Platz zuweisen konnte, da geriet seine russische Seele ins Schwärmen, und er notierte: «Kant glaubte, es existieren im Universum zwei Dinge, die im Menschen Bewunderung und Ehrfurcht wecken: ‹der bestirnte Himmel über uns und das moralische Gesetz in uns›. Mit der Ergründung der Natur der Elemente und des Periodensystems muss ihnen ein drittes hinzugefügt werden: ‹die Natur der elementaren Individuen, die sich um uns herum äußern›.» Mendelejew jubilierte über «die harmonische Ordnung in der Natur», die allerdings noch auf ihre atomphysikalischen Erklärungen wartete. Bohr aber hatte den Weg gefunden und war voller Zuversicht auf ihm schon unterwegs.

1914 fuhr er jedoch erst einmal nach Deutschland, um in Göttingen und München über sein Atommodell vorzutragen. In der bayerischen Hauptstadt traf er mit dem erfahrenen Physiker Arnold Sommerfeld zusammen, der ihm mit seinen mathematischen Fähigkeiten half, aus den einfachen Kreisen, die Bohr den Elektronen etwa in einem Wasserstoffatom zugebilligt hatte, raffinierte Gebilde wie Ellipsen mit verschiedenen Ausrichtungen und Orientierungen werden zu lassen. Sommerfeld fühlte sich durch die Gespräche mit Bohr ermutigt, ein Buch mit dem Titel *Atombau und Spektrallinien* anzufangen, das 1922 erschien und lange Zeit als Bibel der aufstrebenden Atomphysik galt, ohne dessen Lektüre kein ernsthafter Beitrag zur neuen Quantentheorie zu erwarten war.

### *Quantenzahlen*

Als Bohr in den Kriegsjahren nach einem Einstieg in das Verständnis des periodischen Systems der Elemente suchte, diente ihm eine Abwandlung des alten Satzes des Pythagoras als Richtschnur. «Alles ist Quantenzahl», so musste das neue Motto lauten, denn die diskreten Bahnen der Elektronen im Wasserstoff konnten abgezählt werden. Bei ihren Bemühungen um ein Verständnis der von ihnen untersuchten Bindungen von Atomen verschiedener Größenordnung hatten sich die Chemiker darauf verständigt, dass die Grundbausteine über Schalen in zunehmender Zahl verfügten, in denen sich die umherwirbelnden Elektronen aufhalten konnten. Dieser deskriptiven Erfassung gab Bohr eine physikalische Grundlage, indem er jeder anschaulich gemeinten Schale eine abstrakte Zahl zuordnete, die eine mögliche Umlaufbahn im Atom erfasste, deren Besetzung man jetzt elegant als seinen Quantenzustand bezeichnen konnte. Für diesen Quantenzustand führte Bohr eine Quantenzahl ein, was bis heute verwunderlich wirkt und verrückt und geisterhaft klingt, sich aber als einfach und hilfreich und rasch als ausbaufähig erwies und zu dem hohen Mittelschiff führte, das Rilkes Werkleute anvisieren.

Wie Bohr bald bemerkte, musste und konnte er seine Hauptquantenzahl bald durch Nebenquantenzahlen ergänzen, um die Ordnung der vielen Elemente immer besser zu erfassen. Von diesen Nebenquantenzahlen benötigte er zwei Stück, wobei die erste einen komplizierten und die zweite einen direkt einleuchtenden Namen trägt. Die komplizierte Quantenzahl der Elektronen kommt durch die Winkel zustande, mit denen sich die Ebenen schneiden, die bei geschlossenen Elektronenbahnen entstehen. Es geht also um die Richtungen, in denen Elektronen kreisen. In der Astronomie nutzten die Physiker das arabische Wort «azimut», was eine Richtung am Himmel meinte und jetzt zu einer Azimutquantenzahl im Bereich der Atome führte, die allerdings mehr etwas für Experten ist.

Die dritte Quantenzahl leuchtet rascher ein und ist einfacher. Sie wird nötig, weil Elektronen als bewegte Ladungen mit einem Magnetfeld in Wechselwirkung treten können. Das führt zu unterschiedlichen Linien im Lichtspektrum, deren Aufspaltung sich aber durch eine magnetische Quantenzahl in die allgemeine Ordnung der Elemente einfügen lässt. Was ein wenig wie kindliche Zahlenspielerei aussieht, erwies sich im Laufe der kommenden Jahre – nach viel Plackerei und Rechnerei noch ohne jede Hilfe von elektronischen Maschinen und automatischen Datenverarbeitungsanlagen – als höchst erfolgreich. Wer in den Jahren, in denen der Erste Weltkrieg tobte und die damals seit Jahrzehnten bestehende europäische Friedensordnung durch Materialschlachten mit hunderttausendfachem Tod, dem Einsatz von Giftgas und einer «Entmenschlichung des Menschen» abgelöst wurde, noch Zeit und Muße hatte, an Wissenschaft zu denken und einen Blick in Fachzeitschriften zu werfen, der hätte von einem überragenden Triumph der Bohrschen Atomphysik lesen und den Eindruck gewinnen können, dass der innere Zusammenhalt der Welt genau zu einer Zeit erklärt werden konnte, als diese Welt außen gerade brutal auseinandergebrochen wurde.

### *Eine Werkstätte*

Zu den Erfahrungen, die Bohr in Manchester und München gemacht hatte, gehörten die Vorteile einer internationalen Zusammenarbeit. In England hatte er als Däne mit einem Neuseeländer kooperiert, der mit einem Deutschen gearbeitet hatte, den Einfluss von Magnetfeldern auf das von Atomen ausgesandte Licht hatte ein Niederländer gemessen, und auf die französischen Beiträge zur Erforschung der Radioaktivität braucht hier nicht weiter hingewiesen zu werden. Als Bohr 1916 von der Universität seiner Heimatstadt zum Professor für Physik ernannt wurde, bot er dem Holländer Hendrik Kramers eine Assistentenstelle an, der bei dem aus Wien stammenden Paul Ehrenfest promoviert hatte. Und während Einzelne an der Kathedrale der Atome bauten, fiel Bohr auf, was seiner Wissenschaft fehlte – eine Werkstätte, in der sich das internationale Häuflein der Physiker versammeln konnte, die damit beschäftigt waren, eine Theorie der atomaren Abläufe zu entwerfen. Heute – seit den Tagen von Bohr, Planck und Einstein – gehört die Theoretische Physik zu den hochentwickelten und dynamischen Bereichen der Naturforschung – ihr verdankt die Menschheit aktuelle Ideen wie die der Schwarzen Löcher, des Urknalls oder des Standardmodells der Teilchenwelt. Einige ihrer Vertreter haben bereits in den erfolgreichen 1920er Jahren stolz davon gesprochen, ihre Disziplin könne man als Fortsetzung der Philosophie mit anderen (genaueren) Mitteln verstehen. Anfangs aber gab es kaum Lehrstühle für dieses Fach, was Bohr auf die Idee brachte, ein Haus für seine Wissenschaft zu bauen. Es steht bis heute in Kopenhagen am Blegdamsvej vor dem Fælledparken und trägt inzwischen seinen Namen, also Niels-Bohr-Institut. In ihm treffen sich Wissenschaftlerinnen und Wissenschaftler, nicht nur um Theoretische Physik zu betreiben, was anfänglich der Fall war, sondern auch, um Gebiete wie die Kernphysik und die Quantenoptik zu beackern. Seit 1985 – seit dem einhundertsten Geburtstag seines Namensgebers – beherbergt das Institutsgebäude auch das Niels-Bohr-Archiv, in dem Wissenschaftshistorikerinnen und Wissenschaftshistoriker ihrer Arbeit nachgehen und Erkundigungen zur Ideengeschichte unternehmen. Wie es in der Antike eine Schule von Athen gab, wollte Bohr in seiner Zeit eine Schule von Kopenhagen schaffen, und wie gut dies gelungen ist, erzählen die kommenden Kapitel.

Bevor es so weit ist und bevor der Bau des Hauses für die Wissenschaft zur Sprache kommt, soll noch eine Erinnerung von Carl Friedrich von Weizsäcker erwähnt werden, der viele Jahre im Kreis von Bohr in Kopenhagen verbracht hat. Der heute als Physiker und Philosoph bekannte und seit dem Zweiten Weltkrieg als Friedensforscher geschätzte von Weizsäcker war in den 1920er Jahren bei dem Skiausflug einer Gruppe um Bohr in den bayerischen Bergen dabei. Man übernachtete in einer Almhütte, in der abends ein jeder Alltagspflichten zu erfüllen hatte. Bohr war ausgewählt worden, um nach dem Abendessen den Abwasch zu machen, und so begab er sich in die Küche, aber nur um nach einigem Gerumpel mit dem Geschirr zurück in den Wohnraum zu kommen und mit einem strahlenden Gesicht zur allgemeinen Freude zu verkünden: «Endlich weiß ich, wie Wissenschaft funktioniert! Es funktioniert wie Spülen. Man macht mit schmutzigem Wasser und einem schmutzigen Tuch schmutzige Gläser sauber. Wenn man das einem Philosophen sagen würde, er würde es nicht glauben.»

3

# Zwei Wunderknaben in München (1920/21)

«Ich bin an die Grenzen des Denkbaren gekommen
und habe mich sogar der Magie genähert.»

*Wolfgang Pauli*

«Ich habe die Theorie mit dem Kopf,
aber noch nicht mit dem Herzen verstanden.»

*Werner Heisenberg*

«Die Welt ist voll eines unbändigen Willens zum Neuen,
voll einer Idee des Andersmachens, des Fortschritts.»

*Robert Musil 1920*

Als Max Planck im Jahre 1900 den ersten Schritt unternahm, der im Laufe der kommenden Dekaden die Quantenrevolution der modernen Wissenschaften auslösen sollte, lebte der kleine Wolfgang Pauli erst seit ein paar Monaten auf dieser Erde. Der Knabe war im April in Wien von einer jüdischen Mutter geboren und im Mai weder mosaisch noch katholisch, dafür aber antimetaphysisch getauft worden, wie Pauli es selbst einmal genannt hat. Ernst Mach, der berühmte Professor an der Universität Wien und zitierte Verächter von Atomlehren, war nämlich sein Taufpate, und der große Gelehrte hat vermutlich durch seine schiere Präsenz stärker gewirkt als der katholische Geistliche mit seinen Ritualen. Die Verbindung zu Mach verdankt sich der Tatsache, dass Paulis Vater im Fachbereich für chemische Medizin an der Universität in Wien arbeitete, wo er den Physiker Mach getroffen hatte, der dort unter anderem mit einem Lehrauftrag für Philosophie beschäftigt war.

Die befreundeten Hochschullehrer stammten beide aus Prag, wobei anzumerken ist, dass Paulis Vater Wolfgang ursprünglich Pascheles hieß und den Nachnamen in Zusammenhang mit seinem Umzug nach Wien 1898 in Pauli änderte, ohne dass man mehr über diesen Schritt wüsste. 1899 trat er aus der israelitischen Gemeinde aus, ließ sich katholisch taufen und heiratete seine Frau Bertha, die Wolfgangs Mutter wurde und Beiträge für die *Neue Freie Presse* schrieb, in denen sie sich als frühe Feministin und Pazifistin zu erkennen gab. Paulis Eltern wollten weder «gute Juden» noch «gute Christen» sein und nur ihre Arbeit gut machen und die Kinder entsprechend versorgen. 1907 gelang es Pauli sr., von der Universität Wien den Titel eines «außerordentlichen Professors» zu erwerben, wobei in der Stadt der Witz zirkulierte, dass ordentliche Professoren etwas Ordentliches und außerordentliche Professoren etwas Außerordentliches leisteten.

Es wird berichtet, dass sich der kleine Wolfgang als Kind erst ziemlich gelangweilt hat – «es war ihm immer fad» – und sich danach voller Neid vernachlässigt fühlte, nachdem er 1906 eine Schwester bekommen hatte. Die flotte Hertha Pauli ging später in die USA, schaffte es 1941 bis nach Hollywood und schrieb dort Drehbücher für Metro-Goldwyn-Mayer. Die Geschwister empfanden beide ihre Heimatstadt in den Jahren nach dem Weltkrieg als «geistige Einöde», was den neunzehnjährigen Wolfgang veranlasste, zum Studium der Physik nach München zu gehen, um dort voller Selbstbewusstsein nicht nur die Vorlesungen des führenden deutschen Theoretikers Arnold Sommerfeld zu hören, sondern auch, um den berühmten Professor vorwitzig zu fragen, ob sich der Herr Geheimrat beim Verfassen theoretischer Arbeiten mit dem Studenten zusammentun könne.

## *Das Wunderkind aus Wien*

Pauli war bei seinen Genietaten zwar nicht so jung wie Mozart, aber der achtzehnjährige Jüngling Wolfgang, der sich anfänglich noch Pauli jr. nannte, legte bereits als Gymnasiast eine erste wissenschaftliche Arbeit zur Veröffentlichung vor, in der er sich Gedanken «Über die Energiekomponenten des Gravitationsfeldes» machte. Wobei daran zu erinnern ist, dass diese schwierige Thematik überhaupt erst kürzlich von Einstein in die Welt der Wissenschaft eingebracht worden war.

Aufgefallen war Paulis überragendes Talent sogar bereits 1916, wie sich einige Physiker erinnerten, als sie 1958 Paulis plötzlichen und allzu frühen Tod zu beklagen hatten und von seinen genialen Gaben erzählten. Ihre Berichte stimmen darin überein, dass der Knabe sich selbstbewusst mit Fachleuten unterhielt, aber nicht, um etwas zu fragen, sondern um ihnen eine trickreiche Rechnung zu erläutern, die ihm gelungen war und ein mathematisches Problem zu lösen vermochte, an dem sich die studierten Herren die Zähne ausgebissen hatten.

Nur ein Jahr nach seiner ersten Arbeit schob Pauli drei (!) weitere Manuskripte nach, als er im ersten Semester bei Arnold Sommerfeld studierte. Dieser zeigte sich derart begeistert von Paulis Publikationen, dass der Professor den Teenager fragte, ob er nicht die ehrenvolle Aufgabe übernehmen wolle, um deren Erledigung ihn die Redaktion der hochangesehenen *Enzyklopädie der mathematischen Wissenschaften* gebeten hatte. Es ging darum, einen Handbuchartikel über Einsteins Relativitätstheorie zu schreiben, die ihren Urheber 1919 über Nacht zu einem weltberühmten Mann hatte werden lassen, auch wenn selbst unter ordentlichen Professoren die Zahl derjenigen, die Einsteine Revision der Auffassungen von Raum und Zeit als «verstanden» melden konnten, bestenfalls als klein einzuschätzen war. Es wurde vielfach in gelehrten Kreisen gemunkelt, dass sich die Wissenschaftler, die Einsteins Gedanken folgen konnten, an einer Hand abzählen ließen, und nun traute Sommerfeld seinem noch nicht zwanzigjährigen Studenten zu, das große Werk zu diesem großen Thema eigenständig zu verfassen. Der Jüngling zu München machte sich unverzüglich an die Arbeit, und bald lieferte Pauli einen mehr als 200 Seiten umfassenden Text ab, bei dessen Lektüre selbst Einstein aus dem Staunen nicht herauskam:

«Wer dieses reife und groß angelegte Werk studiert, möchte nicht glauben, dass der Verfasser ein Mann von einundzwanzig Jahren ist», schrieb Einstein über den 1921 erschienenen Beitrag. «Man weiß nicht, was man am meisten bewundern soll, das psychologische Verständnis für die Ideenentwicklung, die Sicherheit der mathematischen Deduktion, den tiefen physikalischen Blick, das Vermögen übersichtlicher systematischer Darstellung, die Literaturkenntnis, die sachliche Vollständigkeit, die Sicherheit der Kritik.» Und der weltberühmte Mann meinte zusammenfassend: «Paulis Bearbeitung sollte jeder zu Rate ziehen, der auf dem Gebiet der Relativitätstheorie schöpferisch arbeitet, ebenso jeder, der sich in prinzipiellen Fragen authentisch orientieren will.»

Wer so eine Leistung in so jungen Jahren abliefern kann, verdient in der Wissenschaft die Einstufung als Wunderkind, was Pauli selbst sarkastisch mit der Bemerkung kommentierte: «Ja, das Wunderkind – das Wunder vergeht und das Kind bleibt.» Allerdings ist dies in der Theoretischen Physik vielleicht sogar von Vorteil, hat doch Einstein diese Einstellung seinen Kollegen empfohlen und sie als hohe Qualität eines Forschers angesehen, denn «das Streben nach Wahrheit und Schönheit ist ein Gebiet, auf dem wir das ganze Leben lang Kinder bleiben dürfen».

Nach Fertigstellung des inzwischen legendären Enzyklopädie-Aufsatzes zur Relativitätstheorie wechselte Pauli sein Arbeitsfeld, um sich erst einmal mit dem Magnetismus von Atomen zu beschäftigen, wobei diese Wahl bei physikfremden Leserinnen und Lesern wahrscheinlich ein Schulterzucken bewirkt. Es handelt sich um ein wenig publikumswirksames, dafür aber wissenschaftlich höchst kniffliges Thema, und Pauli mühte sich mit ihm in seiner Dissertation ab, die er 1921 abschließen und seinem begeisterten Lehrer Sommerfeld zur Begutachtung vorlegen konnte.

## *Der zweite Wunderknabe*

In dem Hörsaal, in dem Sommerfeld 1920 seine Vorlesungen in München abhielt, saß zeitgleich ein noch jüngerer Knabe als Pauli. Der Lehrer machte die beiden Schüler in den Bänken bald miteinander bekannt und stellte dem achtzehnjährigen Studienanfänger Werner Heisenberg den frühreifen Pauli als seinen begabtesten Studenten vor, von dem selbst er – Sommerfeld – noch viel lernen könne. Heisenberg stammte aus Würzburg, lebte aber mit seiner Familie seit einigen Jahren in München, nachdem der Lebenstraum seines Vaters in Erfüllung gegangen war und er eine Professur an der Universität München übernehmen konnte, wo er als Ordinarius Byzantinistik lehrte und für mittel- und neugriechische Philologie zuständig war. August Heisenberg hatte die

Abb. 10: Wolfgang Pauli, Werner Heisenberg und Enrico Fermi
*Es gibt leider kein gemeinsames Bild von Pauli und Heisenberg aus den frühen 1920er Jahren. Hier sieht man die beiden 1927 zusammen mit dem Italiener Enrico Fermi (links) während einer Bootsfahrt auf dem Comer See. Heisenberg sitzt in der Mitte. Drei gut gelaunte Wissenschaftler auf dem Weg zum Nobelpreis.*

Tochter Anna des Rektors des Maximiliansgymnasiums, Nikolaus Wecklein, geheiratet, die ihm zwei Söhne schenkte, von denen Werner der jüngere war.

Die Studenten Heisenberg und Pauli werden von ihrem ersten Treffen im Hörsaal in München bis zum allzu frühen Tod von Pauli als dynamisches Duo die Physik vorantreiben, ohne dabei trotz aller Erfolge und Triumphe echte Freunde zu werden oder sich persönlich näherzukommen. Sie siezen sich nahezu ihr ganzes Leben lang. Zu verschieden sind die beiden Charaktere sowohl in körperlicher als auch in sozialer Hinsicht. Als Kurzfassung lässt sich ein Bild entwerfen, das Pauli mit seinen dunklen Haaren und einem finster blickenden Gesicht zeigt, der gedrungen, unsportlich und eher füllig erscheint, während er unentwegt und unerschrocken kritische Bemerkungen von sich gibt. Der blonde

Abb. 11: Wolfgang Pauli und Arnold Sommerfeld
*Wolfgang Pauli mit Arnold Sommerfeld (links) im Oktober 1934 in Genf während eines Kongresses zur Metallphysik*

Heisenberg dagegen tritt mit seinem offenen Gesicht eher schlank, sportlich und strahlend auf, er fließt dabei von originellen Ideen über, die er mutig und ehrgeizig in die Runde wirft, immer bereit, anderen seine Überlegenheit zu beweisen und sie mit seinen Einfällen niederzuringen. Während Heisenberg das Leben in freier Natur liebt, mit Pfadfindern lange Wanderfahrten unternimmt, bei denen gesungen und musiziert wird, und sogar in der damaligen Jugendbewegung eine eigene «Gruppe Heisenberg» gründet und anführt, zieht Pauli es vor, das großstädtische Nachtleben in Schwabing zu erkunden, um erst in den dortigen Bars und dann nach der Heimkehr weiter in seiner Bude zu arbeiten. Nach ausführlichem Ausschlafen führte das oftmals dazu, dass er erst gegen Ende der Vorlesungen von Sommerfeld in der Universität eintraf. Pauli schaffte es meistens gerade noch rechtzeitig, um einen Blick auf die Tafel mit den Formeln zu werfen, die Sommerfeld dort angeschrieben hatte, was den Langschläfer ausreichend mit Informationen über den vorgetragenen Lehrinhalt versorgte. Der Lehrer tolerierte dieses Verhalten des ungewöhnlich begabten Schülers, was dazu geführt haben mag, dass Pauli, der den meisten Menschen mit Zynismus begegnete und selbst Einstein von oben herab behandeln konnte, dass dieser freche Pauli seinem «hochverehrten Lehrer» Sommerfeld gegenüber sein Leben lang höchsten Respekt bekundete und sich stets vor ihm verbeugte, wobei er den bayerischen Geheimrat ausdrücklich mit «Herr Professor» ansprach (Abb. 11).

### *Mit dem Herzen verstehen*

Zwar differierten die Lebensweisen der beiden Physikjünglinge wie Tag und Nacht, aber einmal konnte Heisenberg den unsportlichen Pauli dazu verleiten, mit ihm und Freunden auf eine Fahrradtour zu kommen und strampelnd ein wenig die Welt der bayerischen Berge und Seen kennenzulernen. Bei dieser Gelegenheit entwickelte sich abends in einem Gasthof ein Gespräch über die Frage, unter welchen Bedingungen jemand eigentlich sagen könne, er oder sie habe die Relativitätstheorie verstanden, die doch mindestens zu der einen ungeheuren gedanklichen Schwierigkeit führt, dass ein bewegter Beobachter der physikalischen Abläufe mit den im Alltag so vertrauten Wörtern «Raum» und «Zeit» etwas anderes erfasst und meint als sein ruhender Kollege. Zwar hatte Einstein höchstselbst 1916 in einem Bändchen *Über die spezielle und allgemeine Relativitätstheorie* versucht, seine Ideen «gemeinverständlich» auszubreiten, aber er sprach darin zum Beispiel immer noch «vom dunklen Wort ‹Raum›» und zeigte, dass die Positionen, die ein fallender Stein durchläuft, von Reisenden in einem Zug anders wahrgenommen werden als von Wartenden am Bahnhof. Nachdem der Dichter Alfred Döblin Einsteins «gemeinverständliche» Darstellung ein «dutzendmal gelesen» und nichts verstanden hatte, platzte ihm der Kragen und er schimpfte über die «leeren kabbalistischen Zeichen der heutigen Mathematik». Döblin beklagte sich, «diese neue Lehre schließt mich und die ungeheure Menge aller Menschen, auch der denkenden, auch der gebildeten, von ihrer Erkenntnis aus». Es gebe aber sein «Recht auf Erkenntnis der Welt», wie Döblin energisch meinte, der von einem «Geheimbund» der Wissenschaft sprach und sich darüber unglücklich zeigte, dass die Welt durch ihre Erklärungen nur unverständlicher geworden sei und die Aufklärung sie eher verdunkelt habe. Und zur selben Zeit gestand Heisenberg in dem bayerischen Gasthof dem ihm gegenübersitzenden verdutzten Pauli, dass ihn Einsteins Begriff von Raum und Zeit verwirre, wenn er über das Mathematische hinausgehen und hinaussehen wolle.

Pauli runzelte die Stirn und meinte, dass es doch das theoretische Gerüst von Einsteins Theorie gebe, dass die Experimente genau die Ergebnisse lieferten, wie die Rechnungen sie vorhersagen, und mehr könne man nicht verlangen. Heisenberg erwiderte, dass genau dies sein Problem sei. Natürlich – oder zum Glück – bereite ihm der mathematische Formalismus, an dem andere leicht scheitern könnten, keine Schwierigkeiten. Nur fühle er sich letztlich von dessen unwiderstehlicher Logik betrogen, das heißt, sein Common Sense würde immer noch mit der absoluten Zeit rechnen, die in einem absoluten Raum fließt, so wie ihn Isaac Newton in die Physik eingeführt und Immanuel Kant als Philosoph abgesegnet habe. In diesem Weltbild könne man selbstverständlich von gleichzeitigen Ereignissen an verschiedenen Orten sprechen, und es bleibe komisch, wenn die Relativitätstheorie dies übermalt und feststellt, die von einer Uhr angezeigte Zeit hänge von dem Ort ab, an dem die Messung vollzogen wird; dies bleibe verwirrend, selbst wenn Einsteins Gleichungen dies sagen und man alles nachrechnen könne. Man müsse eine so wichtige Theorie doch nicht nur mit dem Kopf, sondern auch mit dem Herzen verstehen, also ihr aus dem eigenen Inneren heraus zustimmen können, und an dieser Stelle hätte Döblin die Ohren gespitzt, begeistert in die Hände geklatscht und schließlich gefragt, wie das zu machen sei. Es sei doch die einzige Chance eines Außenstehenden, die neue Physik mit dem Herzen zu verstehen. Mit dem Kopf habe er es trotz aller Mühe vergeblich versucht, und er sei sicher nicht der Einzige, dem es so geht.

## *Ein Erlebnis*

Das Thema wird noch ausführlich zu erörtern sein und seine Schwierigkeiten werden dabei offenbar werden, und dann wird es nicht nur um Einsteins Kosmos, sondern auch um Bohrs Atome, Plancks Quanten und manches andere gehen. Doch an dieser Stelle muss erst noch etwas mehr zu Heisenberg gesagt werden, der zwar in diesem Buch als genialer Physiker eine überragende Rolle spielt, der aber in seinem Tagesablauf die Musik an die erste Stelle setzte und sich sein Leben ohne ihr Spielen und Erklingen nicht vorstellen konnte und eine Zeitlang – wie Planck vor ihm – an ein Studium dieser Kunstgattung gedacht hat, bevor er sich eher wehmütig für die Wissenschaft entschied. Heisenberg beherrschte das Klavierspiel souverän und suchte immer nach Mitspielern, mit denen er zusammen musizieren konnte, sehr gerne vor allem Trios von Schubert. Dabei hatte er bereits in jungen Jahren durch die emsig betriebene Lektüre großer naturwissenschaftlicher und philosophischer Werke zu der ihn eher unglücklich stimmenden Überzeugung gefunden, «dass man heute in der Atomphysik wichtigeren Zusammenhängen, wichtigeren Strukturen auf die Spur kommen kann als in der Musik». Nach Heisenbergs Einschätzung hatte die Musik ihre große Zeit bereits 150 Jahre früher erlebt, wie er in seiner Autobiographie Der *Teil und das Ganze* schreibt. Heisenberg schildert darin ein Gespräch, an dem auch ein Geiger teilnimmt, dem Heisenberg ein besonderes Erlebnis verdankt, das ihm 1919 auf der niederbayerischen Burg Prunn zuteilwurde. Heisenberg war mit seiner Gruppe zu der auch als Schloss Prunn bezeichneten Anlage gekommen, weil sich hier viele Jugendliche treffen wollten, die sich nach dem Ersten Weltkrieg und der Abdankung des Kaisers verlassen fühlten und gemeinsam beraten wollten, wie man selbst mit eigenen Kräften nach einer neuen Ordnung suchen und bei ihrem Aufbau helfen könne. Der junge Heisenberg beteiligte sich zwar kaum an den hitzigen politischen Debatten, spürte aber im Verlauf der mondhellen Nacht auf dem Burghof immer stärker das Verlangen nach einer «wirksamen Mitte» in sich wachsen, den Wunsch nach einem «zentralen Bereich», von dem die Gestaltungskräfte ausgehen könnten, mit deren Hilfe seine Generation in die Zukunft aufbrechen und die Jugend das Leben gewinnen und meistern könne.

Als Heisenberg seine Sehnsucht in sich wirken fühlte, trat plötzlich Ruhe ein, der eben erwähnte Geiger erschien auf dem Balkon über dem Schlosshof und begann, die ersten Akkorde der d-Moll-Chaconne von Bach zu spielen. Ihre Figuren schienen die Nebel zu vertreiben und die hinter ihnen liegenden Strukturen einer tragfähigen Grundordnung zu offenbaren, und plötzlich gewann der junge Heisenberg zu nächtlicher Stunde auf der Burg über dem Altmühltal innere Klarheit und die Gewissheit darüber, dass Menschen zu allen Zeiten ein zentraler Bereich zur Verfügung steht und von ihnen gefunden werden kann. Er sah seine Aufgabe und Chance darin, bei diesem Bestreben mithelfen zu können, und er wollte sich fortan mit Leidenschaft um ein Verständnis der Atome und ihres Verhaltens bemühen, das vielen auf den Nägeln brannte und das Verstehenwollen mit seinen Geheimnissen lockte.

### *Unruhig und unverständlich*

Der Wechsel von Bach zu den Atomen muss unweigerlich abrupt erscheinen – wie ein Quantensprung –, kann aber durch eine ungewöhnliche Lektüre begreiflich gemacht werden, zu der Heisenberg an einem ungewöhnlichen Ort zu einer ungewöhnlich bewegten Zeit Gelegenheit gefunden hatte. Die in München politisch höchst unruhigen Zeiten kennen die Historiker als den Versuch, in der bayerischen Landeshauptstadt in den Wirren der Nachkriegszeit eine Republik als neues Gemeinwesen zu errichten, in dem möglichst demokratisch gewählte Arbeiter- und Soldatenräte das Sagen haben sollten. So eine Räterepublik war bereits 1918 ausgerufen worden, was unmittelbar half, den bayerischen König vom Thron zu fegen, nachdem zuvor schon das gesamte Deutsche Reich durch die Abdankung von Wilhelm II. nach 47 Jahren zu existieren aufgehört hatte. Als Folge der verlorenen Ordnung flackerten in deutschen Städten Deutschland bürgerkriegsähnliche Unruhen auf, bei denen die Menschen in den Straßen oftmals gar nicht wussten, wer gegen wen kämpfte, und selbst Geschichtsbüchern manchmal schwer zu entnehmen ist, wer zu einer gegebenen Zeit gerade über die Regierungsgewalt verfügte und welche Verfügungen bei dieser Gelegenheit anordnete.

In den heillos chaotisch wirkenden Zeiten wurde Heisenberg vom Vater eines Freundes einem Schützenkommando zugeteilt, das sein Quartier in einem Priesterseminar bezog, auf dessen Dachrinne der eher unpolitische Jüngling in den schulfreien Tagen Zeit zum Lesen fand. Heisenberg hatte die ihm von seinem Vater anvertraute griechische Ausgabe der Platonischen Dialoge dabei und vertiefte sich in das Original des Spätwerks, in dem Sokrates unter anderem mit dem Philosophen Timaios diskutiert, der dem platonischen Text seinen Namen gibt. Und während unter dem Lesenden in der Rinne auf den Straßen von München geschossen, geraubt und geplündert wurde, richtete sich Heisenbergs Aufmerksamkeit nach innen und auf die im Dialog erörterte Frage, wie man sich die kleinsten Teile der Materie vorzustellen habe. Besonders die eine Stelle fesselte Heisenberg, in der Platon seine überraschende Meinung kundtut, die geheimnisvollen Gebilde bestünden letztlich aus rechtwinkligen Dreiecken, die sich zu größeren Gestalten zusammenfügen ließen, was Heisenberg bei aller geometrischen Schönheit anfangs absurd und spekulativ vorkam. Platons Plan setzte dem Lesenden aber einen Floh ins Ohr, der es ihm langfristig erlaubte, sich an den faszinierenden Gedanken zu gewöhnen, dass im Innersten der Welt vielleicht gar keine realen Dinge mehr anzutreffen sind und Menschen dort nur auf ideale Formen stoßen. Jetzt in der Dachrinne musste ihm noch völlig unklar bleiben, wie sich der Übergang vom Bewusstsein zum Sein bewältigen ließ. Doch während er sich bei seinem Nachsinnen wunderte und zugleich von Sonnenstrahlen gewärmt wurde, spürte er in sich das wachsende Verlangen aufkommen, selbst in dieses bewegte Innere der Welt einzudringen, und so kam es, dass eines Tages ein äußerst erregter Heisenberg in Sommerfelds Seminar neben dem kritischen Pauli Platz nahm und ihn fragte, was er von Bohrs Atomtheorie und ihren Quantenzahlen halte.

### *Halbe Quantenzahlen*

In seinem Lehrbuch über *Atombau und Spektrallinien* hatte Arnold Sommerfeld vorgeführt, wie sich mit Quantenzahlen, nach denen Heisenberg seinen Banknachbarn fragt, Zusammenhänge innerhalb der Atome erklären ließen, wie sich mit ihrer Hilfe sogar eine Art Sphärenmusik im atomaren Kosmos notieren ließ, wie er es ausführen wollte. Der gelehrte Mann war sich sicher, auch die damals im Mittelpunkt des Interesses stehende Aufspaltungen von Spektrallinien damit verstehen zu können. Sie ließen sich beobachten, wenn die lichtaussendenden Atome in ein Magnetfeld gebracht wurden. Die Fachwelt sprach dabei vom Zeeman-Effekt, weil die Verwandlung einer einzelnen Linie – eines Singuletts – in ein Strichmuster – ein Multiplett – 1896 erstmals von dem Holländer Pieter Zeeman beobachtet worden war, der dafür 1902 mit dem Nobelpreis geehrt wurde. Die Frage an die Theoretiker lautete, wie sich die verschiedenen Energieformen des von den Atomen stammenden Lichts erklären lassen und auf welche Weise die Strahlen mit einem Magnetfeld in Wechselwirkung treten können. Die entscheidende und aufregende Beobachtung bestand darin, dass aus einer Spektrallinie im anomalen Fall drei werden, dass also ein Triplett entsteht, und als Heisenberg 20 Jahre alt geworden war, drängte das Phänomen ihn dazu, darüber seine erste Arbeit zu schreiben: «Zur Quantentheorie der Linienstruktur und des anomalen Zeeman-Effektes».

Heisenbergs intensive Beschäftigung mit dem Zeeman-Effekt und der Aufspaltung von Linien im Lichtspektrum hat eine Vorgeschichte aus seiner Schulzeit. Der Effekt eines Magnetfeldes auf Atome wurde so intensiv in wissenschaftlichen Kreisen besprochen, dass das gelehrte Gemurmel bis zu dem Schüler Heisenberg vorgedrungen war, der deshalb schon als Gymnasiast angefangen hatte, über die Muster der Linien nachzudenken. Es gibt ein Heft aus Heisenbergs Schulzeit, auf dessen letzten Seiten sich ein sorgfältig gezeichnetes Schema des Zeeman-Effekts findet, in dem alle Aufspaltungen und viele weitere physikalische Messgrößen (Parameter) eingezeichnet und eingetragen sind. Der Knabe muss das Bild wohl lange auf sich wirken und tief in sich einsinken gelassen haben, weil ihm dabei das Gefühl vermittelt wurde, mit dem sichtbaren Linienmuster verstehen zu können, was unsichtbar im Inneren abläuft und die Energie des austretenden Lichts beeinflusst. Was war da los im Dunkel der atomaren Welt?

Als Heisenberg sich die vervielfachten Linien als Student erneut und immer wieder vor Augen führte und mit ihren Zahlenwerten jonglierte, fiel ihm plötzlich auf, dass sich die Zeeman-Linien in das mystische Zahlenschema seines Lehrers genau dann einfügen ließen, wenn man den Atomen im Magnetfeld keine ganzen, sondern halbe Quantenzahlen zuordnete, was immer das physikalisch bedeuten mochte. Als er Sommerfeld dies zeigte, reagierte der große Mann erschrocken und verwirrt. «Da ist absolut unmöglich», soll Heisenbergs Lehrer in der Erinnerung seines Schülers ausgerufen haben, denn «das einzige, was wir über die Quantentheorie wirklich wissen, ist, dass wir es mit ganzen und nicht mit halben Zahlen zu tun haben». Und er sah die Gefahr, dass sein genialer Schüler nach halben Quantenzahlen keck auch Viertel und Achtel und immer kleinere Stückchen einführen könnte, um zuletzt das ganze diskrete Wesen der Atome vor aller Augen aufzulösen und abzuschaffen.

So abweisend Sommerfeld auch reagierte, er erlaubte Heisenberg trotzdem, diesen ketzerischen Gedanken weiterzuverfolgen, der sich um seine halben Zahlen schon deshalb nicht besonders sorgte, weil es mehr auf Übergänge zwischen Quantenzuständen ankam, wenn er Bohrs Modell richtig verstanden hatte, und zwischen zwei halbe Zahlen passte schließlich immer eine ganze. Sommerfeld ließ seinen Studenten vor allem deshalb machen, weil dessen Ketzerei bald in ähnlicher Form aus einer ganz anderen Richtung zu hören war. Im Frühjahr 1921 erhielt Sommerfeld eine Abhandlung aus Frankfurt, in der ein gestandener und längst einschlägig ausgewiesener Physikdozent namens Alfred Landé eine ungewohnte Erklärung für das vorschlug, was mit den Linien passierte, wenn das Magnetfeld immer stärker wurde und sich das ursprüngliche Muster der Zeeman-Linien noch weiter veränderte. Die Fachwelt spricht vom Paschen-Back-Effekt und ehrt damit die beiden Physiker Friedrich Paschen und Ernst Back, die Anfang 1921 in Tübingen auf dieses Phänomen gestoßen waren. Landé bot nun eine Erklärung für die Vervielfältigung der Linien dadurch an, dass er – wie Heisenberg zuvor – halbe Quantenzahlen einsetzte, was Sommerfeld erneut staunen ließ. Er teilte Landé mit, dass «ein Schüler von mir (1. Sem.)» zu einem ähnlichen Ergebnis gekommen war, «was aber *nicht* veröffentlicht worden ist», wie er betonte. Heisenbergs Idee war allein deshalb noch nicht publiziert, weil Sommerfeld seinen Schüler gebremst hatte. Jetzt wurde die Sache aber dringender – in der Forschung geht es immer auch um Prioritäten. Der nach wie vor verwunderte und mit Verständnisschwierigkeiten kämpfende Sommerfeld gab schließlich sein Plazet, und Heisenberg schickte sein Manuskript an die *Zeitschrift für Physik* ab. Eine bessere Adresse gab es nicht.

## *Heisenbergs Modell*

Heisenbergs erste Arbeit lohnt noch einen genaueren Blick, denn er führte darin nicht nur eine willkürliche mathematische Spielerei mit halben Quantenzahlen ein. Er hatte längst über die abstrakten Symbole hinausgedacht und inzwischen einen konkreten und dazu passenden physikalischen Atomaufbau vor (seinen inneren) Augen. In seiner Konzeption, in «Heisenbergs Modell», zeigte sich «eine geniale und unglaublich mutige Leistung, die ihrer Zeit weit voraus war», wie Heisenbergs amerikanischer Biograph David C. Cassidy es ausdrückt, und in dieser ungewöhnlichen Qualität liegt auch der Grund, weshalb sie vielfach aus Skepsis stieß. Nach Cassidy lässt sich wie folgt zusammenfassen, wie dem ganz jungen Heisenberg zufolge ein Atom aussehen könnte:

Heisenberg nahm an, dass ein Atom, das Dubletts und Tripletts abstrahlte, aus einem oder zwei Elektronen bestand, die um den Rest des Atoms kreisten. Diesen Rest betrachtete er als «Atomrumpf», und die äußeren Elektronen agierten als Valenzelektronen – ein Begriff, der aus der Chemie kommt, die mit seiner Hilfe versuchte, die Verbindungen zu erklären, die Atome miteinander eingingen, wenn sie mit anderen Kontakt aufnahmen und Moleküle formten. Das Mutige dieser Idee bestand darin, die in der Antike noch unteilbaren, dann in der Neuzeit von Rutherford und Bohr in Hülle und Kern zerlegten Atome in dem Modell erneut und dabei höchst raffiniert zu zergliedern, nämlich in einen starren Rumpf (mit dort hinzugezählten Innenelektronen) und in bewegliche (kreisende) Außenelektronen, die beide ihre besonderen physikalischen Aufgaben übernahmen. Es war Wahnsinn mit Methode. Und diesem ersten Schritt der neuen Teilung folgte der zweite der neuen Deutung, indem der geladene Rumpf als winziger Magnet vorgestellt wurde, der es mit dem inneren Magnetfeld zu tun bekam, welches die kreisenden Valenzelektronen erzeugten. Der Rumpf des Atoms konnte auf diese Weise einige Energie ausleihen und eigene Quantensprünge unternehmen. Und als Heisenberg dann plötzlich der Gedanke kam, dafür halbe Quantenzahlen einzusetzen, sah er sich mit einem Mal in der Lage, alles zu erklären, was die zahlreichen Beobachtungen zum Zeeman-Effekt ergeben hatten.

Dieses Vorgehen wirkte tatsächlich wie Wahnsinn, wie Heisenberg gerne zugab, aber es hatte seine Methode, wie er bei Shakespeare gelesen hatte, der seinem Hamlet diese Worte in den Mund legt. Und Sommerfeld blieb nichts anderes, als verblüfft zu staunen. Im Jahre 1922 schrieb er einen Brief an Einstein, in dem er dem großen Meister der Relativität mitteilte, «ein Schüler von mir (Heisenberg, 3. Semester!) hat [...] die anomalen Zeeman-Effekte sogar modellmäßig gedeutet». Er erwähnte, dass Heisenbergs Arbeit mit dem Rumpfatom in der *Zeitschrift für Physik* im Druck sei, und beendete sein Schreiben mit einem freundlichen Stoßseufzer: «Alles klappt, bleibt aber doch im tiefsten Grunde unklar. Ich kann nur die Technik der Quanten fördern; Sie müssen ihre Philosophie machen.»

### *Ins Dasein treten*

Einstein wird sich an der von Sommerfeld gestellten philosophischen Aufgabe versuchen und seine Mühe damit haben. Erst einmal aber gilt es stattdessen, etwas anderes herauszustellen, nämlich das, was Heisenbergs Modell über seine unvergleichliche kühne Art verrät, Physik zu treiben und die Natur zu verstehen. Offenbar spielte der geniale Knabe mit dem Modell herum, das der ernste Bohr entworfen und angeboten hatte, und er tat dies mit einem besonderen Twist. Heisenberg gab dem Atom nämlich das Aussehen, das er brauchte und ihm passte. Er legte sich das Atom so zurecht, dass es den Zeeman-Effekt erfassen konnte, und er löste sich damit von der herkömmlichen Sichtweise, «die der Wirklichkeit eine Art von Form zuschreibt, welche man untersuchen und festschreiben könne, welche man erlernen und anderen mitteilen könne» und welche nur vom untersuchten Gegenstand bestimmt wird. Mit diesen Worten hat der Ideenhistoriker Isaiah Berlin die Gedankenwelt beschrieben, die er der Aufklärung zurechnet und die um 1800 von romantischen Philosophen erweitert wird. Sie beginnen ihre offenen Überlegungen unter der konkreten Vorgabe, «dass es keine Struktur der Dinge gibt, dass man die Dinge [vielmehr] so formen kann, wie man will», wie Berlin schreibt, und es ist offensichtlich, dass der junge Heisenberg genauso denkt. Er denkt vermutlich sogar weiter, nämlich grundlegend romantisch, indem er annimmt, «dass die Dinge erst durch seine formende Tätigkeit ins Dasein treten», wie es bei Berlin über den romantischen Menschen und seine kreativen Qualitäten allgemein heißt.

Man würde sicherlich zu weit gehen, wenn man sagt, dass Heisenberg ein bestimmtes philosophisches Programm im Kopf hatte, als er seine Deutung des Zeeman-Effektes vorlegte. Aber es bleibt unübersehbar, dass mit seinen theoretischen Beiträgen der lebendige und grundlegend schöpferische Geist der umschwärmten Romantik Einzug in die Geschichte der exakten Naturwissenschaften hält und über die verhaltene Verzagtheit der Kollegen triumphiert, auch wenn viele sich an die radikale Denkweise erst noch gewöhnen müssen.

Heisenbergs Rumpfatom und seine halben Quantenzahlen stoßen – wenn wundert es? – anfänglich vielfach auf Skepsis, sogar bei Pauli und dem erwähnten Landé, die beide bevorzugt mathematisch denken und lieber etwas ausrechnen. Aber in den sich anschließenden Diskussionen und mit der Möglichkeit, ständig neue Daten zum Zeeman-Effekt unter die mathematische Lupe mit den halben Zahlen zu nehmen, stellt sich immer mehr die Qualität von Heisenbergs Vorschlag heraus, der auf die Physik des Geschehens abzielt, und er platzt vor Stolz. Im Sommer 1921 schreibt er mehrere Briefe an seine Eltern, die davon künden, dass er gegen Pauli und Landé «einen vollen Sieg auf der ganzen Linie gewonnen» hat, und dass die jüngsten Messergebnisse zeigen, «dass ich wieder einmal glänzend recht hatte». Er riskiert es sogar, seinen verehrten Lehrer Sommerfeld auf eine Fehldeutung in dessen berühmtem Buch über *Atombau und Spektrallinien* aufmerksam zu machen, und freut sich ungemein, dass Sommerfeld ihn eigens während der Vorlesung herausrufen lässt, um den Anwesenden mitzuteilen, dass neuere Beobachtungen gezeigt hätten, wie zutreffend Heisenbergs Einwand war und wie sehr sein verwegener Vorschlag der Physik der Atome weiterhelfen konnte.

Der neunzehnjährige Heisenberg wird jetzt allgemein in seinem Urteil mutiger und beklagt sich in Briefen an seine Eltern über den Unsinn, den selbst gestandene Professoren produzieren, wenn sie über Einsteins Theorie der Relativität referieren, vor allem wenn sie «von den mathematischen Schwierigkeiten keine Ahnung haben», die für ihn, den Hochtalentierten, nicht zu existieren scheinen. Er kann sich dafür umso mehr an der «Schönheit und Folgerichtigkeit» der «Raummathematik» erfreuen, die Hermann Weyl in seinem berühmten Buch *Raum, Zeit, Materie* beschrieben hat und die der bedeutende Mathematiker in einem Vortrag vorstellt, den Heisenberg sich nicht entgehen lässt und der ihn ins Schwärmen und seine Wangen zum Glühen bringt.

Der junge Mann Heisenberg gibt sich in diesen Tagen die Devise, die er bei Goethe gefunden und sich wie folgt gemerkt hat: «Wozu wär denn das Leben, als dass wir's uns schön machten?» Und «schön» – so deutet es seine Tochter Anna Maria, der die im Jahre 2003 erfolgte Herausgabe der Briefe an seine Eltern aus dieser Zeit zu verdanken ist –, «schön» bedeutet für Heisenberg, auf der einen Seite Wissenschaft im Gespräch mit Kollegen zu treiben und die Natur zu verstehen und auf der anderen Seite die Natur zu lieben und zu erwandern, und zwar in der Gemeinschaft der Kameraden aus der Jugendbewegung. Die nach außen offene Dimension des Naturerlebens gehört zu Heisenbergs Leben wie die nach innen gerichtete Dimension des Naturverstehens, und er findet, sie tragen beide zu großem Glück bei – zu seinem Glück und zu dem seiner Mitmenschen.

Wenn man an dieser Stelle noch den Gedanken des romantischen Dichters Novalis verwenden möchte, dass sich die menschliche Seele dort finden lässt, wo das Außen und Innen aufeinandertreffen, dann kann man sagen, dass Heisenbergs Seele in den geschilderten Zeiten durchgehend leuchtet, wie eine Kerze, die an zwei Enden brennt. Er muss ein aufregendes und erregendes Leben geführt haben, und die Menschen können ihm bald einen der größten Triumphe des menschlichen Geistes verdanken.

Was hier erkennbar wird, ist die ungeheure intuitive Fähigkeit Heisenbergs, mit dem er das Ganze bereits richtig wahrnimmt und mehr oder weniger instinktiv erfasst, auch wenn ihm noch kein einziges Detail klar ist. Für den Zeeman-Effekt kommt es nur auf die äußeren Elektronen an, die nach einem aus der Chemie stammenden Sprachgebrauch auch «Valenzelektronen» heißen. Und warum soll man ihnen nicht auch halbzahlige Quantenwerte zuordnen, wenn damit experimentelle Befunde verständlich werden? Den genauen Sinn kann, wer will, doch später ergründen. Wichtig ist, dass man jetzt erklären kann, was man jetzt erklären will, und damit ein Weiterkommen ermöglicht. Heisenbergs selbstvergessenes Vorgehen nahm in seiner Weitsicht dabei keinerlei Rücksicht auf die Befindlichkeiten und Bedenken der Kollegen. Sein neuartiges und ungewöhnliches Vorgehen konnte nämlich etwas verständlich machen, ohne selbst verständlich zu sein. Weder Sommerfeld noch Pauli fühlten sich in ihrem vorwiegend rationalen Verlangen wohl bei dem, was Heisenberg selbst gerne sein «Zeemangemüse mit Quantensoße» nannte und als geistige Nahrung anbot.

### *Zum ersten Mal in Göttingen*

Der anomale Zeeman-Effekt sollte die Physiker noch einige Zeit beschäftigen. Pauli zum Beispiel legte 1923 ein weiteres (immer noch nur vorläufig bleibendes) Ergebnis seines Nachsinnens «Über die Gesetzmäßigkeiten des anomalen Zeeman-Effektes» vor. Er hatte darüber weiter gegrübelt, als er nach dem Abschluss seiner Dissertation von München nach Göttingen gegangen war. Erzählt wird, dass jemand Pauli auf der Straße ansprach, warum er solch ein zorniges und mies gelauntes Gesicht zeige. «Wie kann man sich gut fühlen», lautete die Antwort, «wenn man über den Zeeman-Effekt nachdenkt?»

In Göttingen wollte Pauli mit Max Born zusammenarbeiten, der als einer der letzten Quantenpioniere 1954 mit dem Nobelpreis für Physik ausgezeichnet werden wird und sich in seinen späten Jahren Gedanken über «die Größe der atomaren Gefährdung» gemacht hat, die aus seiner Wissenschaft hervorgegangen war und in der sich seiner Ansicht nach ein Wissen zeigte, das den Menschen besser verborgen geblieben wäre oder verboten sein sollte. Born stammte aus einer jüdischen Familie in Breslau, war 1921 Professor in Göttingen geworden und sollte eine Fülle genialer Schüler um sich sammeln und großes Verständnis für ihre Idiosynkrasien aufbringen – und nicht zuletzt ebenso viel Verständnis für die Lebensweise seiner eigenwilligen Frau Hedi zeigen müssen, mit der er drei Kinder hatte. Eine Biographie schildert Born als «Baumeister der Quantenwelt», der es zudem als Organisator seines Instituts schaffte, der Universitätsverwaltung zwei weitere Lehrstühle für die Physik abzuringen, auf denen dann neben ihm der bereits zitierte James Franck und ein Experimentator namens Robert Pohl saßen, was die Leute fröhlich davon reden ließ, die Physik werde von Bornierten, Frankierten und Polierten betrieben.

Die kleine Stadt in Niedersachsen konnte auf eine große Geschichte von ruhmreichen Beiträgen aus ihren Reihen zur Mathematik zurückblicken, wobei besonders Carl Friedrich Gauß und Bernhard Riemann zu nennen sind, die unter anderen die Geometrie mit dem Gewand ausgestattet hatten, das Einstein brauchte, um den Kosmos darin auftreten und richtig aussehen zu lassen. Pauli wollte zu Born, um mit seiner Hilfe zu erkunden, ob die von Bohr eingeführten und von Sommerfeld

Abb. 12: Wolfgang Pauli und Max Born im Jahre 1925 in Hamburg

ausstaffierten Regeln ausreichten, um sich nicht nur das Wasserstoffatom, sondern kompliziertere Gebilde wie Helium und Lithium vorzunehmen, wobei es konkret galt, geeignete mathematische Näherungsverfahren zu finden. Anders als bei den Sternen kam bei den Quanten anfangs nur eine «hoffnungslose Schweinerei» heraus, wie Born seinem Freund Einstein in einem Brief mitteilte, in dem er ihm auch seinen neuen Assistenten vorstellte, der bei ihm «der kleine Pauli» hieß. Pauli war keine 1,70 Meter groß, aber Born reichte auch nicht viel höher, wie eine Fotografie aus dem Jahre 1925 zeigt, in dem der fast gleich große Born dem kleinen Pauli vergnügt die Ohren langzieht, um den jungen Mann zu ermahnen, pünktlich zu sein und nicht andauernd zu spät zur Physik-Vorlesung zu kommen (Abb. 12).

Zwar ist nicht bekannt, wo sich Pauli in Göttingen abends herumgetrieben hat – etwas mit der Schwabinger Szene Vergleichbares mit seinen Nachtschwärmern und seiner Boheme kannte man in der kleinen Universitätsstadt nicht –, er schaffte es aber trotzdem mehr als einmal, den Beginn der Vorlesung um elf Uhr zu verschlafen. Born schickte ihm immer häufiger sein Hausmädchen vorbei, um Pauli wach zu klingeln, aber selbst wenn dies vergeblich unternommen wurde, blieb Born mit seinem Mitarbeiter Pauli zufrieden. Er stufte ihn «ohne Zweifel als Genius ersten Ranges» ein, wie Einstein in einem Brief vom November 1911 lesen konnte, in dem Born dann noch etwas ergänzte. Er erinnerte Einstein daran, dass er in seinem früheren Bericht über den kleinen Pauli geschrieben habe, einen so guten Assistenten bekäme er nicht mehr. Doch diese Sorge habe sich inzwischen als unberechtigt erwiesen. Denn nachdem der Langschläfer Richtung Hamburg weitergezogen war – in der Stadt gab es zufälligerweise ein Vergnügungsviertel namens St. Pauli –, war als sein Nachfolger Heisenberg von München nach Göttingen gekommen, wie Born erfreut schrieb, und der neue Assistent war «ebenso genial und dabei gewissenhafter» als Pauli, wie Einstein erfuhr. «Heisenberg brauchen wir nicht wecken zu lassen oder sonst an seine Pflichten zu erinnern.»

## *Unempfindlich, unanschaulich, unsinnig*

Als sich Pauli und Heisenberg in Göttingen die Türklinke von Borns Seminar in die Hand gaben, war in gebildeten Kreisen allgemein der Eindruck entstanden, die Welt sei unverständlich geworden. Im seltsamen Widerspruch dazu spricht der Sozialwissenschaftler Max Weber, der 1919 seine Rede über «Wissenschaft als Beruf» veröffentlichte, von einer Entzauberung der Welt und ihrer Berechenbarkeit. Er reagierte diametral anders, als dies der Dichter Döblin und neben diesem der Philosoph Oswald Spengler taten, der in seinem Erfolgsbuch aus diesen Jahren über den *Untergang des Abendlandes* fabulierte. In ihm beschrieb der – selbst als Physiker ausgebildete – Privatgelehrte Spengler Einsteins Relativitätstheorie als kulturellen Zerfall und warf der Quantenhypothese von Planck und den Folgerungen von Bohr «zynische Rücksichtslosigkeit» vor, wobei ihn vor allem missfiel, dass die neuen wissenschaftlichen Theorien dem gesunden Menschenverstand zu widersprechen schienen und damit als ungesundes Gedankengut unzugänglich bleiben mussten.

Was die wissenschaftliche Produktivität anging, die Menschen wie Döblin und Spengler verletzte, so findet sich als häufiger Einwand, dass die neuen Einsichten unanschaulich daherkämen und den gesunden Menschenverstand beleidigten. Solch ein Vorwurf setzt voraus, dass etwa die Physik vor Einstein und Bohr und ihren jüngeren Kollegen anschaulich zu verstehen und mit dem Common Sense nachzuvollziehen war. Doch nichts könnte weiter von der Wahrheit entfernt sein als diese naive Sicht der Dinge. Selbst die wissenschaftlich betrachtet simple Beobachtung von Galileo Galilei, dass unterschiedlich gewichtige Gegenstände gleich schnell zu Boden fallen, lässt sich kaum mit dem gesunden Menschenverstand begreifen, der sich eher davon überzeugen lässt, dass eine leichtere Kugel eine längere und eine schwerere Kugel eine kürzere Zeit braucht, um nach dem Loslassen in der Höhe auf der Erde anzukommen, wie es noch Aristoteles gemeint hatte. Der griechische Philosoph hatte nur seinen Common Sense bemüht und auf ein Experiment verzichtet, und schon war falsch, was er zu diesem Thema sagte. Die Newtonsche Mechanik, die nach Galilei kam, widerspricht derart dem gesunden Menschenverstand, dass der französische Wissenschaftsphilosoph Gaston Bachelard die These riskiert hat, dass es zum Charakteristikum einer wissenschaftlichen Erkenntnis gehört, den Common Sense zu transzendieren und weiter zu sehen. Dass sich dieses Versagen der Intuition unter Sozialwissenschaftlern und anderen öffentlich predigenden Intellektuellen nicht herumgesprochen hat, kann man den Physikern nicht vorwerfen, denen unabhängig davon die Aufgabe bleibt, die Heisenberg mit dem oben erwähnten Wunsch formuliert hat, den Menschen zu helfen, etwas mit dem Herzen zu verstehen – nicht nur die Relativität von Raum und Zeit, sondern auch die Wirkung von Magnetfeldern auf das Licht, das Atome aussenden.

Das Thema bleibt nicht nur aktuell, weil die moderne Lebenswelt immer stärker von technischen Produkten durchsetzt und beherrscht wird, die man eher noch weniger versteht als die Vorgaben der wissenschaftlichen Disziplinen, auf denen ihre Konstruktionen beruhen, sondern auch, weil den Menschen das Leben in solch einer ihnen unzugänglich bleibenden und damit immer unheimlicher und fremder werdenden Welt nicht gefallen und nur zu Depressionen führen kann.

Es ist nicht zu übersehen oder zu überhören, dass nach dem 19. Jahrhundert mit all seiner wissenschaftlichen Festigkeit und Sicherheit sich seit Beginn des 20. Jahrhunderts die Vorsilbe «un-» dramatisch in Szene setzt und unübersehbar und unüberhörbar wird. Angefangen hat dies mit der Unstetigkeit, die Planck beschrieben hat, erweitert hat dies Einstein, als er auf der einen Seite die Unentscheidbarkeit der Frage bemerkte, ob Licht als Welle oder Teilchen anzusehen ist, und auf der anderen Seite den (scheinbar) vertrauten Größen Raum und Zeit die Unanschaulichkeit einer vierdimensionalen Raumzeit verpasste, und diese Reihe wird sich fortsetzen und einen Höhepunkt in der Unbestimmtheit finden, auf die Heisenberg 1927 stößt, der sich im Anschluss daran auch Gedanken über das Unaussprechliche macht, das ihm von seiner geliebten Musik her vertraut ist und nun in der Physik eine weitere Heimstadt findet.

# 4
# Festspiele mit Folgen (1922–1924)

«Bohr benützt die klassische Mechanik oder die Quantentheorie eigentlich nur so, wie ein Maler Pinsel oder Farbe benützt. Durch Pinsel und Farbe ist das Bild nicht bestimmt, und die Farbe ist nie die Wirklichkeit; aber wenn man das Bild vorher, wie der Künstler, vor dem geistigen Auge hat, so kann man es durch Pinsel und Farbe – vielleicht nur unvollkommen – anderen sichtbar machen.»

*Werner Heisenberg*

Man kann und sollte Physik nur mit Größen betreiben, die zumindest im Prinzip beobachtet werden können. In dieser Weise hat sich Pauli höchst kritisch gegenüber einigen physikalischen Bemühungen des Mathematikers Weyl geäußert. Aber nachdem er dies geschrieben hatte, muss ihm aufgefallen sein, dass sich diese Mahnung auch auf seine eigenen Theorieversuche ausdehnen ließ. Pauli hoffte damals im Sinne von Bohr und Sommerfeld und mit Hilfe von Born in Göttingen und dank seiner Brillanz und mathematischen Eleganz die Bahnen der Elektronen erkunden – sprich ausrechnen – zu können, auf denen sich die geladenen Teilchen bei ihrem Kreisen um einen Atomkern zu bewegen hatten, als er plötzlich bei seinem Bemühen innehielt und abbrach. Was hatte sein Taufpate Ernst Mach von den Befürwortern der Existenz von Atomen bohrend wissend wollen? «Ham's schon eins g'sehn?», hatte er sie gefragt. Und was musste sich Pauli jetzt selbst fragen oder fragen lassen: Hat jemand schon einmal die Bahn eines Elektrons gesehen? «Glauben Sie eigentlich» – so wandte sich der forsche Kritiker mit würdigen Worten und Respekt an den vibrierenden Kommilitonen Heisenberg –, «glauben Sie eigentlich, dass es so etwas wie Bahnen der Elektronen in einem Atom gibt?»

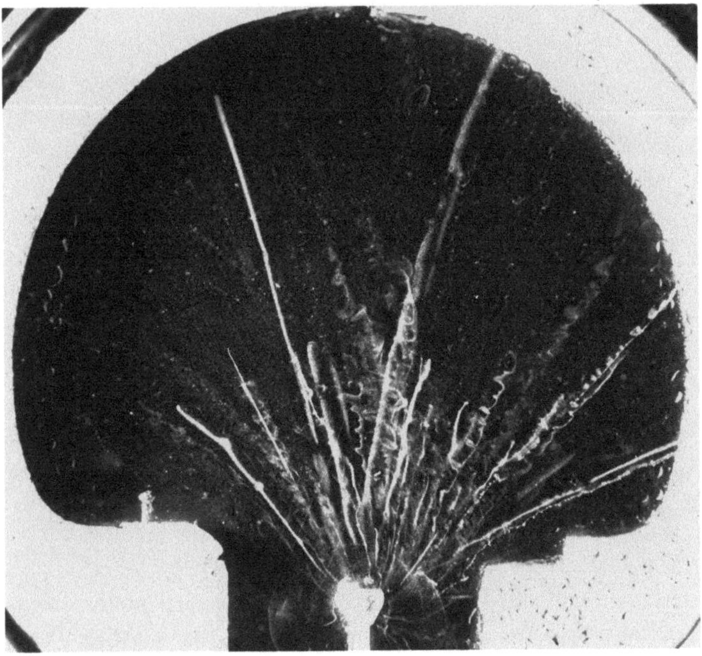

Abb. 13: Spuren in einer Nebelkammer
*Eine erste Nebelkammer wurde 1912 von dem schottischer Physiker Charles Wilson entwickelt, um mit ihrer Hilfe radioaktive Strahlen sichtbar zu machen. Bald ließen sich damit Alpha-Teilchen und Elektronen im Detail verfolgen. Die genannten Teilchen hinterlassen in der luftdicht verschlossenen Kammer kurze dicke oder längere dünne Spuren, wie man sie am Himmel von Flugzeugen kennt, die einen Kondensationsstreifen hinter sich herziehen. Technisch wird in der Nebelkammer durch Abkühlen ein übersättigter Dampf hergestellt. Durchquert ein Strahl die Kammer, entstehen erst Ionen längs seiner Bahn, die dann wiederum Nebeltröpfchen ausbilden. Man sieht tatsächlich nicht ein Elektron oder ein anderes Teilchen, sondern die Spur von Wechselwirkungen, die es ausgelöst und hinterlassen hat.*

Der Angesprochene antwortete nach kurzem Zögern kenntnisreich mit dem Hinweis auf die Nebelkammer, die Atomphysiker nutzten, seit der schottische Physiker Charles Wilson dieses Instrument 1912 entwickelt hatte. In solch einer Kammer hinterlassen durchhuschende Elektronen sichtbare Spuren aus Nebeltröpfchen, die man fotografieren und mit denen man einen streifenförmigen Weg nachvollziehen kann (Abb. 13). Es sah auf den Bildern aus einer Nebelkammer tatsächlich so aus, als ob Elektronen, wenn sie im Vergleich zu ihrer eigenen Größe riesige Entfernungen zurücklegen, dabei wie Kügelchen auf gradlinigen Wegen laufen können. Aber im winzigen Atom mussten sie sich auf ihren Kreisbahnen wirbelnd umherbewegen, und sie hatten auf kleinstem Raum zusätzlich Quantenbedingungen zu erfüllen, was ein anderes Verständnis des dortigen dynamischen Geschehens erforderte. Die atomaren Bahnen von Elektronen im Weltinnenraum konnten trotz der gerade verlaufenden Spuren in der Nebelkammer ungeheuer mystisch werden, wie die beiden Jungforscher in ihren Gesprächen resignierend resümieren mussten, als sich ein besonderes Ereignis ankündigte, das für den Frühsommer 1922 geplant war.

Die Universität Göttingen hatte es unter der Federführung von Max Born riskiert, den großen Niels Bohr nach Deutschland einzuladen – erstmals nach dem furchtbaren Weltkrieg –, und ihn gebeten, eine Reihe von Vorlesungen über seine Theorie der Atome zu halten, und der große Däne, der noch im selben Jahr den Nobelpreis für genau diese Arbeiten erhalten sollte, hatte zugesagt. Sommerfeld informierte Heisenberg darüber und ermunterte ihn, mit ihm nach Göttingen zu kommen, wobei der Lehrer sogar zusagte, die Reisekosten des Studenten zu übernehmen, was dem jungen Heisenberg ansonsten Kopfschmerzen bereitet hätte (Abb. 14).

### *Die Bohr-Festspiele*

Es war eine Menge, was die in Göttingen versammelten Wissenschaftler von Bohr verlangten. Er musste sieben Vorlesungen im Rahmen der Reihe halten, die bald als «Bohr-Festspiele» bezeichnet wurden. Jeder Aufritt sollte zwei Stunden dauern zusätzlich einer sich anschließenden Diskussion. Als Bohr im Sommer 1922 von Göttingen aus zurück nach Kopenhagen kam, machte er auf seine Mitarbeiter einen müden Eindruck, aber das war nur äußerlich. Innerlich hatte ein junger Mann neues Leben in ihm geweckt, und Bohr verdankte diese Inspiration seinen Begegnungen und Gesprächen mit Heisenberg, die ihren Anfang

Abb. 14: Niels Bohr und Max Born
*Max Born sitzt auf einem Stuhl vor (von links) Carl Wilhelm Oseen, Niels Bohr, James Franck und Oskar Klein während der Bohr-Festspiele 1922 in Göttingen.*

mit einer mutigen Wortmeldung nahmen, zu der sich der junge Mann aus München am Ende der dritten Vorlesung ermutigt fühlte. Er saß in dem großen Hörsaal in einer der hinteren Reihen, und er musste all seinen Schneid aufbringen, um erst aufzuzeigen und dann aufzustehen und schließend seine Bedenken gegen eine Ansicht des großen Redners am Pult vorzutragen.

Angefangen hatte Bohr seine Vortragsreihe mit einem einfachen Bild: «Wir stellen uns vor, dass das Atom aus einem positiv geladenen Kern von großer Masse besteht, um welchen eine Anzahl von Elektronen kreisen.» Er wies als Nächstes auf die «bemerkenswerte Tatsache» hin, «dass die Anzahl der Elektronen … gleich der Ordnungszahl der Atome im periodischen System der Elemente ist», die zugleich angibt, wie viele positive Ladungen in dem dazugehörigen Kern versammelt sind. Danach holte Bohr weiter aus, wobei dem gespannt zuhörenden Heisenberg immer stärker auffiel, «dass Bohr seine Resultate nicht durch

Berechnungen und Beweise, sondern durch Einfühlen und Erraten gewonnen hatte». Das machte es dem Physiker nicht gerade leicht, in dem Hörsaal in Göttingen zu bestehen, in dem ihm vor allem Mathematiker gegenübersaßen.

Am Ende der dritten Vorlesung ging Bohr auf die Frage ein, wie elektrische Felder die Spektrallinien beeinflussen, die das Licht hervorbringt, wenn es aus den Atomen kommt. Die dazugehörige Verschiebung oder Aufspaltung war bereits 1913 durch den deutschen Physiker (und Nobelpreisträger) Johannes Stark vermessen worden (Stark wurde später ein Anhänger der nationalsozialistischen Politik und wollte im Namen einer antisemitischen «Deutschen Physik» erst Einsteins Relativitätstheorie und schließlich sogar die ihm immer unbehaglicher werdende und schließlich abstoßende Atomphysik aus den Lehrbüchern seiner Wissenschaft verbannt und ihre Vertreter am liebsten aus den Universitäten geworfen sehen).

Im Göttinger Hörsaal hatte die Politik 1922 noch keinen Einzug gehalten, als Heisenberg auf Bohrs Erklärungsversuche des Stark-Effektes einging, die der Däne in seiner Vorlesung vorgestellt und die sich sein holländischer Assistent Hendrik Kramers in Kopenhagen ausgedacht hatte. Physikern machte es schon länger Mühe, die Kraftwirkung von sowohl magnetischen als auch elektrischen Feldern im alltäglichen Detail zu verstehen, und diese Schwierigkeiten nahmen noch zu, wenn man in die atomaren Dimensionen hinabstieg. Trotzdem war es Kramers gelungen, einige stimmige Berechnungen zum Stark-Effekt durchzuführen, und sie hatte Bohr jetzt in Göttingen mit der Anmerkung vorgeführt, dass die Theorie insgesamt zwar noch ungeklärt sei, man sich aber getrost darauf verlassen könne, dass Kramers die Sache auf den richtigen Weg gebracht habe und die experimentellen Ergebnisse ihn künftig unterstützen würden.

«Nein!», widersprach Heisenberg dieser Hoffnung, und sein kecker Mut verdankte sich einem Referat, das er zuvor in Sommerfelds Seminar gehalten hatte und bei dem ihm alle möglichen Zweifel an Kramers' Theorie gekommen waren. Mit ihr begab sich Bohrs Assistent tatsächlich auf völliges Neuland, da noch niemand so recht zu sagen wusste, wie Felder und Atome mit Elektronen miteinander in Wechselwirkung treten. Das wusste Heisenberg 1922 auch nicht. Er spürte nur – und sagte dies im Hörsaal –, dass Kramers in die falsche Richtung unterwegs war, wollte der Niederländer die Streuung des Lichts an einem Wasserstoffatom doch von der Umlauffrequenz des Elektrons abhängig machen, was immer zu falschen Resultate führte, wie Heisenberg oft genug erfahren hatte. Ihm zufolge kam es auf die Schwingungszahl des Lichtes, auf seine Frequenz an, und als er dies Bohr vor der versammelten Zuhörerschaft sagte, hielt der Däne inne, er überlegte, zeigte sich beunruhigt, zögerte, dachte weiter nach und sprach dann in die unüberhörbare und gespannte Stille des großen Hörsaals hinein eine Einladung an Heisenberg aus. Bohr bat den jungen Mann in den hinteren Reihen, am Ende der Veranstaltung zu ihm nach vorne zu kommen, um seine Einwände mit ihm ausführlich besprechen zu können. So geschah es, die beiden verabredeten sich dabei für einen Spaziergang am Nachmittag, und in seiner Autobiographie lässt Heisenberg seine Leserinnen und Leser wissen, «dass meine eigentliche wissenschaftliche Entwicklung erst mit diesem Spaziergang begonnen hat».

Es muss wohl verblüffend für Heisenberg gewesen sein, auf diesem Ausflug zu erfahren, wie Bohr zunächst Verständnis für die vorgetragene Kritik äußerte und dann einen Satz sagte, der später in vielen Debatten zu dem Zuckerbrot werden sollte, das er seinen Gesprächspartnern anbot, um sie zu beruhigen, bevor er gnadenlos seine Argumente aufbot: «Ich bin viel mehr einig mit Ihnen, als Sie denken.» Jetzt beim Spaziergang in Göttingen kam Heisenberg aber nicht aus dem Staunen heraus, als Bohr bereitwillig einräumte, überhaupt nicht an sein eigenes Modell und ein Atom als Planetensystem im Kleinen zu glauben, obwohl alle seine Vorlesungen in Göttingen von ihm und seinen Folgen handelten. Bohr sah trotz aller Fortschritte noch keinen Grund für seine Wissenschaft zu triumphieren. Sie schien ihm eher mit all den ungelösten Fragen, von denen sich Kramers eine vorgenommen hatte, in eine Krise geraten zu sein. Sogar der frischgebackene Nobelpreisträger Einstein hatte sich im selben Jahr in diesem Sinne in einem Aufsatz «Über die gegenwärtige Krise der theoretischen Physik» geäußert und sich über die «mit Energie begabten Felder» und ihre Wirkungen gewundert, wie er mit einem hübschen Attribut zu formulieren wusste. Einstein zeigte sich 1922 davon überzeugt, dass «eine neue mathematische Sprache nötig» sei, um die Quantendinge zu beschreiben, und dass seine Wissenschaft dabei «eine höhere Stufe von Gesetzlichkeit» erreichen müsse. Anders gesagt, Einstein hoffte darauf, dass jemand nicht eine Metaphysik der Atome, dafür aber eine Transzendentalphysik der Innenwelt entwerfen würde, und es wird Heisenberg sein, dem es wenige Jahre später gelingt, diesen Schritt zu vollziehen.

Noch aber geht er an einem sonnigen Nachmittag mit Bohr in Göttingen spazieren. In Briefen an seine Eltern stellt Heisenberg seinen berühmten Gesprächspartner als den «ersten Gelehrten» vor, der «stets nur positive Kritik übend» auch «alles andere anerkennt», also vor allem Heisenbergs wilde Ideen, und der ihm «der einzige Mensch» zu sein scheint, «der im philosophischen Sinne etwas von Physik versteht».

Die oben zu Bohr getroffene Einschätzung verdankt sich dessen Antwort auf Heisenbergs Frage, ob man Atome überhaupt verstehen kann, wenn sich deren innere Struktur einer anschaulichen Beschreibung entzieht und somit die gewöhnliche Sprache dabei nicht helfen kann. Bohr bleibt Optimist, wenn er antwortet, dass man die Atome trotz der erwähnten Schwierigkeiten wird verstehen können, und er fügt seinem Bekenntnis hinzu: «Aber wir werden dabei gleichzeitig erst lernen, was das Wort ‹verstehen› bedeutet.»

## *Hürden auf dem Weg nach Kopenhagen*

Am Ende ihres ersten Gesprächs fragt Bohr, ob Heisenberg sich vorstellen könne, in sein Institut nach Kopenhagen zu kommen, was ihn unmittelbar in Hochstimmung versetzt, auch wenn es bis 1924 dauern sollte, bevor Heisenberg sich in die dänische Hauptstadt aufmachen kann. Davor liegen zwei eher unangenehme Erfahrungen, von denen eine mit dem ersten Versuch zu tun hat, Einstein zu treffen, und die andere von einer unangenehmen Blamage handelt.

Nach den Göttinger Festspielen hatte Sommerfeld Heisenberg noch vorgeschlagen, nach Leipzig zu fahren, um bei einer dortigen Tagung der Gesellschaft Deutscher Naturforscher und Ärzte einen Vortrag von Einstein zu hören, mit dem man im Anschluss daran sich unterhalten könne. Als Heisenberg auf den Hörsaal zusteuerte, wurden ihm Zettel in die Hand gedrückt, auf denen vor Einstein und seiner Relativitätstheorie gewarnt und etwas von einer jüdischen Volksverführung geschwafelt wurde. Sie waren nicht einmal von verwirrten und verständnislosen Antisemiten verfasst worden, sondern stammten aus der Feder eines hochangesehenen Physikers, dessen Experimente Sommerfeld in seinen Vorlesungen zitiert und gelobt hatte. Heisenberg entsetzte daran die Erkenntnis, dass auch das wissenschaftliche Leben durch böse Leidenschaften von charakterlich unzulänglichen Menschen entstellt werden kann, was ihm erstens Einsteins Vortrag verleidete und ihm zweitens jede Lust nahm, den Nobelpreisträger von 1921 anschließend zu treffen.

Bevor die Dinge ihre erfreuliche Wendung in Kopenhagen nehmen konnten, musste Heisenberg seine Promotion erlangen. Der 1923 abgeschlossenen Dissertationsschrift schloss sich eine mündliche Prüfung an. Sommerfeld hatte Heisenbergs Arbeit attestiert, «die volle Beherrschung des mathematischen Apparats und kühne physikalische Anschauung» zu zeigen, und eigentlich sollte die Kommission die Promotion nur absegnen und Dr. Heisenberg als Kollegen in den Reihen der Wissenschaft begrüßen. Doch mit zu den Prüfern gehörte der hochangesehene Experimentalphysiker und Nobellaureat Wilhelm Wien, dem die Quantenspringerei mit ihrer Zahlenmystik schon länger auf die Nerven ging und der sich über die abschätzige Behandlung seiner Arbeiten durch die Theoretiker ärgerte, die ihre Ideen für erstklassig hielten und die Versuche der anderen als zweitrangig ansahen. Jetzt war Wiens Stunde gekommen, der den Hüpfer Heisenberg nach der Funktionsweise von Messinstrumenten und dem Auflösungsvermögen von Mikroskopen fragte und sich freute, als Sommerfelds Liebling auf die Nase fiel und keine befriedigende Auskunft geben konnte. Wiens Zorn wuchs im Laufe der Prüfung zwar gefährlich an, aber es reichte nicht ganz, um Heisenberg durchfallen zu lassen. Der Überflieger erlitt trotzdem eine schmerzhafte Bauchlandung, er erhielt eine ganz schlechte Note, packte, ohne an eine Feier zu denken, im Anschluss an die Prüfungsqual deprimiert seinen Koffer und setzte sich in den Nachtzug, der ihn von München nach Göttingen bringen sollte, wo Born auf ihn als Paulis Nachfolger wartete. Born musste seinen zweiten genialen Zauberassistenten nach dem Desaster mit Wien erst einmal trösten, er redete ihm väterlichen Mut zu, und so konnte die Kooperation der beiden in den kommenden Jahren die neue mathematische Sprache hervorbringen, die heute die ganze Welt als Quantenmechanik kennen und sprechen muss, wenn sie mit Atomen und ihrem Licht und seiner Energie umgehen will.

### *Zum ersten Mal am Blegdamsvej*

Zu Heisenbergs Familie gehörte ein Onkel Karl, der zwar schon länger seinen Landsleuten den Rücken zugekehrt hatte und in die USA ausgewandert war, sich aber von dort aus nicht lumpen ließ und den Goldonkel spielte. Werner Heisenberg half das vor allem, als 1923 während der rasant wachsenden Inflation ein einzelner US-Dollar den unfassbaren Wert von einer Billion Mark erreichte. Heisenberg beklagte sich im November 1923 in einem Brief an seine Eltern, dass die Noten für ein Klaviertrio von Beethoven «Trillionen kosten» würden und ein Bündel Banknoten einen höheren Heizwert habe als die Kohlen, die man dafür erwerben könne. Es waren hoffnungsarme und haltlose Tage, in denen zudem ein fanatischer Mann namens Adolf Hitler in München mit seinen Anhängern auf die Feldherrnhalle zumarschierte, was aber zu dem Zeitpunkt noch dazu führte, dass die bayerische Landespolizei ihn festnahm. Zum Ende des Jahres 1923 hin wurde zum Glück die solide Rentenmark eingeführt, die innenpolitische Lage beruhigte sich damit in Deutschland etwas, und Heisenberg konnte aufatmen und sich darauf freuen, im kommenden Frühjahr nach Kopenhagen gehen zu können.

Nach der Einführung der Rentenmark half zudem ein merkwürdig benannter «Elektrophysikausschuss» Heisenberg aus seinen finanziellen Klemmen, der im Sommer 1923 im Rahmen von allgemeinen Bemühungen eingerichtet worden war, mit denen die Forschung in Deutschland über Wasser gehalten werden konnte, und der Heisenberg nun monatlich 50 Mark in der neuen Währung zusagte. Der Ausschuss operierte im Rahmen einer 1920 als «Notgemeinschaft der deutschen Wissenschaft» gegründeten Organisation, aus der nach wechselhaften Zeiten in den 1930er Jahren schließlich nach dem Zweiten Weltkrieg die mächtige Deutsche Forschungsgemeinschaft (DFG) hervorgehen sollte. Der Name «Elektrophysikausschuss» verrät, dass seine Mitglieder Gelder des US-Unternehmens General Electric verteilen konnten, und mit zum Ausschuss gehörte Max Planck, der sich sehr dafür einsetzte, die jungen Wilden der Quantenphysik zu fördern, auch wenn er selbst immer weniger von ihren abstrakter werdenden Theorien verstand und bald ganz abgehängt wurde. Er begriff von dem, was Heisenberg, Pauli und ihre Kollegen mit den Atomen trieben, bald ebenso wenig wie der

Dichter Döblin von Einsteins Kosmos, aber Plancks Gefühl sagte ihm, dass die Stürmer und Dränger auf dem richtigen Weg waren, und mit seinem Herzen war er bei ihnen. Der «Elektrophysikausschuss» hatte das Stipendium auf 100 Mark erhöht, als Heisenberg im Frühjahr 1924 in Kopenhagen eintraf, was zwar immer noch nicht reichte, um durch den Alltag zu kommen, aber bald von einer anderen Sorge in den Hintergrund gedrängt wurde. In Bohrs Institut sieht sich Heisenberg nämlich «plötzlich einer großen Zahl glänzend begabter junger Menschen aus aller Herren Länder gegenüber», die ihm nicht nur «an Sprachkenntnissen und Weltgewandtheit weit überlegen», sondern die zudem in der Physik «viel gründlicher beschlagen» sind, als er es ist. Heisenberg muss jetzt Englisch und Dänisch lernen, und Bohr sieht er nur, wenn er als Direktor des «Instituts før teoretisk fysiks» am Blegdamsvej 15 in seinem Büro verschwindet. Zum Glück findet Heisenberg ausreichend Gelegenheit zum Musizieren, und er schreibt nach Hause, «ohne Musik kann man wirklich nicht leben. Aber *wenn* man Musik hört, kommt man manchmal auf die absurde Idee, dass das Leben einen Sinn hätte.»

Sein Aufenthalt in Kopenhagen bekommt seinen wissenschaftlichen Sinn, als Bohr seine Direktorentätigkeit für ein paar Tage ruhen lässt und den Neuling in seinem Institut zu einer Wanderung über die Insel Själland einlädt, auf der sich die beiden ausführlich über dänisch-deutsche Kriege und preußische Tugenden unterhalten, aber auch über Atome austauschen. Im Verlauf der Gespräche stellt sich ein euphorisches Gefühl bei Heisenberg ein, denn er gewinnt den Eindruck, dass Bohr «fast identisch derselben Ansicht ist wie wir in Göttingen». Und nicht nur das, Heisenberg bekommt auch ganz stark den Eindruck, «als ob wir hier die Theorie sogar wesentlich weiter bringen können». Seine Vertrautheit mit Bohr wächst jetzt rasch, und die beiden treffen sich nach der Rückkehr von der Wanderung abends bei Bohrs in der Wohnung, um «bei einem (oder mehreren) Glas Portwein» die aktuelle Physik zu besprechen, wobei Heisenberg sich wundert, dass das Besprochene manchmal «sogar am nächsten Morgen noch richtig» ist, wie er seinen Eltern in immer besserer Stimmung mitteilt. Heisenberg bewundert dabei Bohrs Art, Physik zu treiben, die keineswegs nur in großen Linien mit philosophischen Windungen operiert. Sein Gesprächspartner geht vielmehr nach gutem physikalischem Brauch «handwerksmäßig» vor, und «er sucht zunächst immer nur den Fortschritt in Einzelheiten», bevor er sich gestattet, seine großen Gedanken zu entwerfen. Heisenberg wird später seinem Studenten Carl Friedrich von Weizsäcker einen entsprechen Rat erteilen und ihm sagen: «Physik ist ein ehrliches Handwerk; erst wenn du das gelernt hast, darfst du darüber philosophieren.»

## 5
# Zweideutigkeiten (1923/24)

«Die Physik ist momentan wieder sehr verfahren, für mich ist sie jedenfalls viel zu schwierig und ich wollte, ich wäre Filmkomiker oder so etwas und hätte nie etwas von Physik gehört.»

*Wolfgang Pauli 1924*

1923 tappten die Physiker nicht nur tief im Dunklen, was die kleinen Atome im Innersten der Welt anging. 1923 zeigte ein dreiunddreißigjähriger Astronom namens Edwin Hubble ihnen auch, dass sie von den großen Himmelsobjekten am Rande der sichtbaren Welt nicht wirklich eine Ahnung hatten. Bei seinen Beobachtungen am Observatorium auf dem Mount Wilson im kalifornischen Pasadena hatte Hubble feststellen können, dass zum einen die Milchstraße sehr viel größer ist, als man bislang angenommen hatte, dass zum Zweiten die Sonne und mit ihr das Planetensystem, zu dem die Erde gehört, keinesfalls im Zentrum der Heimatgalaxie liegt und dass es zum Dritten mehr als die eine Galaxie gibt, in der Menschen ihren kosmischen Ort einnehmen, und der Millionen von Lichtjahren entfernte Andromedanebel zum Beispiel als gigantische Sternansammlung selbst eine Sternenwelt wie die Milchstraße bildet und außerhalb von ihr liegt. Selbst Einstein wirkte verblüfft, da er sich bis dahin fest davon überzeugt gezeigt hatte, dass die Milchstraße das ganze Universum ausmachen und ausfüllen würde, eine seit Jahrtausenden akzeptierte und nicht bezweifelte Annahme, die jetzt nur noch als lächerlich kleinkariert eingestuft werden konnte und den Astrophysikern ganz neue Aufgaben stellte, die heute mehr als 100 Milliarden Galaxien zählen können und dabei aus dem Staunen nicht mehr herauskommen. Zum Glück bewährte sich trotz der neuen Weitsicht Einsteins Allgemeine Relativitätstheorie als Grundlage aller

Neuorientierung, mit der die Wissenschaft weiter an ihrem kosmischen Bild malen konnte, auch wenn sich die Leinwand ausstreckte, während sie ihr Kunstwerk schufen.

## *«Klassisch nicht beschreibbar»*

Während Hubble die Grenzen der sichtbaren Welt ungemein erweiterte und dem Universum eine neue Tiefendimension verpassen konnte, versuchte Pauli über die Grenzen hinauszukommen, die sich bei den Atommodellen von Bohr und Sommerfeld zeigten, wenn man versuchte, auf ihrer Grundlage nicht nur das einfache Wasserstoffatom und vielleicht noch das von Helium zu berechnen, sondern wenn man sich schwerere Atome mit komplexeren Bahnen von Elektronen vornahm. Dabei störte ihn immer mehr die anschauliche Vorstellung dessen, was in der englischen Sprache «orbit» genannt wurde. Vielleicht bewegten sich die negativen Partikel des Atoms doch nicht auf solchen Rundwegen und dafür nur in Bereichen, die Ähnlichkeiten mit solchen Umlaufbahnen aufweisen. Heute lernt man (hoffentlich) bereits im Chemieunterricht in der Schule, dass genau dies der Fall ist. Wenn ein elektronisches Orbit Quantenbedingungen erfüllen muss und vor allem durch Quantenzahlen näher zu beschreiben ist, spricht man von einem Orbital, also von einer Gegebenheit, die einem Orbit ähnlich sieht und dessen alte Aufgaben in neuem Gewand ausführt.

So klar heute ist, wie sich die Atomorbitale der Elektronen bezeichnen und unterscheiden lassen, so unklar war es für Pauli im Jahre 1924, wie er entweder mit den Bohrschen Quantenzahlen weiterkommen oder sich von ihnen losreißen könnte. Bohr hantierte bei seinen Erklärungen der Atome und den Versuchen, das Periodensystem der Elemente mit Hilfe seiner Modellvorstellungen von unten her aufzubauen, mit drei Quantenzahlen, einer Haupt-, einer Neben- und einer magnetischen Quantenzahl. Aber damit kamen er und seine Mitstreiter schon länger nicht weiter, was Pauli schließlich dazu brachte, in die Physik eine vierte Quantenzahl einzuführen, die es allerdings in sich hatte. Wie es sich für Pauli gehörte, versteckte er seine sich bald als durchschlagend herausstellende Idee in Arbeiten mit abschreckenden Titeln: «Zur Frage der Komplexstrukturterme in starken und schwachen äußeren Feldern» oder «Über den Zusammenhang des Abschlusses der Elektronengruppen im Atom mit der Komplexstruktur der Spektren». Aber wer sich durch diese Wortungetüme nicht von der Lektüre abhalten ließ, konnte von Paulis weitreichender Idee lesen, die Beschreibung der Eigenschaften von Elektronen in einem Atom durch eine vierte Quantenzahl zu ergänzen, die allerdings nur halbzahlige Werte annehmen konnte, also nicht 1, 2 oder 3 lautete, sondern 1/2 oder 3/2 zum Beispiel. Natürlich erinnert dieser Vorschlag an Heisenbergs Geniestreich aus den Jahren zuvor, doch während es damals eher um einen fixen Einfall und etwas mathematische Spielerei ging – auch wenn sie höchst erfolgreich durchzuführen war –, dachte Pauli jetzt an eine konkrete physikalische Qualität der Elektronen, der er allerdings keine Chance auf Anschaulichkeit gab. Im Gegenteil! Die neue Quantenzahl mit halben Werten sollte ihm zufolge für eine «klassisch nicht beschreibbare Art von Zweideutigkeit» stehen, wie er ausdrücklich anmerkte. Bohr brachte das dazu, nachdem er Paulis Text gelesen hatte, von einem «unmechanischen Zwang» zu sprechen, der die Elektronen bei ihren Bewegungen leitet und der atomaren Welt erneut etwas Unheimliches verleiht.

Die physikalische Eigenschaft der Elektronen, für die eine vierte Quantenzahl mit ihren halben Werten benötigt wurde, wurde von anderen Physikern bald als Drehung der negativen Ladung um sich selbst, als Eigenrotation des Elektrons beschrieben. Für Bälle, die sich um ihre eigene Achse spinnen, wird vor allem beim Tennis oder Tischtennis das Wort «Spin» gebraucht. Bei den genannten Sportarten kann man mit einem Schläger dem Spielball einen Topspin verpassen, wie man sagt. Es führt dazu, dass sein Weg nach einem Aufprall schwieriger abzuschätzen und kaum zu retournieren ist. Natürlich hatte kein sterblicher Aufschläger den Elektronen ihren Spin mit auf dem Weg gegeben, und Pauli versuchte sein Leben lang, die Physiker daran zu hindern, seine vierte Quantenzahl mit diesem anschaulichen (letztlich doch klassisch mechanischen und damit keineswegs unmechanischen) Bild zu deuten. Aber wenn man jemanden vom Spin eines Elektrons reden hört, denkt man rasch und gerne an ein um seine Achse rotierendes Kügelchen, auch wenn nichts weiter von der Wahrheit entfernt sein dürfte.

## *Das Pauli-Prinzip*

Unabhängig davon feierte Paulis Idee in den kommenden Jahren ihre Triumphe, was vor allem dadurch möglich wurde, dass ihm bei den Versuchen, mit den vier Quantenzahlen die Fülle der Elemente im Periodensystem durchgehend und zufriedenstellend zu erfassen, noch ein weiterer erstaunlicher Gedanke gekommen war, der heute als Pauli-Postulat oder Pauli-Prinzip gefeiert wird und für den ihm 1945 endlich der längst überfällige Nobelpreis für Physik verliehen wurde. Das Pauli-Prinzip kommt wie ein Verbot daher, es beschreibt eine Situation, die sich die Natur nicht erlaubt, die also einzunehmen aus welchen Gründen auch immer ausgeschlossen und deren Zugang versperrt bleibt, weshalb die Lehrbücher auch von Paulis Ausschließungsprinzip sprechen. Sein Urheber hat es 1924 wie folgt formuliert:

«Es kann niemals zwei oder mehrere äquivalente Elektronen im Atom geben, für welche in starken Feldern die Werte aller Quantenzahlen übereinstimmen.» Einfacher und praktischer ausgedrückt: Elektronen in einem Atom müssen sich in mindestens einer Quantenzahl unterscheiden.

Verstehen konnte diese Vorschrift keiner, aber sie funktionierte sofort und hilft bis heute, die Besetzung der Atomorbitale durch Elektronen in den chemischen Elementen korrekt auf die periodische Reihe zu bringen. Paulis Prinzip konnte dabei sogar das verständlich machen, was die Chemiker bei ihrer genauer werdenden Erkundung der atomaren Konfiguration verwirrte, als sie herausgefunden hatten, dass die Stabilität von chemischen Elementen mit einer Reihe von magischen Zahlen verknüpft war – 2, 8, 20, 28, 50 und so weiter. Sie kündeten von Zuständen im Innersten der Dinge, die sich nun abzählen ließen – für Zahlenmystiker ein Fest, das sie bis heute feiern.

Keine Frage, was Pauli da vorlegte und was ihm Ruhm und Ehre einbrachte, sieht esoterisch aus, und so nannte es der holländische Physiker Paul Ehrenfest auch, als er im Oktober 1931 die Laudatio auf Pauli hielt, der für seine Arbeiten von 1924 die Lorentz-Medaille der Königlich-Niederländischen Akademie der Wissenschaften erhielt. Ehrenfest charakterisiert auf der Feierstunde das Pauli-Prinzip zwar als «esoterisch aussehend», aber nur, um durch die damit ausgelöste anfängliche

Verblüffung dem Publikum besser klarmachen zu können, wie sehr das Verbot für Elektronen höchst praktisch «in unsere Alltagswelt hineingreifen» und ihre Qualitäten an konkreten Beispielen verständlich machen kann. Ehrenfest führte dies so vor:

> Wir nehmen ein Stück Metall in die Hand. Oder einen Stein. Schon ein wenig Nachdenken macht uns erstaunt, dass dieses Quantum Stoff nicht einen viel geringeren Raum einnimmt. Denn wohl liegen die Moleküle schon ganz dicht aufeinander gepackt. Und ebenso die Atome im Molekül. Aber warum sind die Atome selber so dick?»

Was hindert ein Atom daran, sich «viel kleiner zu machen?» fragt Ehrenfest, um zu antworten:

> «Nur das Pauli-Verbot: ‹Keine zwei Elektronen im selben Quantenzustand!› Darum sind die Atome so unnötig dick; darum der Stein, das Metallstück etc. so voluminös! Sie müssen zugeben, Herr Pauli: Durch eine partielle Aufhebung Ihres Verbotes könnten Sie uns von vielen Sorgen des Alltags befreien, zum Beispiel vom Verkehrsproblem unserer Städte.

### *Der Pauli-Effekt*

So fröhlich die Wendung zum Alltäglichen aussieht und so gut sie Ehrenfest gelungen ist – wenn von Pauli die Rede ist und man der Herkunft seiner Gedanken auf die Spur kommen will, fallen häufig Wörter wie esoterisch, magisch und mystisch, was auch mit dem zu tun hat, was in Physikkreisen als Pauli-Effekt bekannt ist und nicht mit dem Pauli-Prinzip verwechselt werden sollte. Der mysteriöse Pauli-Effekt handelt nicht von physikalischen Gesetzmäßigkeiten und verbreitete sich über Anekdoten, die immer wieder belächelt und wie folgt erzählt wurden:

Pauli als ausschließlich theoretisch tätiger Physiker stand allem Technischen eher ängstlich und abweisend gegenüber. Dabei schien es, dass Apparate genau dann ihren Dienst einstellten, wenn Pauli in ihre Nähe kam. Zur anekdotischen Gewissheit wurde die Existenz des Pauli-Effektes, als eines Tages Folgendes passierte: In Göttingen war ein großer und lange vorbereiteter Versuch plötzlich durch eine Explosion im

Laboratorium verhindert worden. Man konnte beim besten Willen keinen Grund dafür finden, und Pauli war nicht im Institut gesichtet worden. Er arbeitete doch in Zürich. So dachte man, bis jemand dies nachprüfte und feststellte, dass genau am Tag des Versuchs Pauli Zürich verlassen hatte und mit dem Zug nach Kopenhagen unterwegs war. Dabei musste er einmal umsteigen, und zwar in Göttingen, und er tat dies genau zu dem Zeitpunkt, zu dem in der Universität das Experiment unternommen werden sollte und es zur Explosion kam.

Über diese Geschichte lacht zwar jeder Physiker mindestens einmal in seinem Leben, aber weiter ernst nimmt er den Pauli-Effekt nicht. Pauli selbst hat dies aber getan und mit seiner Hilfe ein Konzept erläutert, das ursprünglich von dem berühmten Psychologen C. G. Jung stammt, mit dem Pauli fleißig Briefe gewechselt hat, und das etwas schwerfällig «Synchronizität» heißt. Gemeint ist damit die Beobachtung, dass es Erscheinungen gibt, die zwar keinesfalls kausal verbunden sind, die aber räumlich und zeitlich zusammenfallen und -hängen, und zwar so, dass dabei ein sinnvoller Kontext entsteht – wobei Leserinnen und Leser aufgefordert werden, solche Ereignisse in ihrem Leben zu suchen und zu finden. Gehört von ihnen haben alle Menschen mit ziemlicher Sicherheit.

Pauli selbst glaubte fest an die Wirklichkeit der Synchronizität und des Pauli-Effekts, zu dem er folgende Geschichte erzählte: Eines Tages saß er im Café Odeon in Zürich und grübelte über seine minderwertige Funktion, das Fühlen, nach. In der Typologie des Psychologen C. G. Jung bekommt jede psychologische Funktion eine Farbe, und die des Fühlens ist Rot. Während der gefühlskalte Pauli nun vor sich hin grübelt und Kaffee trinkt und an seine ihm abgehende Empathie denkt, starrt er ein Auto an, das dem Café gegenüber abgestellt worden ist. Plötzlich fängt der Wagen Feuer und geht lichterloh in Flammen auf. Geist und Materie gehören zusammen und können gemeinsam ihr Spiel spielen, wie Pauli meinte, weil er es persönlich erfahren konnte.

Übrigens: Pauli hat das Wort Synchronizität nicht gemocht und lieber von Sinn-Korrespondenz oder Sinn-Zusammenhang gesprochen. Er wollte einen tieferen Wirklichkeitszusammenhang ausdrücken und ausfindig machen, der ihm in der offiziellen Naturwissenschaft zu fehlen schien. Die Frage kann gestellt werden, ob sich inzwischen daran etwas geändert hat. Um Vorschläge wird gebeten.

### *Ein Brief aus Indien*

Als Pauli 1924 in Hamburg mit dem Spin der Elektronen kämpfte, erhielt Einstein in Berlin einen Brief aus Indien. Er stammte von einem ihm bis dahin unbekannten Kollegen mit Namen Satyendranath Bose, der in seinem Schreiben von der erfolgreichen Lösung eines Problems berichtete, um das sich die Theoretiker in Europa seit Jahren vergeblich bemüht hatten. Einstein traute seinen Augen nicht. Satyendranath Bose schien tatsächlich einen Weg gefunden zu haben, auf dem die seit 1900 bekannte Strahlungsformel von Max Planck, die von der Existenz des Wirkungsquantums kündete und die der große Physiker mehr intuitiv komponiert und in Verzweiflung entworfen und weniger systematisch abgeleitet hatte, auf einmal mit Hilfe von statistischen Überlegungen und dank grundlegender Prinzipien gewonnen werden konnte. Einstein und andere europäische Wissenschaftler waren seit Jahren an diesem Vorhaben gescheitert, und so las Einstein den Brief von Bose sehr sorgfältig. Dabei fiel dem Vater der Relativitätstheorie auf, dass sein indischer Kollege Bose einen Fehler gemacht hatte. Allerdings – da dieser Fehler etwas Großartiges zustande bringen konnte, musste der scheinbare Schnitzer zugleich auf eine tiefe Wahrheit hindeuten, wie Einstein sofort erkannte und zu eigenen Erkundungen nutzte. Der in Indien unterlaufene Fehler zeigte, dass die Europäer bislang etwas falsch gemacht haben mussten, hatte Bose doch gerade durch seinen anfänglich verstörenden Gedanken den lang gesuchten Weg zum Strahlengesetz öffnen können.

Der jetzt in Anführungszeichen zu schreibende «Fehler» von Bose steckte darin, dass er bei der Abzählung der Zustände, die Atome einnehmen können, davon ausgegangen war, dass man zwischen ihnen nicht unterscheiden konnte. Wer etwa zwei Eier auf zwei Teller verteilen will, kann die Eier markieren und zum Beispiel zwischen den Situationen unterscheiden, bei denen ein Ei auf dem rechten und das andere auf dem linken Teller liegt oder umgekehrt. Mit solchen identifizierbaren Objekten hatten die Physiker bislang auch dann gerechnet, wenn sie es mit Teilchen atomarer Größenordnung zu tun hatten. Bose hatte bei seinen Rechnungen nun angenommen, dass er in dem geschilderten Fall von je einem Ei auf einem Teller nicht zwei Zustände, sondern nur einen

Zustand zu zählen hatte, was im Sinne der bekannten Physik zwar falsch war, im Sinne der Quantenmechanik aber das richtige Ergebnis lieferte. Einstein zog aus diesem mathematischen Triumph die philosophische Folgerung, dass die Lichtteilchen (Photonen), die Bose zählte und untersuchte, nicht zu unterscheiden waren und man ihnen somit keine Identität zuordnen konnte. Man konnte nicht auf ein Photon zeigen und dasselbe später wiederfinden, erneut mit dem Finger darauf deuten und es auf diese Weise so identifizieren, wie man es mit Erbsen in einem Haufen machen kann (wenn man will) und wie es der gesunde Menschenverstand erwartet. Als Einstein diesen zugleich verstörenden und tief reichenden Zusammenhang 1924 erkannte, machte er sich höchstpersönlich daran, den Text von Bose ins Deutsche zu übersetzen und in einem Fachblatt unter dem Titel «Plancks Gesetz und Lichtquantenhypothese» zu veröffentlichen – wobei er den Vornamen des Autors in der Eile vergaß und in dem Journal einfach eine Arbeit «von Bose» zu lesen ist. Am Ende des Aufsatzes findet sich eine «Anmerkung des Übersetzers», also von Einstein, die betont: «Boses Ableitung der Planckschen Formel bedeutet nach meiner Meinung einen wichtigen Fortschritt», den er zu nutzen und weiter auszuarbeiten gedenke, wie es dann auch geschehen ist.

Was Bose damals ermöglichte und was Einstein dann mit ihm weiterentwickelte, findet sich heute in den Physiklehrbüchern unter der Bezeichnung Bose-Einstein-Statistik, und sie beschreibt, wie Quantenzustände mit Teilchen besetzt werden, die sich nicht unterscheiden lassen und ohne eine Identität auskommen müssen, wie man sie im Alltag kennt. Bose und Einstein haben dies zuerst für Lichtteilchen aufgeschrieben und später bemerkt, dass sich ihr Ansatz für eine bestimmte Sorte von atomaren Partikeln verallgemeinern lässt, die heute den Namen von Bosonen tragen. Was beim ersten Hören komisch klingt, wird einen noch mehr verwundern, wenn man erfährt, wodurch sich diese Bosonen auszeichnen. Sie treten zum einen in Massen auf – die ursprünglich untersuchten Photonen zum Beispiel in Form von Lichtstrahlen –, weshalb sie auch keine Identität brauchen, um ihre Aufgabe zu erfüllen. Und sie tragen alle einen ganzzahligen Spin, eine Auskunft, die man auch erst einmal verdauen muss, hatte doch Pauli diese Zweiwertigkeit der Dinge zunächst mit halben Quantenzahlen verknüpft. Doch in den Jahren nach seiner Einführung der vierten Quantenzahl war verstanden worden, dass der atomaren Welt mit der Idee des Spins vor allem eine neue Möglichkeit der Wechselwirkung gegeben war und die Variable auch ganze Zahlen annehmen konnte, zum Beispiel bei den Photonen des Lichts die Zahl 1. Die Physik kennt heute Teilchen mit dem Spin 1/2, die Neutrinos heißen und ebenfalls zuerst von Pauli bemerkt und in die Physik eingeführt wurden: Sie verfügen nur über einen Spin und sind damit so etwas wie ein Nichts, ein Nichts allerdings, das sich drehen kann. Als Pauli ihre Existenz aufgrund theoretischer Überlegungen forderte, wettete er zugleich eine Kiste Champagner, dass niemand in der Lage sein werde, Neutrinos nachzuweisen. Diese Wette hat er verloren, was ihn als Wissenschaftler ehrlich gefreut hat. Pauli wollte das Schattenreich der Physik auf keinen Fall unnötig vergrößern.

### *Bosonen und Fermionen*

Doch der Wahnsinn der Quantenideen geht weiter, und das erneut mit Methode. Als Einstein und Bose ihre statistische Zählung vorstellten, sahen sie zugleich, dass das Pauli-Prinzip Elektronen daran hinderte, sich wie die Lichtteilchen auf die möglichen Zustände in der Quantenwelt zu verteilen. Zwar bleibt ihre Ununterscheidbarkeit wie die der Photonen unangetastet, aber keiner der Zustände kann von mehr als einem Teilchen besetzt werden, weshalb Elektronen nicht als Massenwesen auftreten und sich in ihrem jeweiligen Atom einzeln schön voneinander fernhalten. Sie gehorchen nicht der Bose-Einstein-Statistik, wie es kurz und bündig heißt, dafür aber einer später entwickelten Fermi-Dirac-Statistik, die nach dem italienischen Physiker Enrico Fermi und seinem britischen Kollegen Paul Dirac benannt ist. Und so wie es schon Bosonen mit ganzzahligem Spin gibt, gibt es jetzt auch noch Fermionen mit halbzahligem Spin, und mit diesem empirischen Befund verbindet sich – wer hätte etwas anderes erwartet? – eines der größten Geheimnisse der inneren Welt, die die Physik mit ihren Theorien zu erkunden versucht. Denn wie inzwischen unübersehbar geworden ist, bestimmt der Spin – die Art seiner Zahl – das Verhalten von Mitspielern auf der atomaren Bühne. Akteure mit halben Zahlen beim Spin – Fermionen wie Elektronen und die Protonen aus dem Atomkern – bewahren ihre Individualität und helfen so, die Stabilität der Atome zu verstehen. Und Akteure mit ganzzahligem Spin – Bosonen wie Photonen oder die Heliumkerne in den von Rutherford eingesetzten Alpha-Teilchen – versammeln sich in Massen und helfen so, zum Beispiel die Eigenschaft von Helium zu verstehen, die Suprafluidität heißt und bei der das durch tiefe Temperaturen als Flüssigkeit vorliegende Element jede innere Reibung verliert und so durch engste Kapillaren strömen kann.

Was um Gottes willen soll ein Spin mit einer Statistik, also mit einer Verteilung auf Zustände, zu tun haben? Mitte der 1920er Jahre ist mit der Einsicht in diesen Zusammenhang zwar Klarheit in empirische Beobachtungen gebracht, zugleich aber das Geheimnis der Materie und ihrer Quanten nur vertieft worden. Erst um 1940 gelang es Pauli, einige theoretische Begründungen für das Spin-Statistik-Theorem zu liefern, wie der geschilderte Zusammenhang in Fachkreisen kurz genannt wird, aber das Rätsel bleibt bis heute bestehen. Was wirkt da auf welche Weise mit wem im Innersten der Welt zusammen, um diese duale Ordnung zu schaffen und zu erhalten? Sicher scheint den Physikern nur zu sein, dass eine Antwort ohne Einschluss von relativistischen Überlegungen aus Einsteins Theorien nicht funktionieren kann. Aber was soll der Spin der Atome mit der Geometrie des Kosmos oder der Geschwindigkeit des Lichtes zu tun haben? Könnte es sein, dass es nicht nur die Teilchen – Elektronen, Protonen, Photonen – sind, die das Universum gestalten, sondern dass es auch oder umgekehrt das Weltall ist, dass sich die Teilchen zurechtlegt? Könnte es nicht sein, dass der Makrokosmos und der Mikrokosmos viel enger verbunden sind, als es sich die moderne Wissenschaft denkt, wie es aber zum Denken der Renaissance gehörte, als jedes Ding als Mikrokosmos eingeschätzt wurde, in dem sich der Makrokosmos spiegelte und man an die große Kette der Wesen glaubte, die heutzutage eher zerbrochen scheint?

## *Noch eine Zweiteilung*

Wenn man sagt, dass die Romantik eine polare Weltordnung vor Augen hat und mit Leben füllt, in der Tag und Nacht, Wachen und Träumen, Denken und Fühlen, das Dionysische und das Apollinische und das Bewusste und das Unbewusste zusammenwirken, dann fällt es der Quantenmechanik leicht, mit ihren Formen der Dualität dazu in kulturelle

Konkurrenz zu treten und ihr romantisches Wesen zu demonstrieren. Seit Planck ringen das Kontinuierliche und das Quantenhafte miteinander, seit Einstein kennt man die Spannung zwischen dem Bild des Lichtes, als Welle und Teilchen zugleich zu erscheinen, seit Paulis vierter Quantenzahl bildet zum einen der Spin eine neuartige Zweiwertigkeit aus und stehen zum zweiten die Teilchen mit halben Werten für die damit erfasste Qualität des atomaren Seins den Existenzformen mit ganzen Zahlen gegenüber. Auch ohne dass jetzt an die offensichtliche Zweiteilung der elektrischen Ladung in Plus und Minus und die beiden Pole von Magneten erinnert werden muss, die sich im Magnetfeld der Erde als Süd- und Nordpol zeigen, sieht die duale Weltordnung der Physik und insbesondere der Quantenmechanik bis hierher schon beeindruckend aus. Und dabei kommt das Beste noch, nämlich ein erstaunlicher Vorschlag, der 1924 von dem französischen Physiker und Prinzen Louis-Victor de Broglie unterbreitet wurde und den die Schwedische Akademie 1929 mit dem Nobelpreis ehrte. De Broglie, der Sohn eines Herzogs, wurde ausgezeichnet «für die Entdeckung der Wellennatur der Elektronen», was heute, da man an Aufnahmen mit hoher Vergrößerung gewöhnt ist, die mit einem Elektronenmikroskop gemacht worden sind, nur wenig aufregend klingt, in den 1920er Jahren aber anfangs vollkommen verwirrend wirkte. Was soll der Blödsinn?, wurde gefragt. Elektronen verfügen doch – anders als die Lichtteilchen – nachweisbar über eine Masse, und wie – bitte schön – sollten Massen die charakteristische Eigenschaft von Wellen zeigen, die bekanntlich darin besteht, miteinander interferieren und sich also auslöschen zu können? Licht plus Licht kann an ausgewählten Stellen Dunkelheit ergeben, wenn sich die entsprechenden Wellenzüge dort verziehen. Aber Masse plus Masse kann doch keine Leere ergeben oder zu einem Nichts führen, wie man aus vielen wissenschaftlichen Ecken hören konnte, nachdem de Broglie im November 1924 seine Doktorarbeit mit «Untersuchungen über die Quantentheorie» abgegeben hatte.

De Broglie hatte an der Pariser Sorbonne studiert, aber anfangs nicht Physik, sondern Philosophie und Geschichte, bis ihm die Werke von Henri Poincaré in die Hände fielen. In ihnen hat sich der große Mathematiker Gedanken über den «Wert der Wissenschaft» gemacht und die Rolle von Hypothesen betont, die zu ihrem Fortschreiten und Erkennen gehören. Der Prinz besorgte sich daraufhin die Texte der Referate, die auf der ersten Solvay-Konferenz von 1911 gehalten worden waren, und nur der Erste Weltkrieg konnte ihn aufhalten, mehr über Elektronen und Photonen zu lernen. Nach dem Abschied vom französischen Heer kehrte de Broglie zur Wissenschaft zurück, betrieb Röntgenspektroskopie und wunderte sich über die Quantenzahlen, die Bohr eingeführt hatte und die ihn auf eine Eigenschaft von Elektronen hinzuweisen schienen, die bislang niemand bemerkt oder bedacht hatte. Das Auftreten von ganzen Zahlen machte auf de Broglie den Eindruck, als ob die Elektronen unter Quantenbedingungen im Takt schwingen und Resonanzen zeigen konnten, wie er es in der Akustik gelernt hatte. Und wenn man jetzt noch ernst nahm, dass sich Elektronen im Atom periodisch auf und ab – oder hin und her oder wie auch immer – bewegen mussten, um ihren Platz im Atom einzunehmen und dessen Gestalt zu garantieren, dann offenbarten sie dabei doch ein schwingendes Verhalten, das man von Wellen kannte. Vielleicht konnte man tatsächlich kleine «Körnchen» wie die Elektronen – so nannte de Broglie sie – besser verstehen, wenn man ihnen auch die Wellennatur einer rhythmischen Bewegung zuordnete. Es ging am Ende doch um Energie, um die Energie der Elektronen, die zur Energie des Lichtes wird, und so wie Planck dieser Energie eine Frequenz zuordnete, wies de Broglie jetzt dem Impuls der Elektronen eine Wellenlänge zu und reichte seine Doktorarbeit ein. Er wusste zu ihrer Absicherung, wie seine kühne Hypothese bewiesen werden konnte, nämlich dadurch, dass man zeigte, dass Elektronenstrahlen wie Röntgenstrahlen dem Phänomen der Beugung unterliegen, dass sie sich also durch Hindernisse vorhersagbar bei ihrer gradlinigen Ausbreitung stören lassen, zum Beispiel dann, wenn sie durch Kristalle gelenkt und ihre Wege auf diese Weise gebeugt werden. 1912 hatte Max von Laue mit dieser Methode zeigen können, dass Röntgenstrahlen Wellencharakter aufweisen, und 1927 wiesen tatsächlich zwei amerikanische Physiker, Clinton Davisson und Lester Germer, nach, dass sich Elektronenstrahlen an Nickelkristallen beugen lassen. Damit hatte sich de Broglies kühne Idee, elektrisch geladenen Teilchen eine Wellennatur zuzuordnen, als zutreffend und bald auch als wegweisend erwiesen.

Als de Broglie seine Dissertation einreichte, stand die experimentelle Bestätigung seiner Hypothese noch in den Sternen, und der Prüfungsausschuss der Sorbonne, zu dem Paul Langevin gehörte, zeigte sich unsicher und wusste nicht, wie er mit dem vorgeschlagenen Wellencharakter der Elektronen umgehen sollte. Langevin bat de Broglie um ein weiteres Exemplar seiner Arbeit und schickte es an Einstein in Berlin, der es las und den ihn befreundeten Born in Göttingen informierte. Der glaubte sofort, «dass die ‹Wellentheorie der Materie› eine sehr gewichtige Sache werden kann», wie er Einstein schrieb, nachdem der oben erwähnte Davisson ihm per Post erste Messergebnisse hatte zukommen lassen, die keinen Zweifel an «der Beugung von elektronischen Materiewellen im Kristallgitter» ließen und für die de Broglies Formeln sogar «die richtige Größenordnung der Wellenlänge» ergaben. Einstein meldete nach Paris, dass die seltsame Doktorarbeit seiner Ansicht nach den ersten schwachen Lichtstrahl auf die Quantenrätsel werfen würde – was Planck aber nicht ganz akzeptieren konnte, dem die Kühnheit von de Broglies Idee zu groß erschien. Auf jeden Fall akzeptierte der Prüfungsausschuss nach Einsteins Plazet die Dissertation des Prinzen, die im Rückblick eine eigentlich doch offenkundig vermisste Symmetrie in ihre Wissenschaft gebracht hat, auf die viele Physiker hinarbeiteten. Denn wohin man schaute, zeigte sich jetzt die Dualität. Das Elektron der materiellen Dinge konnte ebenso Welle und Teilchen sein wie das Photon des immateriellen Lichts, und beiden stand das Geheimnis ihrer Doppelexistenz zu. Eigentlich passte alles zusammen, nur wurde es immer weniger verständlich und geheimnisvoller.

### *Der Doppelspalt*

Die doppelt und mehrfach auftretende Doppeleigenschaft der atomaren Materie und der lichten Teilchen hat Niels Bohr in diesen Tagen in einem Gedankenexperiment zusammenzufassen versucht, dessen Ergebnis ihn und Einstein bis zu ihrem Tod beschäftigte. Das zeigt sich schon daran, dass eine Skizze der betrachteten Anordnung auf der Tafel in Einsteins Büro noch zu sehen war, nachdem der große Mann schon gestorben war und seinen Arbeitsplatz für immer verlassen hatte.

Bohr wollte verstehen, wie Photonen und Elektronen durch einen Doppelspalt mit zwei Wegöffnungen gehen (Abb. 15). Der Nobelpreisträger Richard Feynman hat diese Anordnung in seinen berühmten *Feynman Lectures of Physics* mit der Bemerkung vorgestellt, dass in ihr

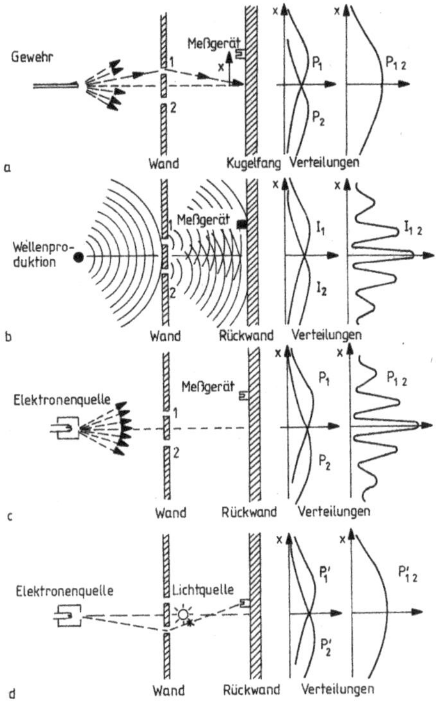


Abb. 15: Doppelspalt à la Feynman

*In vier Varianten werden Partikel durch eine Wand mit zwei Öffnungen – den Doppelspalt – gelenkt und auf einem dahinter platzierten Detektor gezählt. Dabei ist entweder einer der beiden Schlitze passierbar oder beide. Wenn (a) Kugeln aus einem Gewehr kommen, wird sich bei nur einem möglichen Weg die Verteilung $P_1$ und $P_2$ ergeben, und die Kurve $P_{12}$ zeigt sich, wenn beide Spalte frei sind. Werden statt Kugeln Wasserwellen durch den Doppelspalt geleitet (b), misst man bei einzelnen Öffnungen die Intensitäten $I_1$ und $I_2$, und für den Fall von zwei möglichen Wegen der Wellen kommt es zur Erscheinung der Interferenz, die sich durch Täler und Gipfel in der Verteilung $I_{12}$ zu erkennen gibt. Das ist alles klassische Physik. Spannend wird die Lage, wenn statt Gewehrkugeln Elektronen durch den Doppelspalt geleitet werden (c), und zwar eines nach dem anderen, was technisch möglich ist. Die Überraschung steckt darin, dass die Elektronen hinter dem Doppelspalt zwar einzeln registriert werden – eben als Teilchen –, dabei aber wie eine Welle Interferenzstreifen produzieren, wie durch $P_{12}$ gezeigt wird. Offenbar kann ein einzelnes Elektron beide Wege gehen. Wenn man jetzt nachschauen will (d), durch welches Loch das Elektron gegangen ist, kann man dies machen, aber dabei geht die Interferenz verloren, wie die Verteilung $P'_{12}$ zeigt. Mit anderen Worten, das beobachtete Elektron verhält sich anders als das beobachtete Teilchen. In diesem Experiment liegt eine Crux der Quantenmechanik und steckt vielleicht ihr ganzes Geheimnis.*

das ganze Geheimnis der Quantenwelt zu finden sei, man aber, bitte, nicht annehmen solle, es dabei lüften zu können. Niemand versteht die Quantenmechanik, wie Feynman gerne kokett verkündete, was aber niemanden daran hindern sollte, es mit dem Doppelspalt wenigstens zu versuchen. Vorweg sei hier verraten, dass das ursprüngliche Gedankenexperiment seit den 1960er Jahren mit konkreten Apparaten durchgeführt werden konnte und kein Zweifel an der paradoxen Situation bleibt, die sich einstellt und die der Versuch erkennen lässt.

Beim Doppelspaltexperiment gibt es eine Wand mit zwei Löchern, durch die Elektronen oder Photonen (Licht) geleitet werden, die danach auf einen Schirm treffen und dort gemessen oder gezählt werden. Das mit dem Zählen stimmt, denn letztlich geht es um – inzwischen technisch mögliche – Anordnungen, in denen Elektronen oder Photonen einzeln den Doppelspalt passieren, wobei man erst nur einen und dann beide Schlitze öffnet. Nun ist zum einen klar, dass sich dann, wenn man makroskopische Bälle (Kügelchen) erst durch nur einen Spalt und dann durch beide laufen lässt, sich im zweiten Fall die Mengen der auf dem Schirm gezählten Einzelereignisse einfach addieren. Und es ist auch völlig klar, dass sich dann, wenn auch Licht erst durch einen Spalt und dann durch beide gehen kann, sich auf dem Schirm ein Interferenzmuster zeigt, wie die Physik es seit dem 19. Jahrhundert vielfach gezeigt hat. Spannend wird es, wenn jetzt nicht makroskopischen Kügelchen, sondern elektronisch dimensionierten Partikeln erst die eine und dann beide Spalte offenstehen, wobei die Elektronen einzeln auf ihren Weg geschickt werden. Die Bestandteile der atomaren Welt verhalten sich dann wie Licht, das heißt, sie bilden auf dem Schirm ein Interferenzmuster, und zwar auch dann, wenn nur jeweils eines von ihnen sich entscheiden muss, welchen Weg es geht und durch welchen Spalt es schlüpft. Offenbar wissen die Elektronen, dass ihnen zwei Wege offenstehen, und die Entscheidung, welchen sie wählen, treffen sie selbst. Einstein blieb dieser Gedanke, der Bohr begeisterte, unerträglich, und er schrieb Born in einem Brief, falls sich die Elektronen wirklich «aus freiem Entschluss» auf den einen oder anderen Weg machen, würde er «lieber Angestellter einer Spielbank sein als Physiker».

Dabei hätte ihm nach dem Brief von Bose klar sein können, dass in der atomaren Welt die Kategorie der Identität verschwindet, und genau diese Idee bestätigt Bohrs Gedankenexperiment mit dem Doppelspalt.

Während die Elektronen auf der Rückwand einzeln – also als Teilchen – registriert werden, müssen sie (unbeobachtet) den Doppelspalt als Welle durchqueren. In der (psychologischen) Sprache der Identität kann man sagen, dass die Elektronen, die gezählt werden, keinen Vorläufer am Spalt erkennen lassen, den man ihnen eindeutig zuordnen kann. Elektronen weisen demnach keine zeitüberbrückende (diachrone) Identität auf. Sie ereignen sich eher, als dass sie als bestimmbare Einheit agieren, wobei all diese Bemerkungen vor allem als Hinweis darauf dienen, dass unbedingt Vorsicht geboten ist, wenn man eine im Alltag fast selbstverständliche Eigenschaft – nämlich die der Identität, also der Übereinstimmung von etwas mit sich selbst, mit den dazugehörigen psychologischen Komponenten – in den Bereich übertragen möchte, den die technisch versierten und theoretisch entwickelten Wissenschaften von der Natur in den vergangenen Jahrzehnten erschlossen haben.

Als das Jahr 1924 zu Ende ging, waren trotz einer Fülle von Einsichten die meisten Versuche gescheitert, «den Quanten eine greifbare Gestalt zu geben», wie Einstein es nannte. Man brauchte dringender denn je eine «höhere Form von Gesetzlichkeit», wie ebenfalls Einstein in die Welt hinausgerufen hatte, um zu fragen: «Wann wird uns der erlösende Gedanke beschert werden?» – «Im Frühjahr 1925!», wie man heute weiß und ihm zurufen könnte, und es ist bloß schade, dass Einstein davon nichts wissen wollte. Zwar meinte er vor Erfindung des erlösenden Gedankens ausrufen zu können: «Glücklich diejenigen, welche [die höhere Form] erleben und schauen dürfen», aber er selbst zog sich nach der Vorstellung der befreienden Einsicht in eine Schmollecke zurück und trauerte.

## *Etwas Drittes zum Doppelspalt*

Übrigens – inzwischen arbeiten Physikerinnen wie Urbasi Sinha aus Indien an einem Dreierspalt, genauer an einer «triple-slit»-Variante, um zu sehen, ob in den Photonen noch weitere Möglichkeiten enthalten sind und offengelegt werden können. Ihre Hoffnung besteht darin, mit den bislang verborgenen Zuständen – wenn sie sich zeigen – Wege zu finden, um nicht mehr nur mit Bits, sondern mit Trits rechnen zu können. Mittels Regeln, die Max Born aufgestellt hat, lässt sich die Wahrscheinlichkeit für einen dreifachen Weg berechnen – wenn auch nicht verstehen. Und während man sich über die Fähigkeit von Elektronen wundert, zwei (oder drei) Türen auf einmal passieren zu können, weisen Pilzforscher darauf hin, dass ihre Untersuchungsobjekte das schon lange können, wenn sie ihre Hyphen aussenden und auf zwei oder mehr Öffnungen stoßen. Die wachsenden Fäden verzweigen und ziehen auf allen möglichen Wegen weiter, ohne dass der Pilz sich dafür teilen muss. So verschränkt ist seine Natur. Vielleicht kann man die Bewegung der atomaren Teilchen wie das Wachsen des Pilzgewebes verstehen. In beiden Fällen bildet sich aus einer Einheit eine lebendige Vielheit, die überall ihren Platz sucht und findet. Die ganze Welt ist verschränkt – mit- und untereinander, im kleinen Atom und im großen Leben, und Menschen gehören schon immer untrennbar dazu.

# 6
# Zur Schönheit in der Nacht (1925)

«In der Atomphysik waren wir im Winter 1924/25
offenbar in jenen Bereich gelangt,
in dem zwar der Nebel oft undurchdringlich dicht war,
in dem es sozusagen über uns schon heller wurde.
Die Unterschiede der Helligkeit kündigten die Möglichkeit
entscheidender Durchblicke an.»

*Werner Heisenberg*

«Es wird Tag in der Quantenmechanik.»

*Wolfgang Pauli 1925*

Es war im Mai 1925, als es einem jungen Menschen zum ersten Mal gelang, einen Fuß auf den «Grund von merkwürdiger innerer Schönheit» zu stellen, auf dem in den kommenden Monaten und Jahren die Physik der Atome errichtet werden kann, die bald Quantenmechanik heißen und die Welt in den kommenden Jahrzehnten erneuern und von innen her auf den Kopf stellen wird. Die überwältigende Schönheit gibt sich in einer Nacht zu erkennen, und es ist der dreiundzwanzigjährige Werner Heisenberg, dem die Natur gegen drei Uhr in der Frühe dank einer mystischen Erfahrung ihre Geheimnisse offenbart.

Von einer schweren Pollenallergie geplagt, hält sich Werner Heisenberg zu jener Zeit auf Helgoland auf (Abb. 16), und als nach seinem nächtlichen Einblick in das Geschehen im Innersten der Welt am äußeren Himmel die Dunkelheit der Dämmerung weicht, klettert ein erregter Jüngling trotz Schlaflosigkeit und Todesgefahr auf einen aufragenden Felsen, um von seiner Höhe aus die Sonne hinter dem Horizont hervorkommen zu sehen und ihr Licht zu erwarten. «Es wird Tag in

Abb. 16: Der junge Heisenberg, um 1930

der Quantenmechanik», wie es Wolfgang Pauli später ausdrückt, als er vom kreativen Inselerlebnis seines Freundes erfährt, den er zu diesem Zeitpunkt immer noch mit Sie anredet und der jetzt auf dem gerade erklommenen Felsen über dem Meer eine befriedigende Gewissheit erlangt hat. Der junge Heisenberg empfindet das, was Goethe in seinem *West-Östlichen Divan* als «Selige Sehnsucht» mit den Worten erfasst hat: «Und solang du das nicht hast, / Dieses: Stirb und werde!, / Bist du nur ein trüber Gast / Auf der dunklen Erde.»

«Dieses: Stirb und werde!» Heisenberg hat mit seinem Mut in der zurückliegenden Nacht genau diesen Schritt vollziehen können, als er die alte Physik sterben ließ und seiner Wissenschaft ein neues Leben durch eine neue Form geben konnte, die vom Werden der Welt handelt. Der erregte Jüngling auf dem Felsen weiß bei seinem Schauen auf das Meer im Morgenlicht, dass er kein trüber Gast mehr auf dieser undurchdringlich scheinenden Welt, vielmehr ein strahlender Held ist. Als Heisenberg am Tag darauf die Insel verlässt, um nach Göttingen zurückzukehren, ist es hell geworden in seiner Wissenschaft.

## *Die Nacht auf Helgoland*

Als das Jahr 1925 begann, lebte und arbeitete Werner Heisenberg bei Niels Bohr in Kopenhagen. Im Spätherbst 1924 hatte er noch mit Freunden aus der Jugendbewegung Wanderungen in den bayerischen Bergen unternommen. Bei einem dieser Ausflüge galt es eine knifflige Situation zu überstehen, als sich die Gruppe beim Aufstieg plötzlich in einem Feld ziehender Nebelschwaden wiederfand und die Sicht nach oben versperrt war. In dieser Lage galt es, beherzt und furchtlos aufzusteigen, wie Heisenberg seinen ihm folgenden Kameraden vormachte, um mit festen und entschlossenen Schritten eine Sattelhöhe erreichen zu können. Von dort aus konnten die jetzt in der Sonne stehenden Kletterer ihren Blick in die Ferne schweifen lassen, und bald gab sich die Landschaft im Tal unter dem sich verziehenden Nebelschleier in aller Klarheit zu erkennen. Mit dieser frisch gewonnenen Aussicht wussten die Wanderer, wie ihr weiterer Weg zu bewältigen war, und Heisenberg erinnerte das seltsame Herumirren im undurchdringlich scheinenden Nebel der Berge an die allgemeine Situation seiner Wissenschaft, in der sich trotz ungemeiner Emsigkeit aller Beteiligten keine Klarheit einstellen wollte, die Atome sich dem theoretischen Zugriff entzogen und verborgen hielten. Heisenberg tröstete sich mit dem Hinweis des Philosophen Nietzsche, der in seiner Erinnerung geschrieben hatte: «Nicht, wenn die Wahrheit schmutzig ist, sondern wenn sie *seicht* ist, steigt der Erkennende ungern in ihr Wasser.»

Geringe Tiefe und Seichtigkeit – das konnte man bei den Atomen nicht erwarten, und so machte sich Heisenberg mit all seinen Gaben daran, den herumschwimmenden Dreck beiseitezuräumen, der in jüngster Zeit beim kräftigen Herumstochern in den elementaren Wassern seiner Wissenschaft aufgewirbelt war. Jeden Tag «von 9 morgens bis etwa 11 abends» hatte er im Frühjahr 1925 voller Konzentration Physik getrieben, um Niels Bohr noch etwas vorlegen zu können, bevor er im Mai nach Göttingen wechselte, wo er eine Stelle als Privatdozent bei Max Born antreten konnte. Aber es kam nichts Gescheites heraus. An der neuen Arbeitsstelle verhaspelte sich Heisenberg erneut, er geriet zum x-ten Mal «in ein [selbst für einen Hochtalentierten wie ihn] undurchdringliches Dickicht aus mathematischen Formeln», aus dem er keinen Ausweg finden konnte, und dann wurde er plötzlich krank. Sein einsetzendes Leiden hatte weniger mit schwingenden Elektronen im Atom und mehr mit fliegenden Pollen in der Luft zu tun, die Heufieber auslösen können und Heisenberg mit einem arg verschwollenen Gesicht versorgten, das ihn so kläglich ausschauen ließ, als habe er gerade eine Schlägerei schlecht überstanden. Er wurde von Born von seinen Pflichten freigestellt und fuhr für zwei Wochen auf die Insel Helgoland, um sich dort in der Seeluft und fern von blühenden Wiesen und Büschen zu erholen. Heisenberg bezog ein Zimmer am Südrand der Felseninsel, das seinen Augen erlaubte, weit über das Meer zu schweifen, wobei ihm immer wieder die Bemerkung von Bohr in den Sinn kam, «dass man beim Blick über das Meer einen Teil der Unendlichkeit zu ergreifen glaubt», und es ist vorstellbar, dass dem jungen Mann auf der Insel diese unerreichbar scheinende Ferne plötzlich zum Greifen nah schien und er sich hier in aller Ruhe auf sie einlassen konnte.

Sein späterer Freund und Mitarbeiter, der zu eigener Berühmtheit gelangende Carl Friedrich von Weizsäcker, hat davon erzählt, dass Heisenberg sich nach eigenen Angaben neben den täglichen Spaziergängen und Badeunternehmungen auf Helgoland zwei Aufgaben vorgenommen hatte, nämlich Gedichte aus dem *West-Östlichen Divan* von Goethe auswendig zu lernen und die Quantenmechanik zu erfinden. Heisenberg hat sich so auch dem Wissenschaftshistoriker Armin Hermann gegenüber geäußert, dem er zudem anvertraut hat, «geschlafen hab' ich eigentlich gar nicht».

Heisenberg fühlte sich auf Helgoland wie im Rausch, und es lohnt sich auch beim besten Willen nicht, seine Suche nach einem Zugang zum Innersten der Welt und sein Erschaffen und Erkennen der dortigen physikalischen Ordnung allein mit irgendeiner Logik der Forschung, seinem mathematischen Geschick oder anderen rationalen Methoden und Techniken zu erklären, die seit Monaten vergeblich zum Einsatz gekommen waren. Wenn Rainer Maria Rilke die *Duineser Elegien* – zwischen 1912 und 1922 – zu Papier bringt, dann fragt auch niemand nach der Rechtschreibung der Wörter, den grammatischen Regeln der Sprache und der logischen Verknüpfung in den Schilderungen. Dann hängt man an Rilkes Lippen, wenn er von der Stimme des Windes erzählt, die ihm bei einem Spaziergang in Duino an den dortigen Klippen entlang ins Ohr dringt und ihm die Zeilen der Elegien zuflüstert, die er dann notiert, zum Beispiel den Anfang der Achten Duineser Elegie, «Mit allen Augen sieht die Kreatur das Offene». Man kann das mit diesem Satz ausgedrückte Erleben auf Heisenberg in Helgoland übertragen, der in der entscheidenden Nacht mit seinen inneren Augen und allen Geistesgaben das Offene des Weltinnenraums mit den dort zu findenden Atomen zu schauen sich bemühte. Und so wie man die Kreativität des genialen Schöpfers der Elegien bewundert, kann man auf ähnliche Weise auch die Kreativität des genialen Schöpfers der Quantenwelt bestaunen, der so auf seine Eingebungen vertraut, wie es der Dichter unternimmt. In seiner Autobiographie *Der Teil und das Ganze* gibt Heisenberg einen Einblick in das unheimliche Geschehen im Verlauf der einsamen Nacht auf Helgoland, wobei der Text wahrscheinlich dramatischer und existentiell berührender ausgefallen wäre, hätte ihn nicht ein den Atomen verpflichteter und streng argumentierender Wissenschaftler wie Heisenberg, sondern ein dem Leben zugeneigter und der Phantasie huldigender Dichter wie Rilke verfasst.

Heisenberg hatte seit Jahren erfolglos mit den mathematischen Modellen der Atome herumgerechnet und war allmählich reif, Paulis philosophischen Gedanken ernst zu nehmen und umzusetzen, dass es möglicherweise gar keine Bahnen gibt, auf denen Elektronen in Atomen umherlaufen. Man kann sie sich zwar vorstellen, sie selbst aber keineswegs sehen. Physiker kennen nur die Frequenzen des Lichts, die sie als Linienspektrum in fast beliebiger Genauigkeit vermessen können – mit diesen Daten mussten sich die Atomforscher einschließlich Heisenberg begnügen. Jede anschauliche Vorstellung von Atomen, jeder Gedanke an ein Aussehen dieser kleinsten Körnchen der Dinge musste vermieden werden, so wie es später ein Meister der abstrakten Malerei auf die Natur allgemein übertragen hat: «Es ist fraglich, ob die Natur überhaupt ‹aussieht›», wie bei Willi Baumeister zu lesen ist, als er in Buchform über *Das Unbekannte in der Kunst* nachdachte, um zu dem Schluss zu kommen, «es könnte sein, dass die Augen ein Netzwerk ins Dunkel auswerfen, das eine dem Menschen fassbare Welt durch den Menschen selbst entstehen lässt». So sieht es ein Maler und so leuchtet es dem Künstler ein. Es könnte doch sein, so denkt Heisenberg auf vergleichbare Weise, dass die Bahn eines Elektrons erst dann entsteht und eine Wirklichkeit erlangt, wenn ein Mensch sie beschreibt und ihr eine Form gibt. Er lässt sich im Mai auf Helgoland auf dieses Abenteuer der Phantasie ein, und dabei passiert das Folgende, wie Heisenberg es in seiner Autobiographie schildert:

> Einige Tage genügten, um den am Anfang in solchen Fällen immer auftretenden mathematischen Ballast abzuwerfen und eine einfache mathematische Formulierung meiner Frage zu finden. In einigen weiteren Tagen wurde mir klar, was in einer solchen Physik, in der nur die beobachtbaren Größen eine Rolle spielen sollten, an die Stelle der [alten] Quantenbedingungen zu treten hätte. Es war auch deutlich zu spüren, dass mit dieser Zusatzbedingung ein zentraler Punkt der Theorie formuliert war, dass von da ab keine weitere Freiheit mehr blieb. Dann aber bemerkte ich, dass es ja keine Gewähr dafür gäbe, dass das so entstehende mathematische Schema überhaupt widerspruchsfrei durchgeführt werden könnte. Insbesondere war es völlig ungewiss, ob in diesem Schema der Erhaltungssatz der Energie noch gelte, und ich durfte mir nicht verheimlichen, dass ohne den Energiesatz das ganze Schema wertlos wäre.
>
> Andererseits gab es in meinen Rechnungen inzwischen auch viele Hinweise darauf, dass die mir vorschwebende Mathematik wirklich widerspruchsfrei und konsistent entwickelt werden könnte, wenn man den Energiesatz in ihr nachweisen könnte. So konzentrierte sich meine Arbeit immer mehr auf die Frage nach der Gültigkeit des Energiesatzes, und eines Abends war ich soweit, dass ich daran gehen konnte, die einzelnen Terme in der Energietabelle, oder wie man es heute ausdrückt, in der Energiematrix, durch eine nach heutigen Maßstäben reichlich umständliche Rechnung zu bestimmen.
>
> Als sich bei den ersten Termen wirklich der Energiesatz bestätigte, geriet ich in eine gewisse Erregung, so dass ich bei den folgenden Rechnungen immer wieder Rechenfehler machte. Daher wurde es fast drei Uhr nachts, bis das endgültige Ergebnis der Rechnung vor mir lag. Der Energiesatz hatte sich in allen Gliedern als gültig erwiesen, und – da dies ja alles von selbst, sozusagen ohne jeden Zwang herausgekommen war – so konnte ich an der mathematischen Widerspruchsfreiheit und Geschlossenheit der damit angedeuteten Quantenmechanik nicht mehr zweifeln.
>
> Im ersten Augenblick war ich zutiefst erschrocken. Ich hatte das Gefühl, durch die Oberfläche der atomaren Erscheinungen hindurch auf einen tief darunter liegenden Grund von merkwürdiger innerer Schönheit zu schauen, und es wurde mir fast schwindlig bei dem Gedanken, dass ich nun dieser Fülle von mathematischen Strukturen nachgehen sollte, die die Natur dort unten vor mir ausgebreitet hatte.

In der Nacht auf Helgoland ändert sich das Wissen, über das Menschen von den Atomen verfügen. Heisenberg verlässt alle bislang benutzten orthodoxen Wege, um rigoros neue Pfade oder andere Möglichkeiten des Weiterkommens zu erkunden. Dabei attestiert er sich selbst den Mut von Kolumbus, der bekanntlich auf seinem Seeweg, der ihn schließlich Amerika entdecken ließ, auch dann die eingeschlagene Fahrtrichtung beibehielt und nicht umkehrte, als die Vorräte gerade noch für eine Rückkehr gereicht hätten. So wie Kolumbus auf dem weiten Ozean nicht umdrehte, blieb Heisenberg in seinem engen Zimmer auf der Spur seiner Gedanken, um mit ihnen am Ende der Nacht ein inneres Amerika zu erreichen, das seiner Wissenschaft ebenso eine neue Welt eröffnete, wie es die Entdeckung des unbekannten Kontinents durch Kolumbus vollbracht hat. Er hat den Mut, «ins Leere zu springen», wie er in seiner Autobiographie bekennt, und landet dabei im Innersten der Natur. Heisenberg findet auf der Insel zu diesem Selbst, und die Nacht auf Helgoland geht mit dem Sonnenaufgang zu Ende, der ihm einen neuen Blick in die Unendlichkeit eröffnet, der nun allen Augen möglich wird. Das alte Wissen war mit Heisenbergs Erlebnis gestorben, das neue Wissen konnte werden, und mit ihm ließ sich eine neue Welt schaffen.

## *Das mystische Erlebnis*

Noch einmal zurück zu Heisenbergs Schilderung des nächtlichen Geschehens. Der beim ersten Lesen eher harmlos klingende und fast schlicht erzählte Text enthält einige Hinweise, die zum Verständnis der kreativen Leistung beitragen können, die Heisenberg hier gelingt. In dem ersten Satz unternimmt der junge Mann zum einen das, was Mystiker eine Waschung oder Reinigung nennen und was einen Vertreter der abendländischen Kultur an die Bemühungen des mittelalterlichen Philosophen Meister Eckhart erinnert, erst «leer zu werden», um erkennen zu können. Er verwandelt *ein* Problem der Physik in *mein* Problem, also zu «meiner Frage», wie er schreibt. Sie ist jetzt da angekommen, wo sie hingehört, in der Seele des jungen Menschen, in der sie nicht allein bleibt. Heisenberg überlässt sich nämlich im Folgenden seinen inneren Stimmen, denen er gelassen folgt, bis er eine Stelle erreicht, an der ihm «keine weitere Freiheit mehr blieb», wie er spürt. Jetzt und hier ist Kreativität möglich, denn in dem Moment und an diesem Punkt verschwindet jede Beliebigkeit seines Vorgehens, und die Wirklichkeit fordert ihre unverbrüchlichen Rechte, denen Heisenberg durch den Rückgriff auf den Energiesatz Rechnung trägt. Die Energie meint dabei keine technische Größe, mit der Maschinen funktionieren und die vom Staat oder von Unternehmen bereitgestellt wird und bezahlt werden muss. Die Energie meint sehr viel mehr und reicht tiefer. Von Psychologen wird sie als Archetyp dem Unbewussten zugerechnet, was in dieser Form Heisenbergs unverrückbares Festhalten an dem «heiligen Erhaltungssatz» (Max Planck) begreifbar macht, an dem einige Physiker in den 1920er Jahren vorsichtige Zweifel zeigten und dem sie keine durchgängige, sondern nur eine statistische Gültigkeit zubilligen wollten. Heisenberg vertraut der gefühlten und ihn erfüllenden Gewissheit über die Gültigkeit des Energiesatzes. Auf die mathematische Sprache, in der er seine Frage beantwortet, stößt er eher nebenbei und erwähnt sie auch nur am Rande. Allerdings verdient wenigstens ein Aspekt allergrößte Aufmerksamkeit, obwohl er in den meisten Darstellungen unter den Tisch fällt.

Zuvor aber noch eine Anmerkung zur Idee der Freiheit, die von philosophischer Seite gerne als «Einsicht in die Notwendigkeit» bezeichnet wird. Freiheit bedeutet dann, Entscheidungen mit Beachtung der erkannten Gesetze zu treffen und sich in geeigneter Weise auf Bedingungen einzulassen. Jeder kreative Künstler muss sich einer Form unterwerfen, ein Komponist etwa den Sonatensätzen in der Musik oder ein Dichter der Sonettform in der Lyrik. Die Freiheit der Kunst ist keine Beliebigkeit, sondern der Rahmen, in dem sich Kreativität zeigen und entfalten kann.

Heisenberg macht auf Helgoland eine Erfahrung, die unter anderem dem zeitgenössischen Komponisten Arnold Schönberg vertraut war, der eine neue Harmonielehre für die Musik aufstellte und bei seiner Kompositionsarbeit von dem Augenblick träumte, in dem es für das erschaffene Werk keine freie Note mehr gibt. Schönberg beginnt mit zwölf gleichberechtigten Tönen, die er nach den Gesetzen der Harmonie anordnen muss. Wenn er das Gesetz kennt und einhält, bleibt ihm irgendwann keine Freiheit – im Sinne einer willkürlichen Setzung – mehr.

Was für Schönberg die Noten sind, stellen für Heisenberg die mathematischen Symbole dar, mit denen er seine Gedanken auf dem

Papier festhält. Natürlich müssen sie in vieler Hinsicht stimmen, wie man auch in den Wissenschaften mit diesem nach Musik klingenden Wort sagt. Indem Heisenberg das physikalische Naturgesetz erblickt, liegen dessen theoretischen Töne fest. Er muss ihre Raumanweisung ausführen, und die «Melodie», die er erschafft und die dabei entsteht, ist das Gesetz der Atome. Vielleicht hat Heisenberg seinen Klang sogar gehört, als er die entscheidenden Zeichen vor sich auf dem Papier sah und in ihnen die Fülle der von der schöpferischen Natur vor ihm ausgebreiteten Schönheit erblickte, von der er erzählt hat.

### *Das Feuer des Heraklit*

Als einer der Ersten hat der Philosoph Heraklit den Begriff des Werdens benutzt und ihn sogar an die erste Stelle seiner Weltbeschreibung gesetzt. Für Heraklit unterliegen die Erscheinungen einem dauernden Wandel, und für diese permanente Bewegung – «Alles ist Bewegung», sagt der Romantiker, «panta rhei», sagt der Grieche – macht der Philosoph aus dem ionischen Ephesos das Feuer verantwortlich, das er als einen Grundstoff ansieht.

Die moderne Physik ist dieser Lehre des Heraklit außerordentlich nahe gekommen, wie man leicht erkennen kann, wenn man das «Feuer» durch die «Energie» ersetzt, die zum einen als Ursache aller Veränderungen in der Welt angesehen werden kann und die zum Zweiten «immer war, ist und sein wird», wie der Erhaltungssatz für die Energie nahelegt, der auch als Erster Hauptsatz der Wärmelehre bekannt ist. Da nach der Relativitätstheorie Energie und Masse im Wesentlichen das Gleiche sind, kann man sagen, dass alle Atome aus Energie bestehen, die damit zur Grundsubstanz – oder zur wohlverstandenen Ursache – der Existenz wird, und zwar mit einer besonderen Wendung. Wenn nämlich die Atome und ihre Elementarteilchen wie das Feuer des Heraklit zu verstehen sind, darf man fragen, ob ihnen die Eigenschaft überhaupt zugesprochen werden kann, die Philosophen als das «Sein» bezeichnen. Atome liegen mehr als Möglichkeit oder als etwas vor, das eine Tendenz zu dem Sein erkennen lässt, das sich ihren Beobachtern offenbart. Die Zustände von Atomen, die Physiker seit den Tagen von Bohr mit Quantenzahlen beschreiben, stellen deshalb weniger eine Wirklichkeit und mehr ein Meer von Möglichkeiten dar, die mit anderen koexistieren können. Wenn eine von ihnen realisiert und ein Atom oder ein Elementarteilchen erzeugt wird, nimmt die Energie die dazugehörige Form an. Atome sind nicht wirklich, aber möglich. Das Potentielle ist wichtiger als das Reelle, ganz wie die Romantiker meinten. Das Feuer des Heraklit, die Energie, macht es möglich, und man kann nur darüber staunen, wie es ihr gelingt, im Universum erhalten zu bleiben, während sie sich an jedem Ort und dauernd wandelt und in immer neuen Gestalten erscheint und wirkt.

## *Zur Methode der Wissenschaft*

Was das Vertrauen in die als archetypisch charakterisierte Energie angeht, so wird bei Darstellungen der Wissenschaft nur wenig auf die inneren Quellen geachtet, aus denen Physiker schöpfen und ihre Überzeugungen hervorgehen. Die philosophische Literatur hält sich an dieser Stelle vornehm zurück, obwohl Pauli dazu einen dezidierten Vorschlag gemacht hat. Er kommt allerdings aus der Psychologie. Pauli weist ausdrücklich die bis heute von Wissenschaftstheoretikern verbreitete und eher schlichte Ansicht zurück, «dass Theorien durch zwingende logische Schlüsse aus Protokollbüchern abgeleitet werden». Physikalische Theorien kommen nach Paulis Erfahrungen und historischen Untersuchungen zufolge dadurch zustande, dass (wie auch immer) vorgegebene innere Bilder der Psyche mit äußeren Objekten und ihrem Verhalten zur Deckung kommen. Er spricht dabei von archetypischen Bildern. Sie entstammen der Seele und liefern innere Gewissheiten, weshalb Pauli die Forscher auffordert, die entsprechenden seelischen Grundlagen ihres Wissens ausführlicher zu erkunden. Eine entsprechend psychologisch fundierte Untersuchung der Revolutionäre in der Wissenschaft ist bis heute unterblieben. Als würden die Philosophen Angst vor dem Dunkel der Seele haben, das die Physik aus dem Hintergrund beeinflusst.

Das Atom ist deshalb für Pauli weder ein logisches noch ein empirisches Konzept, sondern nur archetypisch zu verstehen (womit man auch erklären kann, warum Menschen an dem Wort festhalten, das schon längst nicht mehr zutrifft, da Atome vielfach teilbar sind). Dasselbe gilt für die Energie, mit der Heisenberg auf Helgoland operiert. Pauli entwickelt seine allgemeinen Erkenntnisvorstellungen aus Erfahrungen, wie er sie bei Johannes Kepler gefunden hat. Der gläubige Protestant Kepler hat in seinen Schriften seine Erfahrung betont, dass wissenschaftliche Einsichten dann gelingen, wenn die äußeren Bilder der Wahrnehmung mit den inneren Bildern übereinstimmen, die von der Seele geliefert werden. Der Grundgedanke einer solchen Epistemologie findet sich bereits bei Platon, der von Ideen spricht, an die sich Menschen erinnern, wenn sie etwas erkennen. Kepler identifiziert dieses archetypische – archaische, urbildhafte, primordiale – Material als Bilder seiner Seele; man könnte – im Sinne von C.G. Jung – von kollektiven Komponenten des Unbewussten sprechen, die darauf warten, ins Bewusstsein gehoben zu werden, um mit seiner Hilfe und in ihm als Erkenntnis zu erscheinen.

Damit lässt sich präzisieren: Wem es gelingt, das Archetypische in Form von Symbolen ins Bewusstsein zu bringen und zu einer Erkenntnis werden zu lassen, der gilt als kreativ. Pauli drückt dies bescheidener aus und spricht nur davon, dass sich unter dieser Vorgabe besser sagen lässt, worin eine wissenschaftliche Methode besteht, nämlich darin, sich «eine Sache immer wieder vorzunehmen, über den Gegenstand nachzudenken, sie dann wieder beiseitezulegen, dann wieder neues empirisches Material zu sammeln, und dies, wenn nötig, Jahre fortzusetzen. Auf diese Weise wird das Unbewusste durch das Bewusstsein angekurbelt, und wenn überhaupt, kann nur so etwas dabei herauskommen.»

### *Matrizen und imaginäre Dimensionen*

In seiner Schilderung der nächtlichen Gelassenheit auf Helgoland erwähnt Heisenberg den Begriff der «Energiematrix», den er noch nicht kannte, als er sich in den späten Stunden am Meer seinen inneren Eingebungen anvertrauen konnte und überlassen wollte. Er merkte nur, dass einfache Zahlenwerte nicht mehr ausreichten, um die vielen Messergebnisse zu fassen. Die Lage besserte sich erst, als er sie in Form einer «Energietabelle» zusammenstellte, wie er es in der zitierten Textstelle nennt. Erst als er wieder in Göttingen ist und seinen Chef Born «Über [die] quantentheoretische Umdeutung kinematischer und mechanischer

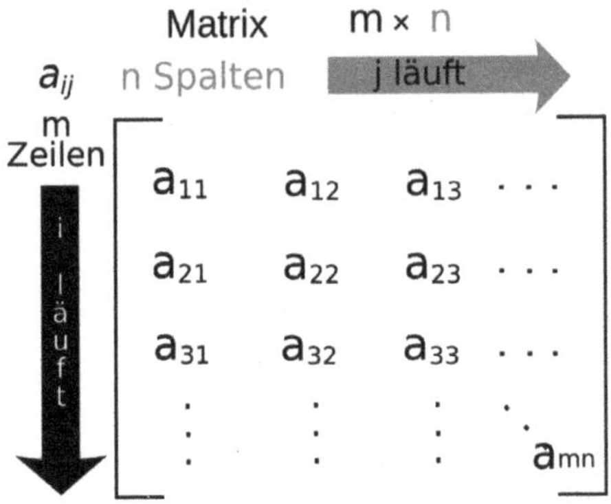


Abb. 17: Eine Zahlenmatrix

Beziehungen» informiert, die er in der Nacht auf Helgoland vornehmen konnte und unter diesem Titel in der *Zeitschrift für Physik* publizieren wird, erkennt der ältere und erfahrene Physiker, dass sein junger Mitarbeiter bei seinem ihm «mystisch» erscheinenden Geniestreich und dem daraus resultierenden «merkwürdigen Kalkül» einen Dialekt wiederentdeckt hat, den Mathematiker bereits im 19. Jahrhundert ihrer Sprache hinzugefügt hatten und seitdem in ihrer Disziplin Algebra verwenden. Es ging ihnen darum, Zahlen zu erweitern und zum Beispiel in rechteckigen Anordnungen – etwa vier mal vier Matrizen – zusammenzustellen, weil sich auf diese Weise umfangreichere Gleichungssysteme besser handhaben ließen. Man hoffte, sie damit in gegenseitiger Abhängigkeit verstehen und vielleicht sogar auflösen zu können (Abb. 17).

Das Wort Matrix leitet sich vom lateinischen «Muttertier» ab, was man amüsiert zur Kenntnis nehmen kann, um sich das Wichtigste klarzumachen, wenn man von Zahlen zu Blöcken aus ihnen übergeht, die dann in Form von Matrizen notiert werden. Während es bei Zahlen wie a und b keine Rolle spielt, in welcher Reihenfolge sie multipliziert werden – a mal b ist gleich b mal a, wie das entsprechende kommutative Gesetz besagt, das sich leicht mit dem kleinen und großen Einmaleins überprüfen lässt –, gilt dies bei Matrizen nicht mehr. Das heißt, A mal B kann verschieden von B mal A sein, wenn mit den großen Buchstaben Matrizen gemeint sind. Schreibt man Matrizen mit vielen Reihen und Spalten, lässt sich in ihnen eine Diagonale ausmachen, deren Zahlen sich physikalisch anders deuten lassen als die verbleibenden Zahlen um die diagonale Spur herum. Diagonalelemente tragen zwei gleiche Indizes – $a_{22}$ zum Beispiel –, während die anderen Parameter der Matrix zwei verschiedene Indizes benötigen – $a_{34}$ zum Beispiel. Diagonalelemente lassen sich physikalisch so deuten, dass sie Auskünfte über die Wahrscheinlichkeit etwa für ein Atom geben, in dem bestimmten Zustand zu sein und zu bleiben, der durch die Zahlen bezeichnet wird. Und die anderen Matrixelemente mit verschiedenen Ziffern informieren über die Wahrscheinlichkeit, mit der Atome von einem Zustand in einen anderen wechseln können, wie es die Zahlen angeben.

Hier sei ein kurzer Einschub für technisch oder theoretisch physikalisch interessierte Leser gestattet. Allgemein kennzeichnet man ein Matrixelement mit zwei Indices n und m, also $a_{nm}$, wobei n die Reihe und m die Spalte meint, in der das Element zu finden ist. Heisenberg hatte sich vorgenommen, ein Atom als ein System von schwingungsfähigen Gebilden (Oszillatoren) anzusehen, die von einem Zustand n in einen Zustand m übergehen können, was eben durch das Symbol $a_{nm}$ ausgedrückt werden kann. Dafür konnte er klassische Gesetze veranschlagen, die er anschließend in der Matrix quantentheoretisch umdeutete, wie es der Titel seiner Arbeit ankündigt, der oben zitiert wurde. Dabei nahm Heisenberg von seinem eigenen Vorsatz, nur beobachtbare Größen in seine Theorie aufzunehmen, zwar ein wenig Abstand, aber dies bringt einen Beobachter nur noch mehr zum Staunen darüber, wie der junge Mann auf Helgoland mit genialer Intuition an jeder Stelle die richtigen Größen gewählt hat. Um drei Uhr morgens brachten sie ihm schließlich die Erleuchtung in Form der Gewissheit, dass die Energie bei allen atomaren Geschehen zeitlich konstant bleibt.

Zu Heisenbergs «quantentheoretischer Umdeutung» seiner Wissenschaft gehört etwas Besonderes, nämlich der Abschied von einfachen Zahlen bei der Erfassung der Natur. Während alle physikalischen Gesetze vor dem Inselerlebnis als Relationen zwischen Größen geschrieben wurden, die nach einer entsprechenden Messung als gewöhnliche Zahlen vorlagen – $E = h\nu$, $E = mc^2$ oder Kraft gleich Masse mal Beschleunigung zum Beispiel –, waren es jetzt Matrizen – anfangs in Form von Heisenbergs Energietabellen –, die dort auftauchten. Der Ort q eines Elektrons musste zur Matrix Q und der Impuls p eines Elektrons zur Matrix P umgedeutet oder umgeformt werden: Als sich Born und sein mathematisch besonders versierter Kollege Pascual Jordan in Göttingen über Heisenbergs Vorschlag beugten und sein Gekritzel genauer ansahen – das Ganze «sieht sehr mystisch aus», wie sich Born Einstein gegenüber in einem Brief wunderte –, fiel den beiden etwas auf, das ein öffentliches Be- und Verwundern in einem viel höheren Maß verdient hat, als ihm bis zu diesen Tagen zugestanden wird. Born und Jordan fiel nämlich auf, dass sich die Essenz von Heisenbergs Geniestreich und der gesamten Quantenmechanik der Atome in einer einzigen und zudem klitzekleinen Zeile schreiben lässt. Mit ihr und ihren Symbolen wird deutlich, dass nicht Einzelwerte ihren Rang haben, sondern dass es Unterschiede und Differenzen sind, mit denen die physikalische Welt am Laufen gehalten wird (und vielleicht nicht nur die physikalische, sondern die ganze Welt). Das erinnert an das erste Verständnis von Atomen, das Bohr zu verdanken ist, dem es in seinem Modell nicht auf die einzelnen Zustände von Elektronen in der atomaren Hülle ankam, sondern auf die Springerei dazwischen. Physikalisch ausschlaggebend war jetzt weder die Matrix Q noch die Matrix P. Entscheidend war die Differenz der Produkte QP bzw. PQ, und diese Differenz konnte man nicht nur angeben, sie brachte zudem zwei Überraschungen mit sich – eine erfreuliche und eine erstaunliche. Zuerst das Erfreuliche: Wenn man die Ergebnisse der Produkte QP und QP voneinander abzog, trat das Quantum der Wirkung auf, was physikalisch befriedigend war, da ja beobachtende Eingriffe die damit erfassten Sprünge auslösten. Erstaunlich und verwirrend war darüber hinaus aber, dass bei der Bildung der Differenz nicht nur eine messbare Größe, sondern eine Zahl auftrat, die es in der Wirklichkeit gar nicht gibt. Gemeint ist die imaginäre Einheit i, die gleich ihren Auftritt bekommt, nachdem endlich das knappe Grundgesetz der atomaren Welt in Matrixform vorgestellt wird. So sieht die Gleichung mit den Symbolen aus, mit deren Hilfe die Physik sagen kann, was die Welt im Innersten zusammenhält:

$$QP-PQ = ih/2\pi \text{ oder } QP-PQ = i\hbar$$

Man sollte historisch korrekt sagen, dass diese bei aller inneren Komplexität äußerlich einfache Relation zum ersten Mal in der sogenannten «Dreimännerarbeit» nachzulesen ist, die 1926 erschienen ist und so heißt, weil in ihr ein Trio von Autoren auftritt – eben Born, Heisenberg und

Jordan. Ihr Aufsatz kündigt im Titel an, dass sich die drei Autoren «Zur Quantenmechanik» äußern. Und mit diesem Wort gibt die Dreimännerarbeit dem neuen Land, das die Wissenschaft und die Menschheit dank Heisenbergs Pioniertat erreicht haben, erstmals einen angemessenen und seit dieser Zeit verwendeten Namen. Während Heisenberg noch aus der alten «Quantentheorie» kam, in der man Physik wie im 19. Jahrhundert trieb, nur dass man ihr die Quanten von Planck hinzugefügt hatte, konnte man jetzt stolz das offene Gelände betreten, auf dem mit neuen Größen in Form von Matrizen operiert und mit imaginären Zahlen verstanden wird, wie Atome funktionieren, wie diese «Ursachen» zu den Sachen in Form von Materie werden, wie sie in diesem Zustand Licht auszusenden vermögen und dabei trotzdem stabil bleiben.

Als Born die oben notierte und aus seiner Gedankenwelt aufgetauchte Gleichung erstmals vor sich auf dem Papier sah, hütete er sich, seinem Freund Einstein davon zu erzählen, so verrückt kam ihm das alles vor. Später wird man die Gleichung so verstehen, dass die (mathematische) Matrix für den Ort dessen (physikalische) Messung repräsentiert, so wie analog auch die Matrix für den Impuls dessen Ermittlung erfasst. Heisenberg hatte sofort verstanden, dass durch sein Inselerlebnis eine völlig neue Physik in dem Sinne entstanden war, dass seine Wissenschaft jetzt weniger die Natur selbst erfasst und mehr von dem handelt, was Menschen durch die Vermessung der Welt und das Einbetten der Daten in Matrizen über sie wissen können. In diesem Fall zeigt die obige Gleichung, dass es nicht gleichgültig ist, ob man erst die Position und dann die Geschwindigkeit eines Elektrons bestimmt oder die Messung in umgekehrter Reihenfolge vornimmt, wobei niemand übersehen wird, dass es Plancks Wirkungsquantum ist, das zu der Differenz führt (ohne dass sich auf diese Weise erschließt, wie die Quanten sich da im Detail einmischen und ihr Recht behaupten).

### *Imaginäre Zahlen*

Das Thema der Reihenfolge von Messungen wird später noch zur Sprache kommen und hier erst einmal zur Seite geschoben, um auf den merkwürdigen Buchstaben i aufmerksam zu machen, der rechts von dem Gleichheitszeichen steht und trotz seiner Winzigkeit nicht übersehen werden sollte, weil er etwas vollkommen Verblüffendes erkennen lässt.

Das kleine i kannten die Mathematiker bereits seit Jahrhunderten als imaginäre Einheit. Ihren Namen hat sie durch den großen Leonhard Euler im 18. Jahrhundert bekommen. Mit dem i ist eine Zahl gemeint, deren Quadrat negativ ist, genauer gilt $i^2 = -1$ oder andersherum $i = \sqrt{-1}$. Mathematiker haben lange gezögert, bevor sie sich bereit zeigten, auf solche Zahlen einzugehen, mit denen sich nichts abzählen ließ. Es gibt ein, zwei oder drei Äpfel oder Birnen, aber was sollen i Früchte sein?

Menschen kennen erst einmal nur die natürlichen Zahlen, also 1, 2, 3 und so weiter, von denen man ruhig einmal annehmen kann, dass sie gottgegeben und also ein Geschenk sind. Im Laufe der Geschichte gelang es den Erdbewohnern, auch mit negativen oder gebrochenen Zahlen umzugehen, wobei Eltern noch merken können, was für Schwierigkeiten im Laufe der Mathematikgeschichte zu überwinden waren, wenn sie beobachten, wie viel Mühe es ihnen und ihren Kindern bis heute macht, den Umgang mit Brüchen zu lernen. Was kommt heraus, wenn man 1/2 durch 1/4 teilt?

Irgendwann in den Jahren der Renaissance tauchten bei damaligen Rechenmeistern Gleichungen auf – zum Beispiel $x^2 + 1 = 0$ –, die simpel aussahen und daher auch eine einfache Lösung haben sollten, nur konnte man sie nicht unter den gewöhnlichen Zahlen finden. Beim Herumprobieren mit solchen Aufgaben verfielen die Mathematiker auf das kleine i, das für «imaginär» steht und Zahlen wie 4i oder 10i von den wirklichen unterscheiden sollte, die Mathematiker schließlich reelle Zahlen nannten, wofür man auch das Attribut «real» hätte nehmen können. Messergebnisse für physikalische Größen ergeben ausschließlich reelle oder reale Zahlen, weshalb sie allein in den Gleichungen der Theoretiker erwartet und eingesetzt wurden – bis Heisenberg kam, mit Born und Jordan sprach und dem Trio auffiel, dass nach der quantentheoretischen Umdeutung der Physik die quantenmechanischen Gesetze ihrer Wissenschaft mit imaginären Zahlen zu schreiben waren und sich die unwirkliche (imaginäre) Einheit als geradezu essentiell erwies, wie die Gleichung mit den Matrizen oben erkennen lässt.

Übrigens – es lohnt sich und ist auch möglich, noch etwas tiefer in die Quantenmechanik einzusteigen. Man sollte versuchen, die kompakte Form $QP-PQ = i\hbar$ nicht so hinzunehmen wie etwa eine Tablette,

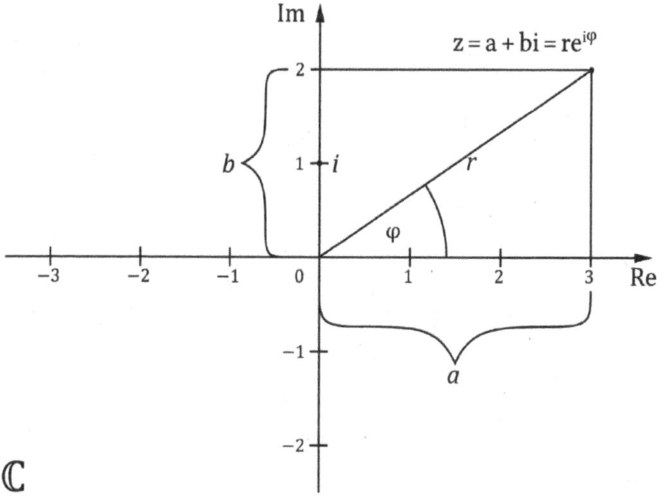


Abb. 18: Komplexe Zahlenebene
*Eine komplexe Zahlenebene entsteht aus einer Achse mit realen Zahlen 1, 2, 3 … und einer Achse senkrecht dazu mit imaginären Einheiten – i, 2i, 3i … Die komplexe Zahl 2+3i lässt sich dann als Punkt in der Ebene angeben. Das mag vertrackt erscheinen, aber damit kann man im Innersten der Welt ankommen und Atome verstehen.*

die man in seiner Hand halten und einfach schlucken kann. In dem kleinen unscheinbaren Ding stecken Jahrzehnte wissenschaftlicher biomedizinischer Grundlagenforschung, viele Jahre von klinischen Studien, Millionen von Investitionen und vernetzte globale Vertriebswege, die man der Pille natürlich nicht mehr ansieht, wann man sie aus einer Schachtel holt und seinem Körper zuführt. Der kompakten Gleichung mit den Matrizen sieht man ebenso wenig all die vielen Vorarbeiten von vielen Menschen an.

Das kleine mathematische i taucht wie der Phönix aus der Asche in der Physik auf, und wie es sich in Heisenbergs Überlegungen in Helgoland eingeschlichen hat, entzieht sich einer genaueren historischen Erkundung. Es gibt zum einen ein Notizbuch des Schülers aus den Jahren 1913/14, in dem er sich an der Gleichung $x^8 = 1$ probiert und deren acht

Lösungen notiert, zu denen nicht nur $x = 1$ und $x = -1$ gehören, sondern auch $x = i$, $x = -i$, $x = \sqrt{i}$, $x = -\sqrt{i}$ und noch mehr von dieser Art. Es ist darüber hinaus zum Zweiten bekannt, dass Sommerfeld in seinen Vorlesungen die imaginären Zahlen als zweite Dimension einer komplexen Zahlenebene vorgestellt und Atome gerne damit berechnet hat (Abb. 18). Diese Ebene wurde von Carl Friedrich Gauß im 19. Jahrhundert eingeführt, um den imaginären Zahlen ihren Schrecken zu nehmen und sie eher schlicht als eine zweite Dimension neben der ersten der reellen Zahlen zu bestimmen, die man früher als einen Zahlenstrahl zeichnen konnte. Gauß ärgerte sich dabei über den mystifizierenden Ausdruck «imaginär». Er sprach lieber von «lateralen Zahlen», ohne sich allerdings mit seinem Vorschlag durchsetzen zu können. Und so sahen Born und Heisenberg zusammen mit Jordan im Sommer 1925 in Göttingen, dass sie die Wirklichkeit der Atome mit imaginären Zahlen darstellen müssen und können, was sich mit der neu gewonnenen Dimension auch durch den etwas ungewohnt klingenden Satz ausdrücken lässt, dass man die Realität transzendieren muss, um sie beschreiben zu können. Von einem In-der-Welt-Sein konnte bei Atomen keine Rede mehr sein, höchstens von einem «In-die-Welt-Kommen», und zwar durch den Zugriff des Menschen. Tatsächlich überschreiten imaginäre Zahlen die Grenze des Wirklichen. Sie gehören nicht der diesseitigen Welt, dafür aber einer transzendenten (jenseitigen) Sphäre an. Und die Tür zu ihr konnte Heisenberg öffnen, als seine Gedanken im Innersten der Welt angekommen waren, wobei er das, was ihm da begegnete, als Menschenwerk identifizieren konnte. Was war das Imaginäre denn sonst außer Menschenwerk, und so machte Heisenberg auf Helgoland die existentielle Erfahrung, dass der Mensch im Innersten der Welt nur noch auf sich selbst trifft und dabei auf seine Geschichte stößt. Er hatte die blaue Blume der Quantenphysik gefunden und pflücken können, auch wenn er noch Zeit brauchte, um sein Glück zu verstehen und die Menschen daran teilhaben zu lassen.

## *Die Vorstellung des Quanteneis*

Im Dezember 1925 wird Heisenberg vierundzwanzig Jahre alt. Im Januar 1926 schreibt er seinen Eltern vom «Glück, wie [er es] in den letzten Monaten in Göttingen» erlebt hat und auskosten kann. Im März fährt er mit Freunden nach Italien und besteigt den Vesuv und den Ätna, und ebenfalls noch im Frühjahr 1926 bekommt er zum ersten Mal einen Ruf auf eine Professur. Die Universität Leipzig bietet ihm den Lehrstuhl für Theoretische Physik an, was ihn weniger freut, als dass es ihn ins Grübeln bringt. Im Mai informiert er seine Eltern: «Heut hab ich den Ruf nach Leipzig endgültig abgelehnt», denn «man ist ja nicht dazu da, Ämter zu bekleiden, sondern zu sehen, ob man etwas fertigbringt» in der Wissenschaft, und deshalb entscheidet er sich erst einmal gegen Leipzig, um vor dem Antritt einer Professur noch einmal als Assistent zu Bohr nach Kopenhagen gehen zu können.

Mit zu den Gründen für die Absage haben Ratschläge von Physikerinnen und Physikern mit großen Namen beigetragen, unter anderem Empfehlungen von Lise Meitner, Max Planck und Albert Einstein. Mit ihnen kann Heisenberg sprechen, als er im April 1926 in Berlin zu dem physikalischen Kolloquium eingeladen wird, dessen Tradition auf den großen Hermann von Helmholtz im 19. Jahrhundert zurückgeht und zu dem alle Gelehrten der Berliner Universität erwartet werden. Die «Bonzen waren alle da», berichtet er seinen Eltern stolz in einem Brief und fügt hinzu: «Alle rieten mir einstimmig, nach Kopenhagen zu gehen.» Besonders Einstein setzte sich für eine weitere Kooperation mit Bohr ein. Der populäre Star am Himmel der Physik hat den immer noch jugendlichen Heisenberg nach seinem Vortrag sogar eingeladen, ihn in seiner Berliner Wohnung zu besuchen und mit ihm zu diskutieren.

Das Helmholtz-Kolloquium mit Heisenberg stellte die erste Gelegenheit zu einer öffentlichen Präsentation der neuen Quantenmechanik dar. An der Universität hatte sich längst herumgesprochen, dass in der Physik etwas Bedeutendes passiert war. Unter anderem hörte ein damals zwanzigjähriger Student namens Max Delbrück davon, der sich eigentlich der Astronomie widmen wollte und an Messungen zu einer umfassenden Durchmusterung des Himmels beteiligt war. Das Erscheinen der Quantenmechanik sollte seine Lebensplanung umkrempeln. Sein Wechsel zur neuartigen Atomphysik begann mit dem Besuch von Heisenbergs Vortrag. Als Delbrück kurz vor dem Hörsaal noch zögerte, welche Tür er nehmen sollte, sah er von der einen Seite Einstein und von der anderen Seite einen weiteren Nobelpreisträger, Walther Nernst, herankommen, der den «Nernst des Lebens» repräsentierte, wie unter Kollegen gern geflachst wurde. Als die beiden sich am Eingang zum Hörsaal begrüßten, fragte Nernst, was von Heisenberg zu erwarten sei. «Er hat ein Quantenei gelegt», hörte Delbrück Einstein antworten, «und jetzt wollen wir einmal sehen, ob man es ausbrüten kann.»

Von diesen Worten hat Delbrück dem Autor dieser Zeilen selbst erzählt, der in den 1970er Jahren seine eigene Doktorarbeit bei Delbrück anfertigen konnte. Der gebürtige Berliner war in den 1930er Jahren in die USA gegangen und arbeitete seit 1947 als Professor in Kalifornien. Delbrück konnte sich fünfzig Jahre nach Heisenbergs Kolloquium in Berlin immer noch gut an den Vortrag und das Drumherum erinnern, wobei er sicher war, dass fast niemand im Saal – er selbst eingeschlossen – verstanden hatte, welches Wunderwerk Heisenberg mit seinen Matrizen und Vertauschungsrelationen den Zuhörerinnen und Zuhörern vorführte. Heisenberg wusste, dass es Schwierigkeiten mit den ungewohnten Begrifflichkeiten und mathematischen Symbolen geben würde, er hoffte aber, Einsteins Interesse wecken zu können, und freute sich deshalb ungemein auf die Gelegenheit, nach dem Kolloquium privat mit ihm zu sprechen.

Bei dem Treffen in Einsteins Wohnung ging der große Mann der Physik gleich auf den zentralen Punkt zu, indem er Heisenberg fragte, woher er den Mut nehme, die Elektronenbahnen abzuschaffen, die man doch in Nebelkammern sehen könne. In diesen Apparaten indirekt schon, räumte der Gefragte ein, aber doch nicht direkt im Atom. Er habe versucht, in seine Überlegungen nur Größen aufzunehmen, die sich beobachten lassen. In dem langen Gespräch überraschte Einstein Heisenberg mit seiner Überzeugung, dass dieser Vorsatz kaum einen Ertrag bringen könne, entscheide doch umgekehrt eine Theorie darüber, was sich beobachten lässt, auch wenn sich der Umgang, den Menschen mit der Welt haben, über die Sinne vollzieht. Natürlich müsse man über das Erfahrene reden, und niemand wisse, ob die Sprache des Alltags ausreiche, um die Ereignisse in der Welt der Atome zu beschreiben, räumte Einstein ein, der in dem Gespräch noch wissen wollte, was Heisenberg so sicher mache, dass er auf dem richtigen Weg sei, könne doch niemand die vielen offenen Fragen in der Physik übersehen.

Heisenberg bekannte an dieser Stelle, «dass ich hier ein ästhetisches Wahrheitskriterium verwende, insofern ich von Einfachheit und Schönheit spreche», womit er nicht zuletzt die mathematischen Formen meinte. Bereitwillig räumte er ein, dass manche Menschen – vor allem Laien – Schwierigkeiten haben, dem algebraischen Schema der Quantenmechanik diese Doppelqualität zuzubilligen, also in seinen Formen oder Formeln Schönheit und Einfachheit zu erkennen, aber mit ihnen auch der Wahrheit gegenübertreten zu können.

Einstein konnte sich über diese «innere Stimme» Heisenbergs nur wundern. Sagte seine eigene «innere Stimme» ihm doch etwas anderes, wie er seinem Freund Born im Dezember 1926 schrieb. Zwar sei die Quantenmechanik «sehr achtungsgebietend», wie er es formulierte, «aber dem Geheimnis des Alten bringt sie uns kaum näher». Dem von Heisenberg gelegten Quantenei fehlte es laut Einstein noch an Geschmack. Doch an der nötigen Würze wurde schon gearbeitet.

# 7
# Ferien in Arosa (1926/27)

Als das Helmholtz-Kolloquium im April 1926 über die Bühne ging und es zwischen Einstein und Heisenberg zu einer ersten Debatte über die Bedeutung der Quantenmechanik kam, beschäftigte den berühmten Mann mit den wilden Haaren in Berlin noch ein ganz anderes und eher betuliches Phänomen. Er grübelte über Teetassen nach, über die für jedermann leicht festzustellende Tatsache, dass sich die zerstreuten Teeblätter in einem Glas nach dem Umrühren zur Mitte hin orientieren, bevor sie auf dem Boden zu liegen kommen und dort ein zentrales Häufchen formen. Einstein erholte sich bei den Betrachtungen der sichtbaren Teetassenvorgänge von den unsichtbaren Quantensprüngen, und er analysierte die Bewegung der Blätter in dem kreisenden Wasser derart gründlich und mit solch einem Entzücken, dass er dabei sogar bis zu der Ursache der Mäanderbildung von Flüssen auf einer rotierenden Erde vorstoßen konnte, womit die regelmäßigen Krümmungen und Biegungen von Wasserläufen gemeint sind, die sich selbst einem oberflächlichen Blick auf Landkarten zu erkennen geben. Welch wunderbare Wissenschaft, die in einem kleinen Glas beginnt, phantasievoll auf der großen Erde ankommt und die ganze Welt verständlicher und zugänglicher machen kann, ohne dass sie dabei ihren Zauber verliert.

Um physikalische Hilfestellung zum Verständnis des harmlos anmutenden Teetassenphänomens hatte bei Einstein ein berühmter Kollege nachgefragt, und zwar der aus Wien stammende Theoretische Physiker Erwin Schrödinger, der damals als Professur in Zürich arbeitete und lebte. Er hatte Einstein von dort aus um eine «vernünftige Erklärung» für das Phänomen gebeten, nachdem der Gelehrte selber passen musste und nicht weiterwusste, als Frau Schrödinger ihren Gatten auf die Versammlung der Teeblätter im Zentrum des Tassenbodens aufmerksam gemacht und den ihr angetrauten Physikprofessor nach einer physikalischen Begründung für diesen wirbelnden Verlauf mit schönem Ende gefragt hatte.

Einstein und Schrödinger hatten sich im September 1924 auf der Tagung Deutscher Naturforscher und Ärzte in Innsbruck kennengelernt. Schrödinger hatte Physik studiert, sich 1914 habilitiert und seitdem regelmäßig mit Einstein über Fragen der Allgemeinen Relativitätstheorie korrespondiert. Jetzt in Innsbruck trafen sich die Briefpartner erstmals von Angesicht zu Angesicht und kamen ins Gespräch, das sich – abgesehen von den Bewegungen in der Teetasse – von da an vor allem um die aktuellen Quantenphänomene und ihre Interpretation drehte. Einstein hatte gerade die oben erwähnte Arbeit «von Bose» übersetzt und publizieren lassen. Schrödinger interessierte sich schon länger für statistische Fragen, stammte er doch aus Wien, der Heimat von Ludwig Boltzmann, auch wenn er dessen Vorlesungen nicht mehr hatte hören können. Als Schrödinger gerade mit seinem Studium beginnen wollte, hatte Boltzmann seinem Leben in Duino bei Triest, der Stadt von Rilkes Elegien, ein Ende gesetzt. Ein anderer Österreicher, der Philosoph Karl Popper, hat in seinen Lebenserinnerungen die Ansicht vertreten, Boltzmann müsse gespürt haben, wie allmählich subjektive Elemente in die Physik kamen, die er bisher für einen Hort der objektiven Beweisführung gehalten hatte. «Mit dieser Einsicht mögen seine Depression und sein Selbstmord zusammenhängen», meinte Popper und weist dabei zugleich auf die vielfach unterschätze Leidenschaft hin, mit der Naturforscher ihren Themen nachgehen.

Übrigens – so mancher Physiker ist an statistischen Fragen seiner Wissenschaft gescheitert, was einen amerikanischen Dozenten, David Goldstein, dazu gebracht hat, sein Lehrbuch über *States of Matter,* über die Zustände der Materie, mit der Warnung einzuleiten: «Ludwig Boltzmann, der einen großen Teil seines Lebens der statistischen Mechanik widmete, starb 1906 von eigener Hand. Paul Ehrenfest, der seine Arbeit fortsetzte, starb 1933 unter ähnlichen Umständen. Nun sind wir an der Reihe, uns der statistischen Mechanik anzunehmen. Vielleicht ist es eine gute Idee, vorsichtig an die Sache heranzugehen.»

## *Wellenmechanik*

Als sich Einstein und Schrödinger in Innsbruck trafen, hatte der Mann aus Wien schwierige Zeiten hinter sich. Zu der unruhigen politischen Lage und der wachsenden Inflationsgefahr kam die Tatsache, dass seine Eltern gerade gestorben waren und er unter Lungenproblemen litt, was durch sein starkes Rauchen nicht besser wurde. Schrödinger war zwar seit 1920 mit Annemarie Bertel verheiratet, aber die beiden führten eine offene Beziehung: Annie hatte sich auf ein Verhältnis mit Schrödingers Züricher Kollegen Hermann Weyl, dem bereits erwähnten Mathematiker, eingelassen, was die Freundschaft der beiden Professoren aber keineswegs getrübt hat. Schrödinger revanchierte sich mit der Beziehung zur Frau eines anderen Kollegen, die Hildegunde March hieß und in den 1930er Jahren Mutter seiner Tochter Ruth wurde. Als Schrödinger in den Jahren des Zweiten Weltkriegs nach Irland ausweichen konnte und von 1939 bis 1956 in Dublin lebte, wohnte er dort mit seinen beiden Frauen Hildegunde und Ruth zusammen, was ihn aber nicht daran hinderte, weitere Liebschaften zu beginnen und einige davon sogar in Versen zu besingen.

Seinem Konkurrenten und Kollegen Hermann Weyl verdankt die neugierige Nachwelt den Hinweis, dass Schrödinger seinen größten Beitrag zur Physik einem erotischen Abenteuer in seinem Leben verdankt: «Schrödinger did his great work during a late erotic outburst in his life.» Als der Physiker die Weihnachtstage und den Jahreswechsel 1925/26 in der schönen Villa Herwig im Skiort Arosa verbringen wollte, lud er eine Freundin aus alten Wiener Tagen ein, ihn in die Berge zu begleiten. Die Notizen Schrödingers aus diesen Tagen sind verschwunden, und so bleibt seine Weihnachtsliebe bis heute unbekannt. Dem offenbar inspirierenden Zusammensein mit der unbekannten Schönen verdankt die Menschheit eine dramatische Zuspitzung in Schrödingers kreativem Schaffen, die in Arosa einsetzte, seit den dort verbrachten Tagen etwa ein Jahr anhielt und in deren Verlauf vier eindrucksvolle Arbeiten – er publiziert sie als «Mitteilungen» – zustande kamen. Sie berichten alle von der «Quantisierung als Eigenwertproblem», wie es in den Überschriften heißt, und erschienen 1927 zusammen unter dem Titel *Abhandlungen zur Wellenmechanik* als Buch.

Die erste Abhandlung geht bei den *Annalen der Physik* am 27. Januar 1926 ein. Darin taucht zum ersten Mal eine der Gleichungen auf, die heute als Schrödinger-Gleichungen so oft zitiert und benutzt werden, dass man zu sagen versucht ist, kein anderer Name eines Wissenschaftlers werde häufiger genannt als der von Schrödinger. Insgesamt unterliegt er bei diesem Wettbewerb vielleicht dem Physiker Röntgen, dessen Strahlen aus seinem Namen sogar ein Verb gemacht haben. In Kreisen der Wissenschaft kann man dafür unentwegt davon hören, jemand versuche, für ein Problem oder eine gestellte Aufgabe die angemessene Schrödinger-Gleichung erst zu finden und dann zu lösen. Experten wissen dann, dass es sich um eine partielle Differentialgleichung zweiter Ordnung handelt, was sich aber in dieser Genauigkeit niemand zu merken braucht. Allein bis 1960 haben fleißige Historiker mehr als 100 000 Arbeiten ausfindig machen können, die Schrödingers Gleichungen nutzen, von denen der Kollege Paul Dirac bewundernd meinte, dass in ihnen alle Physik und auch alle Chemie enthalten sei. Man brauche nur die passende Schrödinger-Gleichung zu lösen, und schon wisse man Bescheid, was in der Welt los ist. Das ist übertrieben. So kann man die Schrödinger Gleichung für molekulare Reaktionen zwar rasch aufstellen, dann aber kaum lösen (Abb. 19). Dennoch bleiben ihre Erfolge unübersehbar und eindrucksvoll. Als sich zum Beispiel ein Duo aus den Theoretikern Walter Heitler und Fritz London 1927 daranmachte, mit Hilfe der Schrödinger-Gleichung und ihren Lösungen zu erklären, wie die Bindung von zwei Wasserstoffatomen zu einem Molekül erfolgt und warum diese Konfiguration stabil bleibt, mussten die beiden zwar raffinierte Näherungsmethoden entwickeln, mit ihrer Hilfe gelang es ihnen aber glänzend, die Bewährungsprobe der Schrödinger-Gleichung zu bestehen und das Zustandekommen von chemischen Bindungen zu erklären.

Allerdings wurden die Kollegen durch die zunehmenden Komplikationen nicht gerade ermutigt, sich an noch größeren Verbindungen oder gar Makromolekülen zu versuchen. Man kann ganz sicher die Schrödinger Gleichung für eine Zelle oder größere Gebilde aufstellen, aber nur, um bestenfalls ihre elegante Form zu bewundern und sich fröhlich auf die Schulter zu klopfen. Das Leben wird so auf keinen Fall berechenbar, was aber kein unsympathischer Gedanke sein muss.

Dank der Schrödinger-Gleichung ab dem Jahre 1927 berechenbar wurde ein Phänomen, das die Physiker als Tunneleffekt kennen. Seit

Abb. 19: Eine Schrödinger-Gleichung

*Da die von Erwin Schrödinger aufgestellten Gleichungen für das atomare Geschehen millionenfach in Gebrauch sind und von Physikern für alle möglichen Situationen gelöst werden, wollen einige der Leserinnen und Leser sie wenigstens einmal zu Gesicht bekommen. Die allgemeinste Form der Schrödinger-Gleichung steht auf seinem Grab, das in Alpbach in Tirol zu finden ist. In der Gleichung wird eine Wellenfunktion Ψ mit der imaginären Einheit i und der durch 2π geteilten Planck-Konstante h verknüpft, was Physiker als ħ schreiben. Der Punkt über der Wellenfunktion Ψ bedeutet, dass es um ihre zeitliche Änderung geht. Ein paar Symbole, und mit ihnen lässt sich die ganze reale Welt berechnen, auch wenn man dazu imaginäre Zahlen braucht.*

dem späten 19. Jahrhundert bestand der durch Beobachtungen ausgelöste Verdacht, dass Elektronen Barrieren auch dann überwinden können, wenn ihre Energie nicht ausreicht, um sie zu überspringen. Als Teilchen wären sie verloren, aber als Welle können sie ihre Fühler ausstrecken und vibrierend in das Hindernis eindringen. Hier spricht ihnen die Schrödinger-Gleichung eine von null verschiedene Existenzwahrscheinlichkeit zu. Das ist zwar schon wieder Wahnsinn, hat aber erneut mathematische Methode. Denn 1927 konnten der russische Physiker George Gamow und einer von Borns Assistenten, der Theoretiker Friedrich Hund, ganz genau berechnen, wie es Elektronen schaffen, die sich vor ihnen auftürmenden Berge zu durchtunneln, und wie viele von ihnen auf der anderen Seite wieder auftauchen können. Hund hielt später mit Heisenberg zusammen Vorlesungen zur Quantenmechanik. Die

Universitätsleitung hatte die für diese Veranstaltung vorgesehenen Dozenten als «Heisenberg mit Hund» angekündigt, was viele Studenten amüsierte.

## *Wellenfunktionen*

Eben sind bei der Vorstellung der Schrödinger-Gleichung eine Menge von Fachausdrücken gefallen, von denen der wichtigste die «Wellenmechanik» ist. Denn damit lässt sich mit einem Wort sagen, was Schrödinger für die Physik geschaffen hat, nämlich eine Wellenmechanik, die der Matrizenmechanik von Heisenberg gleichberechtigt zur Seite tritt, wie kurz nach der Veröffentlichung seiner Arbeiten nachgewiesen wird – erst von Schrödinger selbst und dann auch von anderen wie Pauli. Wellenmechanik und Matrizenmechanik machen seitdem zusammen die Quantenmechanik aus, was die wunderbare Feststellung gestattet, dass die sich zeigende mathematische Dualität oder Polarität der beiden Schemen auf höherer Ebene den physikalischen Welle-Teilchen-Dualismus widerspiegelt, der Einstein beim Licht bereits 1905 auf der deskriptiven Ebene aufgefallen ist.

Als Ausgangspunkt seiner Überlegungen zur Wellenmechanik diente Schrödinger die Dissertation von Louis de Broglie, über die er von Einstein erfahren hatte und dem gegenüber er die «ingeniöse Arbeit» auch alsbald lobte. Schrödinger fühlte sich so angesprochen von der Dualität der Elektronen, dass er in Zürich ein Kolloquium über Materiewellen abhielt. An dessen Ende forderten ihn seine Zuhörer auf, nach kompakten Gleichungen für solche Wellen zu suchen, um mit ihrer Hilfe zu verstehen, wie sich ein Elektron im Raum und in der Zeit entwickeln kann. Aus dem 19. Jahrhundert kannte die Physik doch die großartigen Gesetze der elektromagnetischen Wellen für das Licht, die der Schotte James Clerk Maxwell ersonnen hatte. In den nächsten Wochen machte sich Schrödinger mit aller Macht an die Arbeit, um etwas Vergleichbares für die atomaren Teilchen zu finden, mit dem sich de Broglies Wellen und das Verhalten von Elektronen in einem Atom und außerhalb verständlich machen ließen. Die größten Schwierigkeiten bereitete ihm die Aufgabe, die vertrackte Eigenschaft des Spins unterzubringen, mit dem Ergebnis, dass Schrödinger kurz vor Weihnachten erschöpft aufgab und sich darauf freute, nach Arosa in die Ferien zu fahren. Und hier – umgeben von den Schweizer Bergen und umsorgt von der mitreisenden Freundin – machte sich der fast vierzigjährige Schrödinger erneut an die knifflige mathematische Arbeit, wobei auf sein Alter vor allem deshalb hingewiesen wird, weil Heisenberg und Pauli damals noch in ihren Zwanzigern waren und Schrödinger als alter Herr unter den Wunderknaben seiner Wissenschaft gelten musste.

Wenn man in der Physik Bewegungen – auch die von Wellen – mathematisch beschreiben will, muss man nicht unbedingt auf die bekannten Gleichungen von Isaac Newton zurückgreifen, die aus dem 17. Jahrhundert stammen und das Monopol im Schulunterricht halten. Seit dem 19. Jahrhundert gibt es verschiedene Angebote von Systemen mit mechanischen Bewegungsgesetzen. Als Schrödinger einige von ihnen ausprobierte, kam auch die Form zum Einsatz, die im Jahr 1834 von dem irischen Physiker William Hamilton entworfen worden war und sich vor allem bei statistischen Fragestellungen als geeignet erwiesen hatte. Hamilton vereinte in seinem Ansatz verschiedene Energieformen eines Objektes – seine potentielle und seine kinetische im wissenschaftlichen Normalfall –, er packte sie in einer Hamilton-Funktion zusammen, die – was sonst? – den Buchstaben H bekam und Auskunft über Bewegungen mit den darin enthaltenen Energien geben konnte. Um den Zahlenwert der Energie E von der Funktion H besser unterscheiden zu können, führten Mathematiker das Symbol $\hat{H}$ ein, was ihnen die kuriose Gleichung $\hat{H} = E$ erlaubte, mit der man in dieser Form nur wenig anfangen kann, an der man sich aber trotzdem erfreuen darf.

Was Außenstehenden wie ein verkrampftes und eher unnötig erscheinendes Vorgehen mit mathematischen Formeln um jeden Preis erscheinen vermag, geschah und geschieht in der Physik vor dem historischen Hintergrund, der Galileo Galilei zu verdanken ist, nachdem der Italiener im 17. Jahrhundert die Idee in die Welt gesetzt hatte, dass das Buch der Natur in der Sprache der Mathematik geschrieben ist. Hamilton hatte sich bemüht, diese Sprache oder doch einige Wörter davon aufzuschreiben, und Schrödinger bemerkte jetzt in Arosa, dass Hamilton dabei genau das gelungen war, wonach er suchte. In der Villa Herwig aus dem Fenster schauend, brauchte sich Schrödinger nur noch vorzustellen, dass sich das Quantensystem mit den Elektronen, das er beschreiben wollte, als ein Quantenzustand fassen lässt, für den Schrödingers Phantasie auf geheimnisvoll bleibende Weise den griechischen Buchstaben Ψ wählte, der Psi ausgesprochen wird (und deshalb für Physiker ungewohnt bleibt, weil er Parapsychologen zur Beschreibung für Psi-Phänomene mit außersinnlicher Wahrnehmung dient). Da die Atomphysik mit Größen umgeht, die sich nicht von selbst zeigen, sondern von Apparaten erfasst werden müssen, dachte sich Schrödinger, dass sich die Energie eines Atoms seinem Zustand entnehmen ließe, wenn man die Hamilton-Funktion wie ein Messgerät auf ihn einwirken lässt, wenn man ihn also mit dem $\hat{H}$ malnimmt. Das heißt, Schrödinger schlug vor,

$$\hat{H}\,\Psi = E\,\Psi$$

zu schreiben, und genau das ist die berühmte und millionenfach eingesetzte Schrödinger-Gleichung, für die ihm 1933 der Nobelpreis für Physik verliehen wurde, hatte er sich doch damit um «die Entdeckung neuer Formen der Atomphysik verdient» gemacht, wie die Schwedische Akademie es nannte. Schrödinger hat in Gesprächen mit Freunden später einmal eingestanden, dass er in dem Moment, wo er diese Gleichung vor sich auf dem Papier sah, gewusst habe, dass diese hohe Aufzeichnung auf ihn wartete.

## *Die Zeit des Imaginären*

In dem Titel von Schrödingers Mitteilungen taucht der Begriff Eigenwert auf. Damit ist – vereinfacht, aber zutreffend gesagt – das Ergebnis einer Messung gemeint, den man an einer Observablen – also einer beobachtbaren Größe – unternommen hat. Letztlich aber bietet Schrödinger mit seinem Quantenzustand Ψ etwas an, das wie eine der Matrizen in Heisenbergs Darstellung auftritt. Darin steckt weniger die Natur oder das Elektron selbst, sondern es verstecken sich darin vielmehr die Kenntnisse, die Menschen von ihnen haben wollen. Mit der Quantenmechanik gibt die Physik – als grundlegende Naturwissenschaft – den hehren Anspruch auf, die Natur – zum Beispiel ein Elektron oder das Licht – zu beschreiben. Naturwissenschaft handelt von jetzt an explizit nicht mehr von den Dingen selbst, sondern von dem Wissen, das Menschen von ihnen gesammelt haben und über das sie sich verständigen können.

Als Erwin Schrödinger voller Stolz seine erste Mitteilung an Max Planck schickt und ihn dabei mit «Hochverehrter Herr Geheimrat!» anredet, gibt er sich noch zuversichtlich, mit seiner Wellengleichung den Elektronen klassische Bahnen zuzuordnen, die sie als «Wellenpakete» durcheilen. Das trägt ihm Plancks Lob ein, der mit Interesse verfolgt, «welche besonderen Formen Ihre Anschauung bevorzugt». Anschaulichkeit ist wichtig für Schrödinger, der diese Qualität bei Heisenbergs Matrizen vermisst, weshalb ihn die Quantenmechanik aus Göttingen abstößt und anwidert, wie er jedem sagt, der es hören will. Doch der öffentlich geäußerte Ekel hilft nichts, wie Schrödinger selbst langsam dämmert, als er ebenfalls noch 1926 eine Arbeit «Über das Verhältnis der Heisenberg-Born-Jordanschen Quantenmechanik zu der meinen» vorlegt und darin zu seiner Verärgerung feststellen muss, dass die beiden theoretischen Ansätze, wenn man sie auf konkrete physikalische Fragen wie einen harmonischen Oszillator anwendet, zu übereinstimmenden Ergebnissen kommen. Die Wellen- und die Matrizenmechanik erweisen sich mehr und mehr als äquivalent. Bei allem Triumphgefühl ärgert das Schrödinger, weil er Heisenbergs Ansatz als «wahre Theorie eines Diskontinuums» abwertend beurteilt, um daneben seine Wellenfunktion raumfüllend als durchgängiges Kontinuum prächtig präsentieren zu können. Und während Schrödinger auf der einen Seite über Heisenberg wütet und seine Matrizen attackiert, wurmt es Borns Assistenten in Göttingen auf der anderen Seite, dass jetzt alle Welt ihre theoretische Physik nicht mit seinen Matrizen, sondern mit Schrödingers Gleichungen treibt, weil sie schön anschaulich wirken und sich nicht so sperrig wie Heisenbergs Zahlenkolonnen in Form von Matrizen geben.

Und außerdem störte da noch etwas. In der Heisenberg-Born-Jordan-Mechanik tauchte das ominöse i auf, das Schrödinger scheute wie der Teufel das Weihwasser, ging es doch bei den Elektronen in seiner Sicht der Dinge um wirkliche Gebilde, um echte Wellen, bei denen man reale – oder reelle – Zahlen als Messwerte erhalten konnte. Schrödinger war ganz sicher, dass sein Ψ eine reale Funktion mit reellen Zahlenwerten lieferte, als plötzlich alles anders kam und seine in erotische Schwingungen versetzte Welt kollabierte.

Der Absturz erfolgte in der vierten Mitteilung, in der sich Schrödinger an die Aufgabe wagte, der bislang als stationär – also zeitunabhängig – betrachteten Wellenfunktion eines Elektrons zu erlauben, sich im Laufe der Zeit zu entwickeln, wenn Atome Licht einfangen oder abgeben. Und während er – unter anderem unter mathematischer Mithilfe von Hermann Weyl, dem Geliebten seiner Frau Annie – intensiv nach einer Möglichkeit suchte, der Wellenfunktion einen zeitlich veränderlichen Verlauf einzuräumen, merkte er, wie sich die Energie ihre eigentliche Rolle in der Physik zurückeroberte, nämlich die Ursache allen Wandels zu sein – allerdings mit einer Quantenbesonderheit. Zuerst sah Schrödinger sich genötigt, die Energie eines Systems so darzustellen, wie es die Physiker seit den Tagen von Newton mit der Geschwindigkeit v eines Körpers machen, die sie als erste Ableitung seiner Position r nach der Zeit schreiben, wie man in meiner Jugend noch in der Schule zu schreiben gelernt hat, also als v = dr/dt, wobei der Quotient gelesen werden kann als Änderung dr der Position in einem gegebenen Zeitabschnitt dt. Aus der alles verwandelnden Energie musste Schrödinger nun eine zeitliche Ableitung machen – aus E wurde in der Kürzelsprache der Mathematik mit dem vornehmeren δ anstelle des schnöden d die Anweisung «δ/δt» oder in paradox klingenden Worten: «Stelle und halte die Änderung des Systems im Verlauf der Zeit fest.» Daraus ergab sich aber ein weiterer Quantentwist, der Schrödinger verblüffte und richtig ärgerte. Es war für seinen gelehrten und geschulten Blick nämlich nicht zu übersehen, dass die gesamte Gleichung für die Zeitentwicklung noch nach dem imaginären i verlangte. In seiner vierten Mitteilung konnte (oder musste) Schrödinger der wartenden Welt schließlich mitteilen, wie sich seine quantenmechanische Welle zeitlich entwickelte, nämlich in der Form:

$$i\hbar\, \delta\Psi/\delta t = \hat{H}\Psi$$

Es gehört zu den kaum mitteilbaren Vergnügen von Mathematikern, sich immer kürzere Symbole auszudenken, und so stellen sie die zeitliche Ableitung einer Größe dadurch dar, dass sie dem dazugehörigen Buchstaben ein Pünktchen aufsetzen. Aus der Geschwindigkeit als Ableitung des Ortes wird dann $\dot{r}$ – gesprochen r Punkt –, und aus der zeitlich sich verändernden Wellenfunktion Ψ wird Ψ mit einem Punkt obendrauf, und dann heißt die zeitanhängige Schrödinger-Gleichung

$$i\hbar\dot{\Psi} = \hat{H}\Psi$$

In dieser Form schmückt sie das Kreuz auf seinem Grab in Alpach in Tirol, wo er die letzten Jahre seines Lebens verbracht hatte und seit 1961 begraben liegt. Schrödinger konnte das i nicht leiden und wollte es von seinen Gleichungen fernhalten, aber auch er konnte sich nicht jede Freiheit nehmen, und er musste den Atomen und ihrer Wirklichkeit ein Mitspracherecht einräumen. Und so kommt es, dass der kleine Buchstabe i an erster Stelle auf dem Kreuz und in den Lehrbüchern steht, auch wenn dessen tiefere Bedeutung bis heute verborgen geblieben ist und zu immer neuen (philosophischen) Deutungen ermutigt. Die vielfach akzeptierte (technische) Sicht der mathematischen Wissenschaft versteht das i als Hinweis auf die Phase, in der sich eine – wie auch immer geartete – Wellenbewegung in abstrakten Räumen befindet und mit der angegeben wird, an welcher Stelle der periodische Vorgang gerade Fahrt aufnimmt – ob er sich dem Gipfel der Welle befindet, ob er sich ihrem Tal annähert oder es vielleicht schon erreicht hat und sich weiterbewegt.

Es sind die Phasen oder Schwingungsdauern von Wellen, die zu den erstaunlichen Erscheinungen führen können, die Physiker seit dem 19. Jahrhundert als Interferenz messen. Lichtwellen, die in Phase schwingen, verstärken sich, und Lichtwellen, die sich phasenverschoben auf und ab bewegen, können sich schwächen oder ganz aufheben – und sich damit ins Gehege kommen und interferieren, wie man es mit einem schönen Wort sagt.

Es ist sowohl Heisenberg mit Born und Jordan in Göttingen als auch Schrödinger in Arosa in ihren jeweiligen Geniestreichen gelungen, mit dem unvermeidlichen Einsatz von i auf die Existenz von imaginären Phasenfaktoren tief verborgen im Innersten der Welt aufmerksam geworden zu sein.

Übrigens – das kleine i weist noch eine Besonderheit auf, wenn man die komplexe Zahlenebene betrachtet, es dort einzeichnet und mit ihm zu rechnen anfängt (Abb. 20). Wie bei Wellen kennen die Physiker auch für komplexe Zahlen Phasen, und sie meinen damit den Winkel, den man zwischen der Linie, die vom Nullpunkt aus zu einer Zahl in der Ebene führt, und der reellen Achse messen kann. Die Zahl 1 hat den Winkel 0 °, und die Zahl i hat den Winkel 90 °. Wenn man i mit i multipliziert, bekommt man (–1), und diese negative Zahl weist den Winkel 180 ° auf. Wenn man damit weitermacht, kommt man über (–i) mit

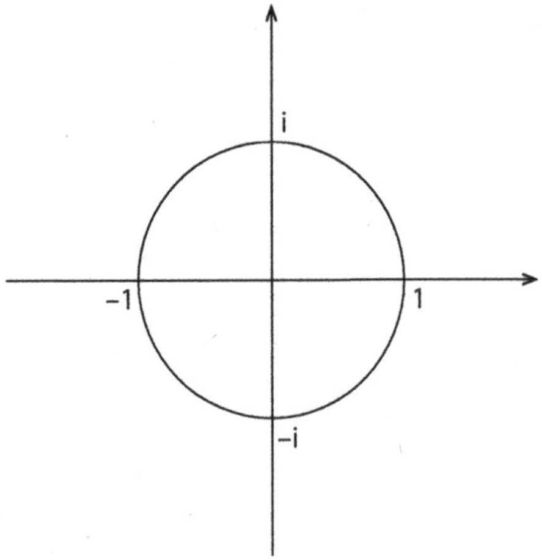


Abb. 20: Ring i

270 ° zu +1, das heißt, man schließt den Kreis und kann den Winkel entweder 360 ° oder 0 ° nennen. Die fortgesetzte Multiplikation von i mit sich selbst hat also einen Kreis mit dem Radius 1 geschaffen, von dem man in der Schule lernt, dass sein Umfang $2\pi$ beträgt. Das ist so lange nicht aufregend, bis man sich daran erinnert, dass das eigentliche Quantum der Wirkung nicht h, sondern $h/2\pi$ beträgt, was die Physiker eigens als $\hbar$ schreiben. Der mit den i-Operationen zu bildende Kreis mit dem Radius 1 wird in psychologischen Texten von Wolfgang Pauli als «Ring i» bezeichnet, in dem eine an sich zeitlose Energie und eine vor allem zeitliche Frequenz zu der Ganzheit werden, auf die die Quantenphysik loszusteuern versucht. Die in dem i steckende Phase weist auf eine Drehbewegung hin, die der Ring i symbolisiert und durch seine Gestalt zu erkennen gibt, weshalb in all den Grundgleichungen nicht nur das i, sondern auch das $2\pi$ erscheint. Es braucht sicher nicht eigens betont zu werden, dass mit dem Ring erneut eine Zweiteilung der Welt aufscheint, nämlich die von innen und außen.

### *Wahrscheinlichkeiten*

Während hier über imaginäre Bereiche in der Tiefe der realen Welt und ihrer Wirklichkeit spekuliert wird, die sich von oder mit den quantenphysikalischen Gleichungen erreichen lassen oder wenigstens von ihnen tangiert wird, hatte die Fachwelt nach Schrödingers Offenbarungen in der Bergwelt Arosas mit der scheinbar einfacheren Frage zu kämpfen, was eigentlich genau mit der Wellenfunktion Ψ erfasst wurde, anders gesagt, was sich konkret in der Psi-Funktion zu erkennen gab, die das atomare Geschehen so zuverlässig beschrieb. Schrödinger selbst zeigte sich davon überzeugt, dass ihm mit seiner lösungsträchtigen Gleichung die Rückkehr zu anständigen, erfreulichen und klassischen Wegen der Physik gelungen war, in der alles schön regelmäßig und von Naturgesetzen determiniert ablaufen sollte. Und selbst als er einsehen musste, dass sein raffiniertes Ψ von komplexer Form sein muss und nicht ohne einen imaginären Anteil auskommen kann, den es ja in der Natur gar nicht gibt, hielt er an seiner philosophischen Überzeugung fest. So wie man eine komplexe Zahl – zum Beispiel (a+ib) – nur mit der zu ihr sogenannten konjugierten Größe (a–ib) multiplizieren muss, um ein Ergebnis ohne jede imaginäre Komponente zu bekommen – denn $(a+ib)(a-ib) = a^2+b^2$ –, brauchte er nur sein Ψ nur mit dem entsprechenden Gegenstück malzunehmen, um das Quadrat $\Psi^2$ als etwas Reales vor sich zu haben. Dies nannte er sogleich die Dichteverteilung des Elektrons, was er zudem gerne mit der elektrischen Elementarladung e multiplizierte, um $e \cdot \Psi^2$ als elektrische Dichte im Atom zu bekommen.

Den Leuten um Heisenberg, Born und Jordan ebenso wie auch Pauli hingegen missfiel solch eine Interpretation, konnten doch die Kollegen aus den experimentellen Abteilungen der Physik längst mit Geigerzählern einzelne Elektronen durch die Klickgeräusche aufspüren und identifizieren, die sie beim Eintreffen auslösten, und außerdem konnte man Spuren einzelner solcher Ladungsträger in der Nebelkammer sehen. Während man in Göttingen (und an anderen Orten) noch grübelte, erinnerte sich Born an die alte Deutung seines Freundes Einstein aus dem Jahre 1905, als er erstmals die immer noch verblüffende Doppelnatur des Lichts erfasst hatte und beide Sichtweisen durch den Vorschlag versöhnen wollte, dass er die Amplituden der zum Licht gehörenden Wellen mit der Wahrscheinlichkeit identifizierte, an der so definierten Stelle ein Photon zu finden. Davon ausgehend, kam Born auf den heute weitgehend akzeptierten und einleuchtenden Gedanken, das $\Psi^2$ als Wahrscheinlichkeit dafür zu deuten, ein Elektron an einem gegebenen Ort im Raum seiner Existenz aufzuspüren. Der fleißige Mann rechnete sämtliche Messergebnisse von den vielen Streuprozessen durch, die Physiker in aller Welt untersucht hatten, und er konnte sie alle mit seiner statistischen Deutung der Wellenfunktion in Einklang bringen, Dafür erhielt Born im Jahr 1954 endlich den Nobelpreis für Physik, auf den er so lange gewartet hatte.

In seiner Dankesrede in Stockholm erwähnte Born – mit zwar leichtem, aber unüberhörbarem Bedauern –, dass ihm der Preis nicht für die Entdeckung einer neuen Naturerscheinung verliehen worden war, sondern für die Begründung einer neuen Art, über Naturerscheinungen zu denken, die aber immerhin «zur Lösung einer intellektuellen Krise» beitragen konnte, in die seine Wissenschaft «durch Plancks Entdeckung der Wirkungsquantums im Jahre 1900 geraten war». Born fügte – jetzt mit wachsendem Bedauern – hinzu, dass die statistische Denkweise immer noch nicht von allen Kollegen akzeptiert werde, und er erwähnte explizit Einstein, der nach wie vor weiter nach Wegen suche, um zu der Physik Newtons mit ihren klassischen Vorstellungen zurückzukehren. Der Redner Born litt nach fast drei Jahrzehnten immer noch unter der Kritik des großen Meisters, der seine eigenen Vorschläge zum Licht aus alten Tagen beiseitegeschoben hatte, um Borns Wahrscheinlichkeit loszuwerden und aus der Physik zu verbannen. Seine Theorie gebe ja zwar eine gescheite Auskunft über die Welt der Atome, wie Einstein seinem Freund Born im Dezember 1926 geschrieben hatte, «aber dem Geheimnis des Alten bringt sie uns kaum näher. Jedenfalls bin ich überzeugt», schloss Einstein seinen Brief an Born, der mit einem der bekanntesten Sätze der Wissenschaftsgeschichte abschließt, «Jedenfalls bin ich überzeugt, dass *der* nicht würfelt.»

Wer diesen Satz kennt und schätzt, kann sich auch an einer Antwort darauf erfreuen, die zwar nicht von Born stammt, die aber Bohr auf Einsteins Spielerei mit Gott gegeben hat, als er zum einen meinte, es könne nicht die Aufgabe von Menschen sein, Gott vorzuschreiben, wie er mit der Welt umgehen soll. Und zum Zweiten sei ihm, Bohr, nicht klar, wie ein hoch über dem Irdischen thronender und weit von humanem Getue entfernter Gott so etwas Banales und Profanes wie ein Würfelspiel überhaupt angehen könne. Gott würfelt sicher nicht, aber aus anderen Gründen, als Einstein meint.

# 8
# Das Ringen im Norden (1927/28)

«Contraria sunt complementa.»

*Niels Bohr*

Im April 1927 reist Werner Heisenberg mit dem Zug von Kopenhagen nach Leipzig, um dort über eine mögliche Berufung auf einen Lehrstuhl für Theoretische Physik zu verhandeln. Er hat zum zweiten Mal ein Angebot aus Sachsen bekommen, und diesmal sagt er zu. Seine Antrittsvorlesung hält er am 1. Februar 1928 im Alter von sechsundzwanzig Jahren als jüngster Professor weit und breit. Vor großem Universitätspublikum riskiert es der junge Professor, «Erkenntnistheoretische Probleme in der modernen Physik» anzusprechen, und er bemüht sich dabei – allerdings ohne spürbaren Erfolg –, die Aufmerksamkeit der älteren Garde von Philosophen zu gewinnen, denen er zu Beginn seiner Vorlesung den eher undiplomatischen Rat gibt, sich von «dummen Schlagworten» wie «Alles ist relativ» fernzuhalten, wenn sie sein Fach verstehen wollen. Dann kommt er im Verlauf der Vorlesung auf die Quanten zu sprechen, und er übermittelt seinen Zuhörern eine sensationelle Eigenschaft der Wirklichkeit, die er gerade in Kopenhagen erkannt hat.

## *Die Unbestimmtheit*

Wer 1927 mit der Bahn von Kopenhagen nach Leipzig wollte, musste in Berlin nicht nur umsteigen, sondern auch den Bahnhof wechseln. Heisenberg plante, dafür ein Taxi zu nehmen, und er lud seinen fünfzehnjährigen Freund Carl Friedrich von Weizsäcker ein, ihn auf dieser Fahrt zwischen den Bahnstationen zu begleiten. Dessen Familie wohnte damals in Berlin, nachdem sie zuvor einige Jahre in Kopenhagen verbracht hatte, wo Ernst von Weizsäcker, der Vater von Carl Friedrich und drei anderen Kindern, zu denen auch der spätere Bundespräsident Richard von Weizsäcker gehörte, als Diplomat tätig war. Hier in der dänischen Hauptstadt hatte die Bekanntschaft mit Heisenberg begonnen, der das Klavier im Hause von Weizsäcker schätzte und nutzen durfte und gerne mit der Familie musizierte, wobei seine Augen auf der blutjungen Tochter des Hauses ruhten, der 1916 geborenen Adelheid.

Jetzt verkehrte das Taxi zwischen den Bahnhöfen in Berlin, in dem der junge Heisenberg dem Knaben Carl Friedrich anvertraute: «Ich glaub', ich hab' das Kausalgesetz von Kant widerlegt.» Sprach's, stieg aus und fuhr seiner ersten Professur entgegen, während sich der zurückgelassene verdutzte Knabe zu Fuß zu Einsteins Wohnung in Berlin aufmachte, sich davor aufbaute und wahrscheinlich in kurzen Hosen darauf wartete, ob der große Mann sich zeigen und auf die Straße kommen würde. Carl Friedrich hätte ihm etwas ungeheuer Wichtiges zu sagen. Aber in dem Haus bewegte sich nichts, was für Geschichtenliebhaber schade ist, und sie können sich jetzt nur noch vornehmen, sich das ausgefallene philosophische Gespräch über die Kausalität in der Welt zwischen dem fünfzehnjährigen jungen Mann und einem fast fünfzigjährigen alten Weisen vorzustellen und auszumalen.

Heisenbergs kühne Bemerkung bei der Begegnung im Taxi fasst in aller Kürze einen Aufsatz zusammen, den Heisenberg im März zuvor unter dem Titel «Über den anschaulichen Inhalt der quantentheoretischen Kinematik und Mechanik» bei der *Zeitschrift für Physik* eingereicht hatte. In ihm findet sich zum ersten Mal die Idee, die Heisenberg über den Kreis seiner Kollegen hinaus einen gewissen Bekanntheitsgrad verschafft und die auf den Namen «Unbestimmtheit» hört, auch wenn in vielen Reden häufiger etwas von Unschärfen und noch einfacher von Ungenauigkeiten und ihren Relationen zu hören ist.

Heisenberg hat seinen kühnen Gedanken in intensiven Gesprächen mit Bohr entwickelt, in denen die beiden versuchten, sich Klarheit über die Deutung der Wellenfunktion als Wahrscheinlichkeit zu verschaffen, so wie Born sie vorgelegt hatte. Besaßen die Physiker tatsächlich noch diese Freiheit bei der Interpretation der Vorgänge im Atom oder ergab sich das statistische Verstehen der dort anzutreffenden Vorgänge als

Folge der Größen, die in der Quantenmechanik zur Beschreibung der Abläufe eingesetzt wurden? Heisenberg ging zum einen Einsteins Bemerkung nicht aus dem Kopf, «erst die Theorie entscheidet darüber, was man beobachten kann». In nicht geringerem Ausmaß aber beschäftigte ihn die Frage, die ihm ein Studienfreund gestellt hatte, der wissen wollte, warum man kein Mikroskop mit einem besonders hohen Auflösungsvermögen bauen könne, in dem sich die Bahn eines Elektrons direkt anschauen ließe: Blieben also die atomaren Dimensionen wirklich unanschaulich oder konkret unanschaubar, entzogen sie sich dem Blick von neugierigen Menschen, auch in einem solchen Superinstrument?

In der Nacht bevor sich Heisenberg daranmachte, sich ein solches Mikroskop im Detail vorzustellen, war ihm bei einem Spaziergang durch den Fælledpark, von dem Bohrs Institut umgeben ist, etwas klar geworden. Der Wanderer im Dunkeln hatte erkannt, was Einsteins philosophisches Wechselspiel von Theorie und Beobachtung für die Spuren in der Nebelkammer bedeutete. Die aufgezeichneten Wassertröpfchen gaben nicht präzise, sondern nur ungenau die Position eines Elektrons an. Vielleicht kannte man sie nur dann so exakt wie möglich, wenn sich das Teilchen nicht bewegte und stillstand. Wenn es Geschwindigkeit aufnahm, verwischte sich sein Aufenthaltsort, und Heisenberg fragte sich in der Nacht im Park, wie die Quantenmechanik mit solch einer Situation zurechtkomme. Er rannte ins Institut und in sein Zimmer zurück und konnte sich nach «einer kurzen Rechnung» davon überzeugen, dass seine Theorie dies handhaben konnte; «dass für die Ungenauigkeiten jene Beziehungen gelten, die später als Unbestimmtheitsrelationen bezeichnet worden sind», wie es in der Autobiographie *Der Teil und das Ganze* heißt.

Am nächsten Morgen nahm er sich das hypothetische Mikroskop genauer vor und machte sich dabei rasch klar, was es bedeutet, dass ein solches Gerät Strahlen mit extrem kleiner Wellenlänge einsetzen müsste. Umgekehrt heißt es nämlich, dass sie mit viel Energie auf das Objekt treffen werden, das man sehen und lokalisieren will. Das anvisierte Elektron muss den physikalischen Gesetzen zufolge auf diesen Strahlungsdruck reagieren. Mechanisch gelingt dies durch einen Rückstoß, der die Geschwindigkeit des angestrahlten Teilchens beeinflusst. Als Heisenberg nach dieser nächtlichen Erleuchtung erneut den Rechenstift ansetzte, zeigte sich, dass auch das Supermikroskop die Grenze nicht außer Kraft setzen konnte, die er durch die Unbestimmtheit in der Nacht zuvor gezogen hatte. Heisenberg konnte sogar zwei konkrete Formen der Unbestimmtheit ausmachen, zu denen jeweils ein Paar beiträgt, einmal das Duo «Ort und Impuls» und dann noch das Duo «Energie und Zeit». Mit anderen Worten: Je genauer der Ort (die Zeit) eines Elektrons bestimmt wird, desto weniger genau lässt sich sein Impuls (seine Energie) bestimmen, was im Sinne von messen gemeint ist. Und wenn sich das auch beim ersten Lesen harmlos anhören mag – Heisenberg macht in seinem Manuskript von 1927 klar, was er später im Taxi auf den zitierten Punkt bringt: «In prinzipieller Hinsicht hat die … festgestellte Genauigkeitsgrenze die wichtige Folge, dass das Kausalitätsgesetz gegenstandslos wird.»

Heisenberg hatte tatsächlich etwas extrem Wichtiges verstanden: «An der scharfen Formulierung des Kausalgesetzes: Wenn wir die Gegenwart kennen, können wir die Zukunft berechnen, ist nicht der Nachsatz, sondern die Voraussetzung falsch.» Die Gegenwart bleibt unbestimmt.

Heisenberg ringt mit diesem Gedanken und dem dazugehörigen Problem einer durchgängigen Kausalität bei seiner Antrittsvorlesung Anfang 1928 in Leipzig, weiß er doch, dass die anwesenden Professoren bei Immanuel Kant gelernt haben, die philosophische Kategorie der reinen Vernunft als etwas zu betrachten, das dem menschlichen Verstand *a priori* zur Verfügung steht und damit unabhängig von jeder Erfahrung gegeben ist. Und nun teilt ein jugendlicher Physiker ihnen mit – wahrscheinlich mit strahlendem Lächeln und voller Eifer und Begeisterung –, dass die kausale Form des Denkens gerade nicht vorgegeben ist, sondern erst mit den alltäglichen Erfahrungen entsteht, die Menschen machen, weshalb die berühmte Kategorie *a posteriori* erworben worden ist und mithin auch durch Denken überwunden werden kann. Der jugendliche Heisenberg fordert in Leipzig seine sicher ehrwürdigen philosophischen Kollegen deshalb herzlich auf, «noch einmal das Kantsche Grundproblem der Erkenntnistheorie aufzurollen», was er sich und seinem Publikum zwar als reizvolle, aber auch «als sehr schwere Aufgabe» vorstellt, ohne auch nur die geringste Resonanz zu bekommen.

Dabei hätte Heisenberg seinen Zuhörerinnen und Zuhörern einen noch größeren Schock bereiten können, wenn er die noch weitergehende Einsicht verkündet hätte, die in dem Begriff der Unbestimmtheit steckt und die ihn den harmloseren Ausdrücken wie Unschärfe oder Ungenauigkeit weit überlegen macht. Es geht weniger darum, dass sich nicht genau genug ermitteln lässt, welchen Ort oder welche Energie ein

Elektron einnimmt oder mit sich trägt, wenn man nach seiner Geschwindigkeit fragt, mit der es einen bestimmten Ort erreicht, oder nach dem Zeitpunkt schaut, an dem es über die gemessene Energie verfügt. Es geht mehr darum, dass ein Elektron zum Beispiel dank seiner Wellenqualität gar keinen Ort hat, solange dieser von niemandem ermittelt oder bestimmt wird. Elektronen – ihre Eigenschaften – bleiben so lange unbestimmt, bis ein Beobachter sie durch seine Messung im Wortsinn bestimmt oder feststellt. Wenn ein anschauliches Bild aus dem Alltag zur Verdeutlichung erlaubt ist: Wer in einem Lokal sitzt, etwas trinken möchte und noch überlegt, ob er Weiß- oder Rotwein möchte, dessen Wunsch ist so lange unbestimmt, bis der Kellner ihn fragt. Jetzt entscheidet sich der Gast, dessen Auswahl durch die Bitte um Bestellung bestimmt worden ist (und sicher bald erfüllt wird).

### *Ärger mit Bohr*

Während ihrer Kopenhagener Gespräche über das Verhalten von Elektronen und anderen Wellen gerieten Bohr und Heisenberg derartig in einen Zustand der nervösen Erschöpfung, dass Bohr im Februar 1927 seine Heimatstadt verließ und nach Norwegen aufbrach, um dort Skiurlaub zu machen und in Ruhe seine Gedanken sammeln zu können. Offenbar hatte Bohr damit gerechnet, dass in den Tagen seiner Abwesenheit auch Heisenberg kürzertreten würde und man nach seiner Rückkehr die Thematik weiter erörtern könnte. Doch Heisenberg verfasste nur wenige Tage nach Bohrs Abreise einen 14 Seiten langen Brief an Pauli, in dem er seine Gedanken zu der eben skizzierten Unbestimmtheit erstmals ausführlich darlegte. Pauli bejubelte das Konzept, und er konnte in diesem Zusammenhang sogar ein Wortspiel mit den Buchstaben q und p kreieren, mit denen die Quantenphysiker den Ort (q) beziehungsweise den Impuls (p) beschreiben. Was Pauli schrieb, sollte zum geflügelten Wort unter den damals aktiven Physikern werden: «Man kann die Welt mit dem p-Auge und man kann sie mit dem q-Auge [gesprochen wie Kuhauge] ansehen, aber wenn man beide Augen zugleich aufmachen will, dann wird man irre.»

Nach dem Schreiben des langen Briefes verfertigte Heisenberg sein Manuskript, das er zur Veröffentlichung abschickte, als Bohr aus Norwegen zurückkam. Der las den Text sofort und reagierte verärgert, zum einen, weil er einen Fehler in den Ausführungen entdeckte (der Heisenberg sogar ziemlich fuchste, hatte er doch erneut bei dem Thema geschlampt, das ihm in seiner mündlichen Doktorprüfung in Göttingen fast zum Verhängnis geworden wäre). Heisenberg musste sich von seinem Chef belehren lassen, wie das Auflösungsvermögen eines Mikroskops zustande kommt und berechnet werden kann. Das war aber nur das Vorgeplänkel. Denn Bohr reagierte vor allem verärgert, weil Heisenberg mit seiner Arbeit das Feld abgegrast hatte, auf dem Bohr selbst etwas anbauen wollte, wobei er zu diesem Zweck einen besonderen philosophischen Gedanken entwickelt hatte, der gleich genannt wird.

In einem Brief an seine Eltern vom 16. Mai 1926 räumt Heisenberg ein, dass es «zu schweren persönlichen Differenzen zwischen Bohr und mir» gekommen ist, die weniger mit seinem Fehler zu tun haben – obwohl Bohr darauf besteht, dass Heisenberg einen «Nachtrag» zu seiner Arbeit schreibt und Bohr darin dafür dankt, ihn auf den Irrtum hingewiesen zu haben. Vielmehr rührten sie daher, dass Bohr mit der speziellen Situation unzufrieden war, die Heisenberg mit seiner Unbestimmtheit erfasst hatte, was diesen wiederum wütend machte. Bohr dachte über die kleinen experimentellen Störungen hinaus, die bei Heisenbergs mikroskopischen Betrachtungen im Mittelpunkt standen. Es ging ihm um das große Bild, für das er den Begriff der Komplementarität findet. Aber jetzt war Heisenberg mit seinen Relationen vorgeprescht, und Bohr bat seinen genialen und hochgeschätzten Assistenten, den Aufsatz komplett zurückzuziehen. Heisenberg weigerte sich beharrlich, er schaltete auf stur. Bohr blieb ebenso eisern, sein Hilferuf an Pauli mit der Bitte um Vermittlung blieb ohne Folgen. Die Kontroverse in zunehmend gespannter Atmosphäre artete bald in «grobe persönliche Missverständnisse» aus, und in der Hitze des Gefechts liefen wohl auch Tränen über Heisenbergs Gesicht.

Die Auseinandersetzung zog sich bis Ostern hin, als Heisenberg endlich den Wünschen des unnachgiebigen Bohrs nach schriftlichen Ergänzungen der Arbeit folgte. Die alte Freundschaft war wiederhergestellt, als die beiden später im Jahr zusammen nach Como reisten, wo Bohr den Festvortrag zur Erinnerung an den hundertsten Todestag von Alessandro Volta halten sollte. In einer herrlichen Villa mit Blick über das tiefblaue Wasser erzählte Bohr von den Quantenabenteuern seiner Generation, er bezeichnete das Wellen- und das Teilchenbild von Licht und Elektronen als komplementäre Möglichkeiten ihrer Beschreibung, er erläuterte, was dies philosophisch bedeutete, dass sich nämlich die beiden Vorstellungen zwar oberflächlich widersprechen, während sie tatsächlich in der Tiefe zusammengehören, und führte konkret aus, dass es die komplementären Bilder sind, die verständlich machen, warum Messungen komplementärer Größen zu Unschärferelationen führen können. Bohr sagte explizit in einer seiner manchmal schwierig nachzuvollziehenden Formulierungen: «Wir haben der zur raum-zeitlichen Beschreibungsweise komplementären Kausalitätsforderung Ausdruck gegeben, deren sinnvolle Anwendung nur durch die Definitionsmöglichkeiten der betreffenden Begriffe begrenzt ist.»

Diesen Satz hat wohl nur einer im Saal verstanden, nämlich der im Publikum lauschende Heisenberg, der sich nach Bohrs Rede von seinem Stuhl erhob, um in aller Öffentlichkeit sein Einverständnis mit Bohrs Ausführungen und Interpretationen zu erklären, was Wissenschaftshistorikern erlaubt, den schönen Satz zu schreiben: «Die Kopenhagener Deutung [der Quantenmechanik] war geboren.»

## *Die Kopenhagener Deutung*

Unter der Kopenhagener Deutung der Quantenwelt verstehen kundige Beobachter der Wissenschaftsgeschichte mit philosophischen Neigungen so etwas wie die Mischung aus Heisenbergs physikalischer Unbestimmtheit und Bohrs philosophischer Komplementarität. Dabei ist zu betonen, dass es keinen gemeinsam erarbeiteten oder gar publizierten Text des Autorenduos Bohr/Heisenberg gibt, in dem sich nachlesen lässt, was die Herren gemeint haben könnten. Insofern ist die Kopenhagener Deutung etwas, das im Kopf des Betrachters quantenmechanischer Manuskripte entstehen muss. Und so sollte man unter Kopenhagener Deutung nicht die Bahn der Gedanken von Bohr und Heisenberg verstehen, die sich wie die eines Elektrons gar nicht ausfindig machen lässt. Man sollte darunter die Gedankenwege verstehen, die eingeschlagen wurden, als es darum ging, aus den Vorgaben der beiden Physiker einen erkennbaren Pfad werden zu lassen.

Die Kopenhagener Deutung hat an Popularität und Einfluss vor allem dadurch gewonnen, dass einige große Leute der Wissenschaft sie rundweg abgelehnt und von sich gewiesen haben. Einstein meinte sogar, sich über die Bohrsche «Beruhigungsphilosophie» mokieren zu müssen, die den anderen das eigene Denken abgewöhnen wolle. Im späteren 20. Jahrhundert hat der amerikanische Nobelpreisträger Murray Gell-Mann Bohr dann sogar vorgeworfen, seine Wissenschaft einer «Gehirnwäsche» unterzogen zu haben. Doch Bohrs Idee der Komplementarität ist alles andere als beruhigend und eine Gehirnwäsche schon gar nicht. Dies hat auch mit der Feststellung zu tun, mit der Heisenberg das Kapitel seines Buches *Physik und Philosophie* beginnt, in dem er «Die Kopenhagener Deutung der Quantentheorie» vorstellt. Diese Interpretation, so ist dort zu lesen, «beginnt mit einem Paradox». Es besteht darin, dass «jedes physikalische Experiment, ob es sich auf Erscheinungen des täglichen Lebens oder auf Atomphysik bezieht, ... in den Begriffen der klassischen Physik beschrieben werden» muss. Wenn jemand zum Beispiel eine Untersuchung zum Licht macht, dann lässt sich bei der Analyse der Ergebnisse nicht vermeiden, einmal von einer Welle mit ihren Frequenzen und ein andermal von Teilchen zu reden, die mit Elektronen zusammenstoßen können. Dabei treten sie ebenfalls als Partikel in Erscheinung, während sie beim Durchlaufen von Kristallen wie Wellen gebeugt werden.

Wie sich seit den frühen Tagen von Einsteins Lichttheorie und Bohrs Atommodell herausgestellt hat, kann ein Beobachter entweder die Wellenlänge von Licht oder den Ort seines Aufpralls auf ein Stück Materie ermitteln, aber nicht beides zusammen in einer Messung. Genau diese Situation wollte Bohr mit Begriff der Komplementarität einfangen, den er in die Physik einführte. Komplementäre Eigenschaften kommen einem Untersuchungsgegenstand zu und sind dadurch definiert, dass es beide braucht, um das Ganze zu verstehen, während zugleich nur eine von ihnen in einem ausgeführten Versuch festgestellt oder bestimmt werden kann.

Das heißt, Bohr ging in seinem Denken weit über die experimentelle Enge eines Messvorgangs hinaus. Er schlug vor, dass ein Objekt der wissenschaftlichen Neugierde erst dann verstanden ist, wenn man zwei komplementäre Beschreibungen von ihm geben kann, also zwei Beschreibungen, die sich zugleich widersprechen und ergänzen und gerade deshalb zusammengehören. In dem Wort «komplementär» steckt das lateinische «completum», das in der deutschen Sprache als «komplett» nachklingt. Das Besondere an Bohrs Idee besteht darin, dass sie keine Auflösung, keine klärende Feststellung und damit ein langweiliges Ende des neugierigen Fragens verspricht, sondern dem Erkenntnis Suchenden die lockende Offenheit mit ihren spannenden Suchmöglichkeiten anbietet und auszuhalten empfiehlt, die sich zwischen komplementären Gesichtspunkten oder den dazugehörenden Bewusstseinsinhalten ausbilden kann. Wenn man es technisch mit einem philosophischen Terminus fassen will, kann man Komplementarität als qualitative Dialektik deuten, in der eine These – Licht ist eine Wellenbewegung – einer Antithese gegenübersteht – Licht ist ein Strom von Photonen –, aber ohne die Spannung zwischen den Polen in einer faulen Synthese aufzulösen oder verschwinden zu lassen, sondern um anzuerkennen, dass Licht in der dualen Sicht noch viel mehr wird, was es vorher schon war, nämlich ein Geheimnis, zu dem Menschen sich jetzt umso stärker hingezogen fühlen.

## *Komplementarität oder Die Lektion der Atome*

An dieser Stelle sollte erwähnt werden, dass Bohr das auf Einstein beunruhigend wirkende (weil ihn aufregende) Kunstwort Komplementarität nicht erfunden und nur in die Physik eingeführt und in seiner Disziplin nutzbar gemacht hat. Lange vor ihm hat zum Beispiel der amerikanische Psychologe und Philosoph William James den Terminus benutzt, in dessen Schriften Bohr nach Auskunft von Carl Friedrich von Weizsäcker viel gelesen hat. James hat darin zwischen getrennten Bereichen des Bewusstseins unterschieden, die auch in Form unbewusster Regungen nebeneinander in einer Person bestehen können, ohne dass die jeweilig komplementären Inhalte wechselseitig dem Denken des gemeinten Individuums zugänglich werden. Und natürlich kennen viele Menschen aus der seit Jahrtausenden wirkungsvollen chinesischen Tradition des Daoismus die Idee von den polaren Kräften Yin und Yang, die sich gegenüberstehen, aber nicht, um sich dabei zu bekämpfen, sondern um sich im Gegenteil zu ergänzen.

Bohr war die Komplementarität wichtig, die er auch gerne als Lektion der Atome für das menschliche Denken bezeichnet hat. Wie sehr er an seiner Idee hing, zeigte sich zum Beispiel im Jahre 1947, als er den ältesten dänischen Ritterorden, den Elefantenorden, überreicht bekommen sollte und das Wappen wählen durfte, das ihm aufgeprägt wurde. Er entschied sich für das Yin-Yang-Symbol mit der Inschrift «Contraria sunt complementa». Tatsächlich: Gegensätze sind komplementär. Oder wie Bohr es gerne sagte: Das Gegenteil einer tiefen Wahrheit ist eine andere tiefe Wahrheit. Nur das Gegenteil von etwas Richtigem ist falsch.

Der Physiker, der ihm bei diesen Überlegungen aus ganzem Herzen folgte, war nicht Heisenberg, der lieber von seiner Unbestimmtheit erzählte und es bevorzugte, sich an den dazugehörigen Relationen festzuhalten. Als Bohrs größter Fan bezüglich der Komplementarität erwies sich Pauli, der dem Psychologen C. G. Jung 1948 einmal geschrieben hat, «an die Stelle der alten Idee der polaren Gegensätze, wie z. B. des chinesischen Yang und Yin, tritt daher beim Modernen die Idee der komplementären (einander ausschließenden) Aspekte der Phänomene. Wegen der Analogie zur Mikrophysik scheint es mir eine der wichtigsten Aufgaben des abendländischen Geistes, auch in der Psychologie die alte Idee in die neue Form zu übersetzen», so wie es der Physik bereits gelungen sei. Pauli erörterte auch gerne die Komplementarität zwischen der Wissenschaft mit europäischem Ursprung und der Meditation mit indischen Quellen, was hier in einem kurzen Satz zusammengefasst werden soll. Während es im Westen darum ging, *eine Welt ohne Ich* zu beschreiben – die klassische Physik –, versuchte man im Osten die Erfahrung zu machen, *ein Ich ohne Welt* zu sein. Damit sind zwei Grenzfälle des Bewusstseins benannt, die in der Wirklichkeit oder in der angestrebten Reinheit niemals erreicht werden können und den Suchenden in beiden Lagern alle Wege weiter offenhalten.

Pauli identifizierte darüber hinaus zwei komplementäre Eigenschaften von Gegenständen des wissenschaftlichen Interesses, die er als «der Möglichkeit nach seiend» und «der Aktualität nach nicht seiend» unterschied. Das verweist zum einen auf den Eingriff eines Beobachters, der das Unbestimmte bestimmt, also aus dem Möglichen das Wirkliche entstehen lässt. Zum anderen sagt es in besonders eindrucksvoller Weise, was die Quantenmechanik im historischen Ganzen von Kultur tatsächlich ist, nämlich der Versuch, zum ersten Mal eine Theorie des Werdens zu sein (oder besser: zu werden). Deshalb kann man in ihr nicht mit Zahlen operieren, sondern muss in die Gleichungen Funktionen und Matrizen als Operatoren einsetzen, um diesen Vorgang des Werdens durch ihren Einsatz zu erfassen. Das Sein ist ein Werden, und die Quantenmechanik trägt ihm wortwörtlich Rechnung.

Als Bertolt Brecht 1938 im dänischen (!) Exil sein Gedicht «Die Legende der Entstehung des Buches Taoteking auf dem Weg des Laotse in die Emigration» schrieb, lässt er einen Jungen einem neugierig fragenden Zöllner erklären, was der Weise «rausgekriegt» hat: Der Junge sagt:

> Dass das weiche Wasser in Bewegung / mit der Zeit den mächtigen Stein besiegt. / Du verstehst, das Harte unterliegt.»

Wenn man fragte, was Bohr mit seinen Knaben «rausgekriegt» habe, könnte man mit einer Verbeugung vor Brechts Jungen antworten: «Dass das freie Denken in Bewegung mit der Zeit das bestimmte Sein besiegt, denn das Festgesetzte unterliegt.»

Mit der Komplementarität wollte Bohr dem Geist der Wissenschaft eine offene Welt bieten, in der alles in Bewegung bleibt, weil das Denken selbst dafür sorgt. Der 1908 in Wien geborene Physiker Victor Weisskopf, der zu Heisenbergs ersten Assistenten gehörte, der danach mit Bohr und Pauli zusammenarbeitete, bevor die Kriegsjahre ihn zum Manhattan Project führten, und der nach 1960 Generaldirektor am europäischen Kernforschungszentrum CERN in Genf wurde, dieser Physiker und Humanist hat 1991 seine Erinnerungen geschrieben, denen er im amerikanischen Original den Titel *The Joy of Insight* gab. Von «Bohrs Idee der Komplementarität» sagt er dort, sie könne «zwischen wissenschaftlicher Betrachtung und andersartigen Zugängen zu menschlichen Problemen» vermitteln. Er traut ihr aber auch zu, die Brücke zu spannen zwischen den «grundlegend verschiedenen Betrachtungsweisen menschlicher Erfahrung», die als «Kunst und Musik einerseits und Wissenschaft andererseits» getrennt zu sein scheinen. Weisskopf überschreibt das letzte Kapitel seiner Autobiographie mit «Mozart, Quantenmechanik und eine bessere Welt». Der gut Klavier spielende Autor meint mit diesen Worten zunächst ganz einfach das Glücksgefühl, wie es jemand erfahren kann, der wie er sowohl mit Mozarts Musik als auch mit der Quantenmechanik vertraut ist – eine beneidenswerte Konstellation, wie sie nur wenigen unter uns vergönnt ist, unter anderem

Heisenberg. Man kann sich davon auf zwei CDs mit Originaltonaufnahmen überzeugen, die in den Jahren zwischen 1951 und 1967 entstanden sind, in denen er erst die Quantenmechanik erklärt und dann das d-Moll-Klavierkonzert von Mozart (KV 466) spielt.*

Nun werden die meisten Menschen das genannte Glücksgefühl zwar problemlos und gerne mit Mozarts Werk in Verbindung bringen, zumindest mit einigen seiner Stücke. Viele Personen werden sich aber eher irritiert oder gar verstört zeigen, wenn die Physik in Zusammenhang mit Glück erwähnt wird, und sie werden genauer wissen wollen, wie mit der abstrakten Theorie namens Quantenmechanik dasselbe Erlebnis möglich werden soll, das Mozarts sinnlich fassbare und manchmal überwältigende Musik bereitet.

Das ist eine entscheidende Frage sowohl unserer Kultur als auch ihrer Vermittlung. Hier soll nur erwähnt werden, dass für die Antwort der Gedanke der Komplementarität zentral ist. Man kann ihn in den sich ergänzenden Farblehren von Goethe und Newton ebenso finden wie in den Beschreibungen der Natur, die sowohl «Mutter Erde» als auch Rohstoffquelle sein kann. Man kann sich auch an die Möglichkeiten erinnern, etwas mit dem Kopf oder mit dem Herzen zu erfassen. Menschen verfügen stets über die beiden sich ergänzenden Möglichkeiten; sie können Wirklichkeit als Summe von komplementären Beschreibungen verstehen, und es lohnt sich ungemein, dies zu unternehmen.

Bohrs Gedanke lässt sich aus dem Bereich des Erkennens herausholen und auf die Lebensführung übertragen, bei der Menschen stets zwischen rationalen Erwägungen und irrationalen (oder emotionalen) Neigungen abzuwägen haben. Der Gedanke der Komplementarität legt den Vorschlag nahe, die Balance zwischen den beiden Polen zu halten, um nicht zu einer Seite abzustürzen. Das kann genauso zur Rationalität hin passieren, wie einer Welt nicht erklärt werden muss, die den Abwurf von Atombomben erlebt hat und gegen die Umweltzerstörung und den Klimawandel angeht.

Menschen würden in einer besseren Welt leben, wenn sie sich stets daran erinnerten, dass es zu jeder eigenen Ansicht die eines anderen

* Werner Heisenberg, *Die Verknüpfung von Physik und Philosophie*, Originaltonaufnahmen aus den Jahren zwischen 1951 und 1967, 2 CDs, supposé Verlag, Köln 2006.

gibt, die ihrer auf Augenhöhe widerspricht und damit ebenso Gültigkeit beanspruchen kann. Die bessere Welt ist die des Dialogs von komplementären – also sich zwar widersprechenden, grundsätzlich aber gleichberechtigten – Gegenübern, und das Paar aus Kunst und Wissenschaft gehört dazu. In dieser Sichtweise stellt die Idee der Komplementarität so etwas wie eine aus der Physik stammende Begründung von Toleranz dar. Weisskopf geht sogar so weit, komplementäre Lösungen von Menschheitsaufgaben für überlebensnotwendig zu halten. So hoch soll es hier nicht hinausgehen. Hier geht es etwas grundständiger um Mozart und die Quantenmechanik, also um die beiden Kulturen, die Kunst und Wissenschaft heißen. Von ihrer Verbindung hat Albert Einstein in einer Radioansprache aus den 1930er Jahren einmal gesagt: «Das Schönste, was wir erleben können, ist das Geheimnisvolle. Es ist das Grundgefühl, das an der Wiege von wahrer Wissenschaft und Kunst steht.»

## *Spielen mit Gott*

Wie bereits erwähnt, haben 1927 in Brüssel die Gespräche zwischen Bohr und Einstein begonnen, die der Däne in einem längeren Aufsatz mit dem Titel «Diskussion mit Einstein über erkenntnistheoretische Probleme in der Atomphysik» zusammengestellt hat. Der Text von Bohr ist 1949 in einem Band erschienen, mit dem man Einstein zu seinem siebzigsten Geburtstag gratulieren wollte – zwei Jahre bevor er der Welt seine berühmte Zunge herausstreckte. Tatsächlich hat die Debatte zwischen Bohr und Einstein bis zu dem genannten Jahr gedauert, nur dass sie zuletzt von den anfänglichen Deutungen der Quantenphysik zu den als höherwertig eingestuften Fragen aufgestiegen war, die von der Existenz eines Gottes handeln. Inhaltlich ging und geht es bei der Quantenmechanik um eine statistische Deutung der Wirklichkeit. Die darin enthaltene Forderung, sich mit Wahrscheinlichkeiten abzufinden, statt nach der Wahrheit zu suchen, ging Einstein bis zuletzt gegen den Strich, weshalb er schweres Geschütz auffuhr. In einem Brief vom 4. April 1949, in dem Einstein sich bei Bohr für dessen Glückwünsche bedankte, meinte der Vater der Relativität, dass ein Geburtstag zum Glück keine der Gelegenheiten darstelle, «die von der bangen Frage abhängt, ob Gott wirklich würfelt oder ob wir an einer der physikalischen Beschreibung zugänglichen Realität festhalten oder nicht». Bohr antwortete eine Woche später am 11. April 1949, er könne nicht umhin, «über die bangen Fragen zu sagen, dass es sich meines Erachtens nicht darum handelt, ob wir an einer der physikalischen Beschreibung zugänglichen Realität festhalten oder nicht, sondern darum, den [von Einstein] gewiesenen Weg weiter zu verfolgen und die logischen Voraussetzungen für die Beschreibung der Realitäten zu erkennen. In meiner frechen Weise möchte ich sogar sagen, dass niemand – und nicht einmal der liebe Gott selber – wissen kann, was ein Wort wie würfeln in diesem Zusammenhang heißen soll.»

Die Diskussion zwischen Bohr und Einstein war in göttliche Höhen gekommen, nachdem die beiden in Brüssel 1927 erstmals das Doppelspaltexperiment und drei Jahre später auf einer weiteren Solvay-Konferenz Einsteins Anordnung mit dem Photon im Kasten diskutiert hatten. Bohr hat das bis zum Ende seines Lebens nicht losgelassen. Die letzte Skizze, die er am Vorabend seines Todes 1962 auf die Tafel seines Studierzimmers malte, stellte das mit Einstein erörterte Experiment dar, in dem ein Lichtteilchen einem Kästchen entweicht und dabei sein Gewicht ändert, wobei Bohr sich bis zuletzt über dessen Unbestimmtheit wunderte.

Nach 1933 lebten die beiden Forscher auf verschiedenen Kontinenten, ohne ihr philosophisches Interesse an dem Verständnis der neuen Physik zu verlieren. 1935 publizierte Einstein mit seinen beiden Mitarbeitern Boris Podolsky und Nathan Rosen einen Aufsatz mit dem Titel: «Kann die quantenmechanische Beschreibung der physikalischen Wirklichkeit als vollständig betrachtet werden?» Das Autorentrio, das später unter der Abkürzung EPR firmierte, wollte zeigen, dass es Größen gibt, die man zwar als der physikalischen Wirklichkeit zugehörig betrachten kann, die aber von der Quantenmechanik nicht erfasst werden, weshalb diese Theorie unvollständig sei und Ergänzungen nötig habe. In ihrem Artikel ließen die drei Physiker zwei Teilchen zusammenstoßen und wieder auseinanderfliegen, um zu analysieren, welche Messwerte dabei gewonnen werden können, welche anderen Parameter sich durch physikalische Erhaltungssätze berechnen lassen und welche die Quantentheorie nicht vorhersagen kann. Die Details selbst dieser einfachen Anordnung werden rasch kompliziert, können aber mit einem Begriff besser behandelt werden, der ebenfalls 1935 von Erwin Schrödinger vorgeschlagen wurde. Der Vater der Wellenmechanik, der wie Einstein mit seinen Quantenkindern nicht glücklich werden konnte, hatte bei sorgfältigem Durchdenken aller atomaren Abläufe bemerkt, dass es in diesem Innersten der Welt Zustände gibt, die miteinander korrelieren, ohne dass zwischen ihnen eine physikalische Wechselwirkung nachweisbar wäre. Schrödinger sprach davon, dass die Quantenphysik den Menschen eine verschränkte Welt zeige. Allgemein meinte er, die Verschränkung – «entanglement» auf Englisch – sei das eigentliche Charakteristikum der atomaren Ebene. Als Einstein davon hörte, sprach er, der um hübsche Formulierungen nie verlegen war, von einer «spukhaften Fernwirkung», die er von sich weisen wollte, die inzwischen aber doch in zahlreichen Experimenten nachgewiesen werden konnte. Mit der Verschränkung, die manche auch boshaft als EPR-Korrelation bezeichnen, weil sie in der Arbeit des Trios ausfindig gemacht werden kann, muss der naive Atomismus begraben werden, demzufolge Materie aus kleinsten Teilchen besteht, die man einzeln zusammensetzen kann. Mit der Wirklichkeit der Verschränkung wandeln sich Atome von isolierbaren zu offenen Systemen, die vor allem dank der Wechselwirkung mit ihrer Nachbarschaft existieren. Die materielle Realität wird in der neuen Sicht zu einem Ganzen, das nicht aus einzelnen Teilen (Atomen) aufgebaut ist. Es erlaubt zu sagen, dass Atome keine empirische Größe sind, die Erfahrungen der experimentellen Naturforschung repräsentieren. Atome sind vielmehr archetypische Ideen, die dem kollektiven Unbewussten der Menschen zugehören. Es bleibt das kuriose Paradoxon, dass sich diese Ganzheit zeigt, seit man ein Loch in der Welt gefunden hat, das Quantum der Wirkung eben. Die polare Sicht der Dinge, ein Kind der Romantik, wird in der Quantenmechanik erwachsen.

So weit sind Bohr und Einstein in ihren Debatten nicht gegangen, da sie sich nach und nach von der physikalischen auf eine philosophische Ebene begeben haben, in der sie letzten Endes um eine uralte Frage stritten, die umfassender als alle Wissenschaft ist. Wie den oben aus dem Jahr 1949 zitierten Briefen zu entnehmen ist, ging es den beiden großen Physikern letztlich um ihr Verständnis von Gott, was man auch als die Frage formulieren kann, ob eine atheistische Annäherung an die Welt mit ausschließlich wissenschaftlichen Mitteln eine rationale Möglichkeit für Menschen darstellt. Kann man gleichzeitig aufrechter Physiker und wahrhaftiger Atheist sein, wie Bohr es vorzuleben versuchte?

Er war darin wesentlich konsequenter als Einstein, der gerne seine Späßchen mit dem Herrn trieb, der etwas von seiner kosmischen Religiosität murmelte und sich zur Beruhigung der Gläubigen zu dem Gott des Philosophen Baruch Spinoza bekannte, der sich in der Harmonie des Seienden offenbare.

Bohr dachte diesbezüglich völlig anders. Für ihn war jeder Gott noch nicht einmal eine Möglichkeit, die man verwerfen konnte. Die Welt war für ihn keine Schöpfung Gottes, sondern einfach da, so wie das Quantum der Wirkung einfach da war. Auch der Mensch war einfach da, konnte dann allerdings zum Mitspieler im großen Drama des Daseins werden, das weder einen Autor noch eine Autorin kennt und dessen Handlung nicht festgeschrieben ist, sondern sich im Gegenteil entwickelt.

Zwar erweckte Einstein bei vielen seiner Bewunderer den Eindruck, der freieste Mensch zu sein – und dieser Eindruck spiegelte sich auch in seinem Aussehen. Aber er wollte und propagierte das Gegenteil, nämlich eine sauber geregelte und vorhersagbare Welt, in der auch den Worten eine klare und feststehende Bedeutung zukam. Bohr hingegen fühlte sich wohler in einer offenen Welt, in der man bis zum Ende seines Lebens um dessen Sinn und die Bedeutung der Worte ringen musste. In Gesprächen, die diese Thematik berührten, erzählte Bohr häufig die Geschichte von den drei chinesischen Philosophen, denen «Lebenswasser» gereicht wird, was auf Deutsch mit Essig übersetzt werden müsste. Der erste Philosoph meinte: «Es ist sauer!». Der zweite beklagte sich: «Es ist bitter!» Der dritte freute sich: «Es ist frisch!» Ihm gehörte Bohrs Sympathie.

9

# Zwei seltsame Herren (1928/29)

«Eine mathematisch schöne Theorie ist eher richtig als eine hässliche, die mit gewissen Versuchsergebnissen übereinstimmt.»

*Paul Dirac*

«Die Erkenntnisse der moderneren Physik haben die Einstellungen des Menschen zu archetypischen Vorstellungen, die den Begriffen Materie und Energie zugrunde liegen, wesentlich verändert.»

*Wolfgang Pauli*

An der Universität Moskau wird jeder weltberühmte und oftmals mit Nobelwürden ausgestattete Gastredner, der dort zu einem Vortrag eingeladen ist, am Ende seines Auftretens gebeten, auf einer Tafel einen Satz niederzuschreiben, den der Gefeierte (nur selten eine Gefeierte) als eine Art Sinnspruch den nachwachsenden Generationen mit auf den Lebensweg geben möchte. Als Niels Bohr diese Ehre zuteilwurde, füllte er die Tafel mit den lateinischen Worten, «Contraria non contradictoria sed complementa sunt.» Gegensätze stellen keine Widersprüche dar, sie ergänzen sich vielmehr einander auf komplementäre Weise. Der japanische Teilchenphysiker Hideki Yukawa, der 1949 mit dem Nobelpreis für seine (heute eher übergangene) Theorie von Kernkräften ausgezeichnet wurde, notierte den schlichten Satz: «Im Prinzip ist die Natur einfach.» Und Paul Dirac, der seltsame Engländer, der in diesem Kapitel endlich die ihm schon länger zustehende Rolle bekommen soll, teilte dem Publikum und den Fotografen seine Überzeugung mit: «Ein physikalisches Gesetz muss mathematisch schön sein.»

## *«Der seltsamste Mensch»*

«The strangest man», der seltsamste Mensch, so wurde Dirac einmal von Bohr charakterisiert, und so heißt auch eine Biographie des merkwürdigen Briten, dem 1933 als jüngstem Theoretiker in der Geschichte der Nobelpreis zugesprochen wurde – zusammen mit dem fast fünfzehn Jahre älteren Erwin Schrödinger. Der 1902 im britischen Bristol geborene Dirac war bei der Preisverleihung tatsächlich noch nicht so alt wie der ebenfalls blutjunge Heisenberg. Seltsame äußere Umstände brachten es mit sich, dass die drei Theoretiker der Quanten 1933 gemeinsam nach Stockholm kamen und bei ihrer Ankunft mit unterschiedlichen Frauen auf dem Bahnhof fotografiert wurden (Abb. 22). Die beiden unverheirateten Knaben wurden von ihren Müttern begleitet, wohingegen der ältere dritte Mann seine Frau mitbrachte – was die Anmerkung provoziert, dass Schrödinger wahrscheinlich lieber mit einer damals aktuellen Geliebten gekommen wäre, aber das schwedische Königshaus hätte gegen deren Anwesenheit bei der Zeremonie der Preisverleihung und in den Nächten im Stockholmer Grand Hotel wohl protestiert.

Paul Dirac muss eine schreckliche Kindheit gehabt haben. Er wuchs in Familienverhältnissen auf, für die das Wort «gestört» wahrscheinlich ein Euphemismus ist. Die Belastungen kamen vor allem durch Diracs Vater Charles zustande, der aus der französischen Schweiz stammte, nach Bristol ausgewandert war und sich hier als disziplinbesessener Lehrer und Erzieher austobte. Er zeigte keinerlei Gefühle oder Zuneigung, setzte Elternliebe mit strenger Zucht und Ordnung gleich und trennte seine Familie beim Essen. Er selbst nahm es in einem separaten Zimmer zusammen mit seinem Sohn Paul ein, der dabei nur Französisch sprechen durfte und für jeden Fehler hart bestraft wurde. Paul war es selbst dann nicht erlaubt, vom Tisch aufzustehen, wenn er sich erbrechen musste, was ihn kurzfristig in einen erbärmlichen Zustand versetzte und ihm langfristig (lebenslange) Magenschmerzen einbrachte. Der ältere Bruder Felix hielt die Tortur nicht aus und setzte seinem Leben ein frühes Ende. Paul Dirac hielt durch und feierte den Tod seines Vaters im Jahre 1936 mit den Worten: «Jetzt fühle ich mich viel freier.» Und dann fügte er noch hinzu: «Ich schulde ihm nichts.»

Abb. 21: Werner Heisenberg und Paul Dirac
*Die Aufnahme entstand während eines Besuchs in Chicago 1929*

Es wird niemanden verwundern, dass Dirac anfing, sich in jungen Jahren von Menschen zurückzuziehen, wobei der talentierte Junge das Glück hatte, über eine besondere Begabung für die Welt der Mathematik zu verfügen. Was man klassische Bildung nennt, ist ihm unter diesen Umständen im Wesentlichen fremd geblieben, er «schätzte den Wert alter Kulturen nicht sonderlich». Als er sich eines Tages als bereits gefeierter Theoretiker bereitfand, Bohr in eine Kunstgalerie in Kopenhagen mit modernen Ausstellungsstücken zu begleiten, meinte Dirac zu einem der dort abgebildeten Boote: «Das sieht so aus, als ob der Maler noch nicht fertig geworden ist.» Und über die abstrakten Bilder urteilte er insgesamt: «Einige gefallen mir, weil der Grad der Ungenauigkeit auf der Leinwand überall derselbe ist.» Bei den Unterhaltungen mit den Physikern in Kopenhagen erweckte Dirac den Eindruck, seine Beiträge zu den Gesprächen beschränkten sich auf drei Bemerkungen: «Ja», «Nein» und «Ich weiß nicht». Dabei bedeutete «Ja» nicht, dass Dirac mit einer Ansicht einverstanden war. Er wollte seinen Gesprächspartner

Abb. 22: Paul Dirac, Werner Heisenberg und Erwin Schrödinger
*Hier mit Heisenbergs Mutter, Schrödingers Frau und Diracs Mutter (von links) 1933 in Stockholm*

mit der positiven Antwort nur ermutigen, sein Argument weiterzuentwickeln.

Dirac sprach kaum über seine Kindheit, konzentrierte sich stattdessen auf seine mathematischen Fähigkeiten zur Behandlung physikalischer Probleme. Als Zwölfjähriger wechselte er von der Grundschule an das weiterführende Technikum in Bristol, das im selben Gebäude wie die Universität untergebracht war. Nach dem Schulabschluss begann er dort ein Studium der Elektrotechnik, wobei die Entscheidung für diese Richtung vermutlich der letzte Versuch war, seinem Vater so etwas wie Verständnis abzuringen. Dirac erhielt 1921 zwar in seinem Fach ein Universitätsdiplom mit Auszeichnung, hatte sich aber in den Jahren zuvor längst innerlich von der Elektrotechnik verabschiedet, weil er einer wachsenden Faszination für die neue Physik erlegen war. Besonders Einsteins Allgemeine Relativitätstheorie und die dazugehörigen kosmischen Vorstellungen einer gekrümmten Geometrie der Raumzeit versetzten ihn in staunende Erregung. Bedingt durch die wirtschaftliche Depression in England in den Jahren nach dem Weltkrieg, folgten einige schwierige Monate, bis Dirac im Herbst 1923 mit einem Stipendium an die Universität von Cambridge gehen konnte, wo es von bedeutenden Gelehrten nur so wimmelte. Der theoretische Astrophysiker Ralph Fowler nahm ihn unter seine Fittiche und gab Diracs Leben eine entscheidende Wendung: Im September 1925 brachte der Briefträger einen größeren Umschlag zu Dirac; er enthielt die 15 Seiten der Druckfahnen, die Fowler von Heisenberg selbst bei einem persönlichen Zusammentreffen mit der Bitte um Durchsicht überreicht worden waren. Es handelte sich um das in deutscher Sprache verfasste Ergebnis der Nacht auf Helgoland, es ging also um Heisenbergs berühmten Versuch einer «quantentheoretischen Umdeutung» der herkömmlichen Physik. Dirac, der ein wenig Deutsch konnte, entzifferte langsam und gründlich die Zeile unter dem Titel. Hier hatte Heisenberg geschrieben: «In der Arbeit soll versucht werden, Grundlagen zu gewinnen für eine quantentheoretische Mechanik, die ausschließlich auf Beziehungen zwischen prinzipiell beobachtbaren Größen basiert ist».

Zuerst stufte Dirac den Ansatz von Heisenberg als zu kompliziert ein – wie viele andere auch – und legte das Manuskript als «of no interest» beiseite. Zehn Tage später aber nahm er es sich erneut vor, weil ihn eine Bemerkung von Heisenberg nicht losgelassen hatte. Sie findet sich in der Mitte der Arbeit, und die Rede ist davon, dass in der neuen Theorie Größen auftauchen, die zwar miteinander multipliziert werden können, aber nicht so, wie man es von Zahlen gewohnt ist. Während man bei Zahlen die Reihenfolge beim Malnehmen verändern kann, geht das, wie bereits erwähnt, mit den absonderlichen Gebilden nicht, die Heisenberg zwar erfunden hatte, von denen er aber (damals noch) nicht wusste, dass Mathematiker sie als Matrizen kannten. Während Heisenberg das komische Verhalten seiner damals ungewohnten und heute so verbreiteten Zahlengebilde in seiner Arbeit eher nebenbei erwähnte, um mögliche Gutachter nicht zu verprellen, die vielleicht meinen könnten, dass der ungestüme junge Autor hier zu weit gegangen sei, sagte Diracs innere Stimme, dass man in dieser Nichtvertauschbarkeit der Matrizen den Schlüssel zu der neuen Wissenschaft gefunden habe, die heute Quantenmechanik heißt. Dirac reagierte derart aufgeregt und mit Enthusiasmus auf die Existenz und besonderen Eigenschaften von Heisenbergs Rechengebilden, dass er das erste und einzige Mal die eiserne Regel brach, mit seinen Eltern kein einziges Wort über seine Arbeit zu sprechen. Dieses eine Mal – und danach nie wieder – erzählte er ihnen, dass jemand gefunden habe, es gebe in der Physik nichtvertauschbare Gebilde namens Matrizen, mit denen er sich jetzt beschäftigen wolle.

### *Die Transformation*

Während Dirac über die nicht vertauschbaren Größen in Heisenbergs Arbeit nachgrübelte, fiel ihm unter anderem auf, dass dort Einsteins relativistische Gedanken keine Rolle spielten, obwohl doch die Geschwindigkeiten der Elektronen in der Nähe der Lichtgeschwindigkeit liegen müssten, wie Dirac abschätzte und im Hinterkopf behielt. Erst einmal aber kümmerte er sich um den Unterschied, der bei der Multiplikation von zwei Matrizen entsteht – sie sollen hier A und B heißen –, also auf die Differenz von AB und BA. Als Dirac sie als Rechnung aufschrieb und auf dem Papier das Gebilde AB-BA vor sich sah, ging ihm ein Licht auf. Es kam vor allem auf diese Differenz an. Nicht die Bahnen waren wichtig, von deren Existenz Bohr damals noch bei seinen Überlegungen ausging, sondern die energetischen Unterschiede zwischen diesen Umläufen und den dazugehörigen Zuständen.

Von den Unterschieden bei den Multiplikationen hatte Dirac, wie er sich erinnerte, in Vorlesungen gehört, als die Methode vorgestellt worden war, mit der William Hamilton im Irland des 19. Jahrhunderts Bewegungen berechnet hatte. Dem Mathematiker aus Dublin war dabei etwas zu Hilfe gekommen, das zuvor sein französischer Kollege Siméon Poisson eingeführt hatte und seitdem mit dessen Namen als Poisson-Klammer benannt wird, in der eine Differenz notiert wird. Dirac traf diese plötzliche Einsicht aus heiterem Himmel, als er an einem Sonntag im Oktober 1925 auf einem seiner langen Spaziergänge unterwegs war. Gleich am Montag suchte er frühmorgens die Bibliothek auf und fand in wenigen Minuten das von ihm gesuchte Buch des britischen Astronomen und Mathematikers Edmund Whittaker, das dem Studenten Dirac als Lehrbuch gedient hatte. Es bot *A Treatise on the Analytical Dynamics of Particles*, handelte also mit analytischen Verfahren die Bewegung von

Teilchen ab, und führte auf Seite 299 die Poisson-Klammern für die dynamischen Gleichungen ein. Mit ihrer Hilfe lassen sich die besonderen Eigenschaften ausdrücken – was Whittaker ausführlich beweist und hier nur erzählt wird –, die dann unverändert (invariant) bleiben, wenn man die Art der Beschreibung wechselt, mit der man einen physikalischen Ablauf erfassen und berechnen will. Die Poisson-Klammern boten also demjenigen eine große Hilfe an, der Teilchenbewegungen umdeuten will, wie Heisenberg es unternommen hatte, oder der den ganzen mathematischen Apparat der klassischen Physik umformen – transformieren – will, wie Dirac es sich plötzlich zutraute. Das genau war es doch, was er in den einsamen Jahren seiner Jugend und seines Studiums immer wieder probiert hatte: sich abstrakte mathematische Größen vornehmen, die auf irgendeine Weise mit physikalischen Eigenschaften wie Geschwindigkeit oder Energie zu tun hatten, und sie so lange spielerisch kombinieren, bis dabei etwas entstand, das ihm gefiel und sein Herz höherschlagen ließ, weil es durch seine mathematische Eleganz etwas über die Natur verriet. Und so spielte Dirac voller Enthusiasmus mit Matrizen und Klammern, schob die mathematischen Zeichen mit zunehmender Leichtigkeit sowohl in seinem Kopf als auch auf dem Papier hin und her, bis sich plötzlich die berühmte Gleichung mit der Poisson-Klammer ergab, deren kanonische Form heute in den Lehrbüchern mit den drei Namen Born-Heisenberg-Jordan verbunden ist. Bei Dirac stand auf dem Zettel mit seinen Notizen (hier wiedergegeben auf Deutsch):

Ortssymbol mal Impulssymbol – Impulssymbol mal Ortssymbol = $i\hbar$

Dirac publizierte seine in ruhiger Einsamkeit entwickelten aufregenden Ideen unter der ehrgeizigen Überschrift «The Fundamental Equations of Quantum Mechanics» und schickte die Druckfahnen seines Aufsatzes über «Die grundlegenden Gleichungen der Quantenmechanik» an Heisenberg. Dieser machte in seiner Antwort Dirac höflich und vorsichtig auf den ihm hoffentlich nicht allzu sehr zusetzenden Tatbestand aufmerksam, dass man in Göttingen diese Resultate schon vor einiger Zeit gefunden habe. Heisenberg beeilte sich in nachfolgenden Briefen, Dirac zu versichern, dass diese Bemerkungen nicht als Kritik zu verstehen seien, dass seine wundervolle Arbeit viel Staunen und gar Bewunderung ausgelöst habe, vor allem weil er deren Ergebnisse selbständig und völlig allein gefunden und in brillanter Einfachheit zusammengestellt habe. Die von ihm angenommene Allgemeingültigkeit und Anwendungsfähigkeit würde das Zutrauen in die noch neue Theorie bestärken und dafür sorgen, dass die neue Physik mehr Anhänger finden und auf dieser Weise die Erschließung der Atome und das Verständnis ihrer Bestandteile vorankommen könne.

Natürlich war Dirac darüber enttäuscht, dass er diesmal zu spät gekommen war, aber schon bald begann er intensiv darüber nachzudenken, wie sich Einsteins Theorie der Relativität mit der Quantenmechanik zusammenführen ließe. Er vertraute darauf, dass seine von den Kollegen allgemein als Transformationstheorie bezeichnete Darstellung ihn zum Ziel führen würde. Seiner Ansicht nach musste es noch eine bislang verborgene Möglichkeit der Transformation der Gleichungen geben, die er glaubte finden zu können. Und so machte er sich erneut an seine mathematischen Spielereien mit den Symbolen, denen er relativistische Züge anhängen wollte. In den bisher erfolgreich genutzten Beschreibungen von Elektronen tauchten deren Energie oder Impuls nur als einfache Größen auf. Dirac versuchte es nun mit ihren Quadraten, wie sie auch in der klassischen Physik auftauchen, etwa in Einsteins berühmter Formel $E = mc^2$ oder wenn es um die Bewegungsenergie eines beschleunigten Körpers geht. Dirac jonglierte und probierte das ganze Jahr 1927 herum. Es fällt schwer, sich einen Arbeitstag von Dirac im Detail vorzustellen. Morgens setzte er sich an seinen Schreibtisch und stands abends meist ohne Ergebnis auf, um am nächsten Morgen das zähe Spiel von Neuem zu beginnen.

Dirac brütete Wochen und Monate, bis sich endlich im Dezember 1927 die Zeichen auf dem Papier rundeten und zu dem Gebilde formten, das als Dirac-Gleichung die Physikwelt bald begeistern sollte. Mit dieser Gleichung gelang ihm nicht nur die erste Beschreibung eines Elektrons, die mit Einsteins relativistischen Forderungen konform ging, sein Vorschlag lieferte darüber hinaus zwei sensationelle Erkenntnisse, die aber unterschiedlich rasch verstanden und gefeiert wurden.

### *«Die Prinzipien der Quantenmechanik»*

Von aktiv forschenden und an vorderster Front kämpfenden Wissenschaftlern kann man so manches erwarten, nur nicht, dass sie ein Lehrbuch schreiben. Doch Dirac unternahm genau dies, und er begann damit nach dem Triumph, der mit der Aufstellung der Dirac-Gleichung einherging. Als er sein Meisterwerk vollbracht hatte, setzte sich der Theoretiker zur allgemeinen Überraschung hin und verfasste ein elegant geschriebenes Lehrbuch über *Die Prinzipien der Quantenmechanik*, in dessen Vorwort er deutlich hervorhob, warum man eine Transformationstheorie wie die seine brauche, nämlich «um sich von physikalischen Vorgängen eine Vorstellung in Raum und Zeit zu machen». Wie sich in jüngster Zeit – gemeint sind die 1920er Jahre – herausgestellt habe, so Dirac, arbeite die Natur «nach einem ganz anderen Plan», als es sich die klassischen Physiker seit Galilei und Newton gedacht und erhofft hatten. Die Grundgesetze der Natur «beziehen sich nicht ganz unmittelbar auf eine Welt, die wir uns in Raum und Zeit vorstellen können, sondern diese Gesetze gelten für ein Etwas, von dem wir uns keine anschauliche Vorstellung machen können, ohne ganz unwesentliche Züge mit aufzunehmen», wie es Dirac eindrucksvoll einfach formuliert, um dann festzustellen:

«Um diese Gesetze zu formulieren, brauchen wir eine Transformationstheorie», denn «die wesentlichen Dinge der Welt treten als Invarianten dieser Transformationen auf», und Diracs wunderbare Theorie gibt sie explizit an. Um das Gerüst so elegant und schön wie möglich beschreiben zu können, erfindet Dirac für die 1947 erscheinende dritte Auflage seines Lehrbuchs eine besondere Notation, mit deren Hilfe er einen Quantenzustand etwa für den Impuls p in eine Art Klammer setzt und ihn mit |p> schreibt, während er den dazu komplementären Zustand umgekehrt klammert und ihn mit <p| notiert. Er kann dann die symmetrische Kombination <p|p> nutzen, wobei er das englische Wort «bracket» für Klammer in zwei Teile aufspaltet und von den Bra- und dem Ket-Zustand einer quantenmechanischen Variablen spricht. Dies erscheint seinen Kollegen weltweit erneut wunderbar und phantastisch, während es bei Laien verständlicherweise Symptome der Überforderung aufkommen lässt.

Zu Ihrer Beruhigung: Dirac könnte dieses Gefühl nachvollziehen, kam ihm doch die gesamte erstaunlich bleibende Quantenmechanik immer mehr wie eine Theorie vor, die man zwar technisch beherrschte und die zudem physikalisch funktionierte, die aber trotzdem niemand zu verstehen schien. Sie wirkte auf ihn wie ein Wunder, so wie seine mathematische Eleganz den anderen Physikern erschien, die sich den Atomen und ihren Elektronen zuwandten. Es war schon verrückt, was für Möglichkeiten auf die Menschen im Innersten der Welt warteten und welche sie davon ergreifen konnten, und das sollte so weitergehen.

Ein erstes, beinahe ungläubiges Staunen löste unter seinen Kollegen die Tatsache aus, die Dirac im 76. Kapitel seines Lehrbuchs unter der Überschrift «Das Auftreten des Spins» ankündigt. Seine Gleichung sagte voraus, dass ein Elektron einen Spin von der Größe $1/2\,\hbar$ haben muss, um aus seinem gesamten Impuls eine Konstante der Bewegung machen zu können. Hätte Pauli nicht vorher – aus völlig anderen Gründen – mit dem Spin eine vierte Quantenzahl eingeführt, die Elektronen zu ihrer Beschreibung brauchten, Diracs Gleichung hätte die Existenz dieser klassisch unvorstellbaren Eigenschaft vorhergesagt, und zwar sowohl qualitativ als auch quantitativ. Es ist und bleibt erstaunlich, wie eine elegante mathematische Form Auskunft über die mit ihrer Hilfe zugängliche physikalische Wirklichkeit geben kann.

Als Dirac einmal gefragt wurde, wie er sich gefühlt habe, als er die wundersamen Gebilde aus mathematischen Symbolen erstmals vor sich sah und ihre reale Vorhersagekraft spüren konnte, meinte er, er habe zwischen Ekstase und Angst geschwankt. Seine Sorge sei gewesen, was der Brite Thomas Huxley 1870 als «größte Tragödie der Wissenschaft» beschrieben habe, nämlich die Vernichtung einer schönen Theorie durch eine hässliche Tatsache. Dirac fürchtete auch in seinem Fall eine Blamage dieser Art, schrieb seine Einsichten aber trotzdem auf und schickte am 1. Januar 1928 das Manuskript an eine Zeitschrift, die es unter der Überschrift «Die Quantentheorie des Elektrons» alsbald publizierte. Max Born in Göttingen sprach nach der Lektüre der Diracschen Theorie von einem «absoluten Wunder», das allerdings in seiner engeren Umgebung eine persönliche Katastrophe auslöste. Pascual Jordan, der Mitautor der großen Dreimännerarbeit, der schon länger über dasselbe Problem wie Dirac grübelte und nicht weitergekommen war, konnte nun mit dem Nachdenken darüber aufhören. Diesmal war Dirac den Göttingern eindeutig zuvorgekommen. Jordan fiel daraufhin in eine tiefe Depression, und Born musste viel Trostarbeit aufbringen, um seinem Kollegen weiter Lust auf Physik zu machen. Vielleicht gab es noch etwas Weitergehendes als «die Quantentheorie des Elektrons», nämlich eine Quantentheorie des Atomkerns und seiner Konstituenten. Wer sollte das wissen?

### *Die Löcher im See*

Dirac fühlte sich derweil nicht unbedingt besser, kam es ihm doch trotz des Triumphes auf einmal so vor, als ob er mit seiner allseits bewunderten Gleichung in Schwierigkeiten geraten und eine Blamage erleben könne, und zwar wegen der schon erwähnten zweiten Sensation, die seine Arbeit mit sich brachte. Dank der eingeführten Quadrate konnte er zwar eine erfolgreiche Theorie des Elektrons formulieren, doch hatten diese Quadrate zugleich die manchmal hässliche Eigenschaft, aus zwei Werten einen zu machen. Ob man 2 oder –2 quadriert, macht keinen Unterschied, in beiden Fällen bekommt man 4. Dass die Energie in Diracs Gleichung quadratisch in Erscheinung trat, deutete von der Mathematik her aber auch die Möglichkeit an, dass sie in negativer Form vorliegen konnte. Aber was sollte das physikalisch für ein Zustand sein, der durch eine negative Energie charakterisiert ist? Wie sollte man sich Teilchen mit negativer Energie überhaupt vorstellen? Und wie sollen es Gebilde mit positiver Energie schaffen, in Zustände mit negativer Energie überzugehen, wie es die Dirac-Gleichung auch ermöglichte oder sogar forderte?

Das Hirngespinst sah – für Menschen mit einem mathematischen Blick und dazugehörigen Neigungen – zwar wunderschön und herrlich kompakt aus. Aber hatte es irgendeinen Wahrheitswert? Gab es irgendeine Auskunft über das Wirkliche oder physikalisch Reale in der Natur?

Wie sich herausstellte, brauchte sich Dirac keine Sorgen zu machen. Im Gegenteil! Mit seiner Gleichung übertraf er alle Erwartungen (Abb. 23). Nicht nur, dass sie den Spin von bereits bekannten Teilchen wie den Elektronen vorhersagen oder verständlich machen konnte. Sie lieferte zudem Kunde von einer bislang unbekannten Welt, die man heute mit dem schlichten Wort «Antimaterie» bezeichnet. Dirac hatte mit seinen

$$(i\gamma^{\mu}\partial_{\mu} - m)\Psi = 0$$

Abb. 23: Die Dirac-Gleichung
*Es wird kein Versuch unternommen, die Symbole in dem System zu erläutern, die zusammen die Dirac-Gleichung ergeben. Man sollte aber wissen, dass die Physiker ihr den Schönheitspreis ihrer Zunft gegeben haben und diese Zeichen auf dem Papier die Existenz von Antimaterie vorhersagen, wenn man sich in sie vertieft.*

Überlegungen das Tor zu einer zweiten Form des Daseins der Dinge gefunden und geöffnet. In der Physik kommen nicht nur Teilchen vor, es können auch Antiteilchen auftreten, was anfänglich schwer zu verdauen war. Als Dirac sich 1928 konkret fragte, wie ein Antielektron aussehen oder wie es existieren oder sein «In-der-Welt-Sein» hinbekommen könne, dachte er zunächst daran, nur die Ladung eines Elektrons mit einem Minuszeichen zu versehen. Da die Physik damals nur zwei Partikel kannte – das leichte Elektron und das schwere Proton –, kam Dirac mit seinen Überlegungen zunächst nicht weiter. Denn seine Wunderformel verlangte, dass ein Antielektron so schwer sein müsse wie ein Elektron – das Proton kam also für diese Rolle gar nicht in Frage, da es über die 2000-fache Masse verfügt. Außerdem würde dann die Materie sofort mit Antimaterie zusammenrasseln und in einem Strahlenblitz viel Energie freigeben, was aber – ebenso wenig wie das dazugehörige Verschwinden eines gesamten Atoms – niemals beobachtet worden war.

Mit anderen Worten: Die Antimaterie konnte nicht einfach in der zugänglichen Welt vorhanden sein und sich dort frei bewegen. Sie musste sich irgendwo unsichtbar auf vertrackte Weise versteckt halten. 1929 kam Dirac mit einem ungewöhnlichen Vorschlag für den Ort der bislang nur mathematisch greifbaren Antimaterie. Er schlug vor, sich das Vakuum, das Nichts, nicht als einen leeren Bereich des Wirklichen vorzustellen, sondern dabei im Gegenteil an eine Art See zu denken, der randvoll mit Zuständen negativer Energie besetzt ist. Wenn allerdings genügend Energie in diesen Dirac-See einschlägt – so ging der Vorschlag weiter –, dann werden Elektronen, die in dessen Tiefe ausharren, sie einfangen, dadurch in angeregte Zustände mit positiver Energie umgeformt und an die Oberfläche katapultiert werden, von wo aus sie sich anschließend durch die wirkliche Welt bewegen und dort zeigen. Diese Verwandlung mit dazugehörigem Herausschleudern hat zur Folge, so führte Dirac weiter aus, dass in dem See die frei gewordenen Plätze als Löcher erstens eine positive Ladung tragen und sich zweitens wie normale Teilchen mit positiver Energie verhalten.

Diracs Konstruktion wurde anfänglich in Physikerkreisen ziemlich skeptisch beurteilt, worüber sich niemand wundern wird. Die Zweifel der Kollegen hielten aber nur so lange, bis 1932 der Amerikaner Carl D. Anderson genau solch ein von Dirac vorhergesagtes Loch, ein Antielektron, nachweisen konnte, das seitdem einen schöneren Namen bekommen hat, nämlich den des Positrons.

Mit dem experimentellen Auffinden der Löcher und dem damit erfolgten Nachweis von Antimaterie wurde klar, dass Dirac beim mathematischen Spiel eine zweite Welt entdeckt hatte – die Welt der Antiteilchen. Und als er nach der triumphalen Bestätigung seiner erstaunlichen Ideen den Nobelpreis für Physik zugesprochen bekam, trug er in Stockholm bei den Feierlichkeiten als einunddreißigjähriger Laureat souverän über «Die Theorie der Elektronen und Positronen» vor. Für die Zuhörenden allerdings war nicht zu verkennen, dass der Gefeierte ein wenig seiner früheren Idee nachtrauerte, das Antielektron mit dem Proton identifizieren zu können. Hätte man nämlich diese schweren Kernteilchen als negative, von den Elektronen verlassene Energiezustände deuten können, dann wäre für Dirac in Erfüllung gegangen, was ihm «der Traum der Philosophen» zu sein schien, nämlich die Anzahl der Elementargebilde im Innersten der Welt auf genau eins – das Elektron – zu reduzieren, das sich nur noch transformieren lassen musste, um den Rest der Welt werden zu lassen. Mehr Vereinfachung war nicht denkbar. Eigentlich schade, dass die Dinge nicht so liegen.

### *Zwei merkwürdige Zahlen*

Nachdem jetzt alle drei der grundlegenden und gefeierten Gleichungen der Quantenmechanik eingeführt worden sind – in historischer Reihenfolge die Born-Heisenberg-Jordan-Gleichung, die (zeitabhängige) Schrödinger-Gleichung und die Dirac-Gleichung –, kann darauf hingewiesen werden, dass sie bei aller Verschiedenheit etwas gemeinsam haben. Und zwar findet sich in allen Grundgesetzen das Produkt aus der imaginären Einheit i und der reduzierten (also durch 2π geteilten) Planck'schen Konstante ħ – gesprochen «h quer», worüber man sich wundern kann.

Wenn man der Ansicht zuneigt, dass die Natur in physikalischen Gleichungen dem Menschen etwas aus ihrer Innenwelt zu erkennen gibt, dann kann man jetzt fragen, was sie den Neugierigen mit dem Produkt i mal ħ zeigen oder klarmachen will. Gibt uns das Produkt aus i und ħ einen Einblick in die Ursachen oder den Urgrund der Dinge, aus dem heraus die Möglichkeiten zu wachsen vermögen, mit deren Hilfe in der Welt die Wirklichkeit entstehen kann, die Menschen erleben und zu verstehen versuchen?

Ist man der (anderen) Ansicht, dass die Gleichungen der Physik Schöpfungen von Wissenschaftlern sind, die in der Absicht entworfen werden, die Natur durch die selbst geschaffene Formen fassbar oder erfassbar zu machen, dann kann man sich oder andere jetzt fragen, aus welchen Tiefen des Bewusstseins sich zum einen das imaginäre i meldet und was zum Zweiten der transzendentalen Zahl π ihren Auftritt ermöglicht, die in dem ħ steckt.

Was auf jeden Fall zu beachten ist: Sowohl i als auch π führen auf dieselbe geometrische Größe, die man Einheitskreis nennt. In der realen Welt hat ein Kreis mit dem Radius 1 den Umfang 2π, und in der komplexen Zahlenebene mit imaginärer Achse kann man durch vierfach wiederholtes Malnehmen von i mit sich selbst die Reihe i, –1, –i, 1, i durchlaufen und dabei konstruieren, was der Physiker Wolfgang Pauli als Ring i bezeichnet hat und was weiter oben schon erwähnt wurde – ein unwirklicher (imaginärer) Einheitskreis mit dem Umfang 2π.

Wenn mathematisch von Kreisen die Rede ist, tauchen physikalisch gesehen Drehungen auf, und eigentlich sind es solche Rotationen, die Menschen faszinieren und zu Erklärungsversuchen antreiben. Das fängt mit den Umlaufbahnen (Orbits) der Planeten an und reicht bis zu den Orbitalen der Elektronen, die zwar nicht auf Bahnen zu finden sind, die aber ringförmige Strukturen erkennen lassen, wenn man nach den wahrscheinlichen Aufenthaltsbereichen fragt und diese berechnet. Und natürlich meint der nach wie vor merkwürdige Spin irgendeine Art von Drehung, und so ist der Gedanke erlaubt, dass das π in den Gesetzen der Atome diesen Umkreisungen Rechnung trägt.

## *Der Professor*

Nach seinen ersten Erfolgen bekam Dirac Einladungen nach Göttingen und Kopenhagen. Dort traf er unter anderem mit Robert Oppenheimer zusammen, der im Zweiten Weltkrieg zum Vater der Atombombe werden sollte, jetzt aber im Seminar von Max Born aufgeregt über die gerade entstehenden Theorien der Physik diskutierte, wobei sein Nuscheln es den Zuhörern oft schwer machte, mehr als ein «Njam-njam» zu verstehen. Dirac sprach viel weniger, was die Seminaristen dazu brachte, die Sprechrate von einem Wort pro Stunde als «ein Dirac» zu bezeichnen. Oppenheimer interessierte sich bei aller Liebe zur Physik auch für das Theater und Literatur, was bei Dirac Unverständnis auslöste. «In der Wissenschaft möchte man etwas sagen», so Dirac, «das noch niemand wusste, und man benutzt dazu Wörter, die jeder versteht. In der Dichtung will man etwas mitteilen, was jeder schon weiß, und man unternimmt dies mit Worten, die niemand verstehen kann.»

Oppenheimer fragte zurück, ob Dirac wirklich meine, man könne Atome wissenschaftlich so beschreiben, dass jeder und jede jedes Wort verstehe, worauf er die Antwort bekam, dass man doch fragen könne, wenn man etwas nicht verstehe. Dirac erwies sich als Meister solchen Fragens auch im einfachen Leben, zum Beispiel bei einem Tanzabend, bei dem seine Kollegen Mädchen zu einer Runde auf dem Parkett aufforderten, während Dirac nur zuschaute. «Warum tanzt du denn?», fragte er Heisenberg, der gerade Luft holend Pause machte. «Weil es ein Vergnügen ist, mit hübschen Mädchen zu tanzen», lautete die Antwort. Dirac überlegte, und nach fünf Minuten des Schweigens wollte er wissen: «Und woher weißt du vorher, dass die Mädchen hübsch sind?»

Als Dirac die Nachricht aus Schweden erhielt, dass ihm der große Preis der Physik verliehen werden sollte, dachte er zunächst darüber nach, ob er ihn nicht lieber ablehnen sollte, um dem Rummel zu entgehen, der unweigerlich dazugehört. Er sprach mit Ernest Rutherford darüber, der in schallendes Gelächter ausbrach und den jungen Mann belehrte: «Wenn du den Preis ablehnst, wird der Rummel erst recht über dich hereinbrechen», und so akzeptierte der seltsamste Mensch die Auszeichnung und fuhr nach Stockholm.

Bevor die Nachricht aus Schweden kam, bereits im Jahre 1932, war

Dirac auf einen der prestigeträchtigsten Lehrstühle Großbritanniens berufen worden, den Lucasian Chair of Mathematics, den die Universität von Cambridge an ihrem Trinity College seit dem 17. Jahrhundert besetzen kann, als ein Henry Lucas ihr dafür seinen Landbesitz vermachte. Zu den berühmten Vorgängern von Dirac zählte Sir Isaac Newton, der den Lucasian Chair 33 Jahre innehatte, und zu den bekanntesten Nachfolgern von Dirac zählt Stephen Hawking, der 30 Jahre dort seiner Arbeit nachgehen konnte. Dirac hat sie alle übertroffen, weil er den Lehrstuhl 37 Jahre besetzt hielt, bis er 1962 entschied, das englische Klima gegen die Sonne Floridas zu vertauschen, wo ihm die State University in Tallahassee ein Büro zur Verfügung stellte. Übrigens war er seit 1937 verheiratet, und zwar mit der Schwester Margit des von Dirac geschätzten Physikers Eugene Wigner, was Dirac den Scherz erlaubte, seine Frau als die Schwester von Wigner vorzustellen. Das Paar hatte zwei Kinder und lebte unspektakulär, was auch daran lag, dass Dirac in seinen späten Jahren nicht mehr solch fruchtbare Ideen wie in seinem Leben vor 1930 entwickelte. Er hatte noch aufregende Einfälle – er meinte, die Existenz magnetischer Monopole nachweisen zu können, bezweifelte die Konstanz der Gravitationskonstanten, um das Aufbrechen der Kontinente auf einer sich ausdehnenden Erde erklären zu können, stellte eine «Hypothese der großen Zahlen» auf, weil er nicht glaubte, dass das Verhältnis aus elektromagnetischer Kraft und Gravitation nicht zufällig mit dem Quotienten aus dem Radius des Weltalls und dem eines Protons übereinstimmte und den gigantischen Wert von $10^{40}$ annehmen könnte –, aber er kritisierte auch vielfach an den Bemühungen seiner Nachfolger herum, die sich nach der Quantenmechanik an einer Quantenelektrodynamik versuchten. Historisch war ja nach der Mechanik Newtons die Elektrodynamik Maxwells geschaffen worden, und warum sollte es in der Quantenwelt nicht einen ähnlichen Schritt geben können? Tatsächlich ist es in den 1940er Jahren gelungen, solch eine Theorie, die man hübsch mit QED abkürzen konnte, in mehreren Versionen aufzustellen. Aber obwohl sie die gemessenen Daten so genau wie keine andere Theorie vor ihr vorhersagen konnte, zeigte sich Dirac nicht angetan. Die QED kam ihm bei allem Drumherum hässlich vor, was seiner Grundüberzeugung widersprach, die er 1956 in Moskau auf eine Tafel geschrieben hatte: «Ein physikalisches Gesetz muss mathematisch schön sein.»

Dirac glaubte an die Schönheit, aber nicht an den lieben Gott. Als sich die Physiker 1927 auf der legendären Solvay-Konferenz in Brüssel trafen, zeigte der damals fünfundzwanzigjährige Engländer kein Verständnis für den Alten, wie Einstein den Herrn im Himmel nannte. «Ich weiß nicht, warum wir hier über Religion reden», soll er den Erinnerungen von Heisenberg zufolge gesagt haben, wobei zu bedenken ist, dass Dirac selten so lange Sätze von sich gab, wie Heisenberg ihn sprechen lässt. «Wenn man ehrlich ist», so Dirac weiter, «muss man zugeben, dass in der Religion lauter falsche Behauptungen ausgesprochen werden, für die es in der Wirklichkeit keine Rechtfertigung gibt. Schon der Begriff ‹Gott› ist doch ein Produkt der menschlichen Fantasie. Man kann verstehen, dass primitive Völker, die der Übermacht der Naturkräfte mehr ausgesetzt waren als wir jetzt, aus Angst diese Kräfte personifiziert haben und so auf den Begriff der Gottheit gekommen sind. Aber in unserer Welt, in der wir die Naturzusammenhänge durchschauen, haben wir solche Vorstellungen doch nicht mehr nötig.» Dirac schien es so, als ob das Reden über Gottes Wille, über Sünde und Buße nur zur Verschleierung der rauen und nüchternen Wirklichkeit des alltäglichen Lebens diene, und wenn auch unwahrscheinlich ist, dass Dirac so viel auf einmal in einer Debatte gesagt hat, so können Leserinnen und Leser doch Heisenbergs Wiedergaben von Diracs Gedanken trauen und sich an der Zusammenfassung erfreuen, die der mit in der Brüsseler Runde sitzende Pauli von der Diskussion machte: «Unser Freund Dirac hat eine Religion», meinte Pauli verschmitzt, «und der Leitsatz dieser Religion lautet: ‹Es gibt keinen Gott, und Dirac ist sein Prophet.›»

### *Der träumende Physiker*

In den Jahren des Erfolgs, also um 1927/28 herum, kamen sich einige der Physiker auch persönlich in dem Sinne näher, dass sie das bislang benutzte «Sie» in ihrer Post durch das vertraulichere «Du» ersetzten. Und so sprach der fleißige Briefschreiber Pauli plötzlich sowohl Bohr als auch Heisenberg mit Du an, ohne allerdings zu ihren Vornamen zu wechseln. «Lieber Heisenberg, ich danke Dir für Dein Manuskript», konnte man jetzt lesen, und daran hat sich bis zu Paulis Tod im Jahre 1958 nichts geändert. «Lieber Heisenberg!» heißt es auch noch in den 1950er Jahren, wenn Pauli sich ab und zu beklagt, dass die Briefe des seltsamen Freundes schwer zu beantworten sind.

Als die 1920er Jahre zu Ende gingen und Diracs Quantentheorie des Elektrons Triumphe feierte, als die Unbestimmtheit und die Komplementarität diskutiert wurden, und Pauli fleißig an alten und neuen Fassungen seines großen Handbuchartikels zur Quantentheorie arbeitete, die er stolz als das Alte und das Neue Testament der modernen Physik vorstellte, änderte sich noch etwas im Leben des inzwischen in Zürich zum Professor ernannten Pauli. Er heiratete im Dezember 1929 eine dreiundzwanzigjährige Frau namens Käthe Margarethe Deppner, die er in den späten 1920er Jahren kennengelernt hatte. Allerdings hatte die ihm Angetraute sich schon vor der Hochzeit in den Chemiker Paul Goldinger verliebt, mit der Folge, dass es bald zur Scheidung kam und aus Frau Pauli Frau Goldinger wurde, die sich nach Brüssel verabschiedete. Wolfgang Paulis Partnerin hat später über ihre kurze Ehe berichtet, dass ihr Ehemann vor der Hochzeit gesagt habe, er sei in der Welt der Physik ein hohes Tier und bekomme viel Post von großen Kollegen. Wenn er deren Schreiben beantworte, laufe er wie ein Löwe in seinem Käfig in der Wohnung auf und ab, um möglichst bissige Formulierungen zu finden, was ihm Spaß bereite und angenehme Befriedigung verschaffe.

Als die Ehe kein Jahr nach der Trauung im November 1930 geschieden wurde, griff Pauli zum Alkohol und zur Tabakspfeife und versuchte irgendwie wissenschaftlich wieder in die Spur zu kommen. Bereits im Dezember 1930 schrieb er einer Gruppe von Physikerinnen und Physikern, die sich in Tübingen zu einer Regionalkonferenz getroffen hatten, einen Brief an die sehr verehrten «radioaktiven Damen und Herren», in dem er mutig die Existenz eines neuen Teilchens im Innersten der Atome postulierte. Pauli hatte sich die Daten zu der als Beta-Zerfall bekannten Umwandlung von Elementen genau angeschaut und meinte nun, man könne den aus dem Atomkern kommenden Beta-Zerfall erklären, wenn die Strahlung aus dem Zentrum noch ein bislang unbekanntes Teilchen mit sich führen würde, um dessen Namen es eine milde Komplikation gibt. Paulis ursprünglicher Vorschlag lautete, es wegen seiner Neutralität – es konnte weder positiv noch negativ geladen sein – Neutron zu nennen, was aber geändert werden musste, als die Physiker 1932 tatsächlich den Kernbaustein ausfindig machen konnten, der heute so heißt – und in der Geschichte der Atombombe eine Hauptrolle spielen wird. Seitdem heißt Paulis Partikel das kleine Neutron, was man mit einem Diminutiv als Neutrino ausdrücken kann. Pauli vermutete von vorneherein, dass es schwierig sein würde, seine konkrete Existenz in einem physikalischen Experiment nachzuweisen. Das Neutrino war bloß ein Nichts, das sich drehte, allerdings genug, um die Energiebilanz beim Beta-Zerfall zu retten. Pauli wettete sogar eine Kiste Champagner, dass es nie zu seiner Bestätigung kommen würde, schämte sich später für diese pessimistische Einstellung und war froh, dass er 1954 widerlegt werden konnte, als dem amerikanischen Physiker Frederick Reines der aufwendige Nachweis eines ersten Neutrinos gelang. Die Flaschen mit dem Champagner konnten jetzt fröhlich geleert werden.

Paulis weiteres Leben spielt sich vornehmlich in Zürich und damit im Umfeld des Psychologen C. G. Jung ab. In den frauenlosen Jahren um 1932 überwältigen Pauli Tausende von Träumen oder Visionen, die er sorgfältig notiert und unter anderem mit Erna Rosenbaum bespricht, die C. G. Jung ihm empfohlen hat. C. G. Jung nutzt Paulis Traumnotizen, um einen Aufsatz über die Rolle von Traumsymbolen beim Individuationsprozess zu schreiben. Er sieht in Paulis nächtlichen Erscheinungen «Bilder von archetypischer Natur», und weckt das Interesse des Physikers an diesen Wirkungen des Unbewussten, die Pauli als komplementär zu denen des Bewussten betrachtet. Das Duo Pauli-Jung wird gemeinsam ein Werk über «Naturerklärung und Psyche» verfassen, in dem Pauli untersucht, wie sich «Der Einfluss archetypischer Vorstellungen auf die Bildung naturwissenschaftlicher Theorien bei Kepler» auswirkt. Darin stellt er fest, dass der Astronom des 17. Jahrhunderts den Vorschlag des Kopernikus von einer die Erde umkreisenden Sonne nicht aus empirischen Gründen akzeptiert hat. Diese werden erst im 19. Jahrhundert vorliegen. Kepler glaubt an das heliozentrische Modell der Welt, weil mit seiner Hilfe eine archetypische Trinität den Himmel füllt mit der Sonne, der Erde und dem Lichtstrahl, der auf die Menschen fällt. Pauli hat Keplers Schriften gründlich genug analysiert, um schreiben zu können:

«Das symbolische Bild geht bei Kepler der bewussten Formulierung eines Naturgesetzes voran. Die symbolischen Bilder und archetypischen Vorstellungen sind das, was ihn zum Suchen nach den Naturgesetzen veranlasst. Deshalb sehen wir auch Keplers Anschauung der Entsprechung der Sonne und der sie umgebenden Planeten mit seinem abstrakten sphärischen Bild der Trinität als primär an: *Weil er Sonne und Planeten mit diesem archetypischen Bild im Hintergrund anschaut, glaubt er mit religiöser Leidenschaft an das heliozentrische System* – nicht etwa umgekehrt, wie eine rationalistische Auffassung irrigerweise annehmen könnte. Dieser heliozentrische Glaube, dem Kepler seit seiner frühen Jugend treu ist, veranlasst ihn, nach den wahren Gesetzen der Proportion der Planetenbewegung als dem wahren Ausdruck der Schönheit der Schöpfung zu suchen.»

Das Wort «archetypisch» hat Kepler selbst benutzt. Er meinte damit die Urbilder, die eine Seele mit Hilfe von angeborenen Instinkten wahrnehmen kann, wie er es sich als tiefgläubiger Mensch vorstellt. Für Pauli nimmt der Astronom die Erkenntnisse der modernen Psychologie vorweg, der zufolge «jedes Verstehen ein langwieriger Prozess ist, der lange vor der rationalen Formulierbarkeit des Bewusstseinsinhaltes durch Prozesse im Unbewussten eingeleitet wird». Pauli meint, «auf dieser Stufe seien «an Stelle von klaren Begriffen Bilder mit starkem emotionalem Gehalt vorhanden, die nicht gedacht, sondern gleichsam malend geschaut werden». Ihm gefällt Jungs Vorschlag, sie als «Ausdruck für einen geahnten, aber noch unbekannten Sachverhalt» zu verstehen. Das malende Schauen stellt auf diese Weise die von einem um Erkenntnis bemühten Menschen benötigte Brücke zwischen den von außen kommenden Sinneswahrnehmungen und den aus dem Inneren aufsteigenden Ideen dar. Diese Brücke liefert eine wesentliche Voraussetzung für das Entstehen einer wissenschaftlichen Theorie.

Pauli fragt «nach der Bedeutung des Irrationalen» in der Physik oder der Wissenschaft allgemein. Er ist der Überzeugung, dass der Weg zur Wahrheit mitten hindurch «zwischen der Scylla eines blauen Dunstes der Mystik und der Charybdis eines sterilen Rationalismus» führt, wie es Victor Weisskopf einmal beschrieben hat. Dieser Weg wird immer voller Fallen sein, da Menschen nach beiden Seiten abstürzen können, wie die historischen Erfahrungen zeigen. Rettung erwächst da nicht aus dem Rückgriff auf Vernunft, so Paulis Überzeugung, sondern durch die Besinnung auf komplementäre Gegensatzpaare. «Die in Frage stehenden komplementären Gegensatzpaare sind für mich: Bewusstsein – Unbewusstes, Denken – Fühlen, Vernunft – Instinkt, Logos – Eros», und Pauli fügt hinzu: «Die sprachliche Fixierung zugunsten der *einen* Hälfte eines solchen Gegensatzpaares ist nur das sichere Symptom, dass die menschliche Ganzheit psychologisch nicht erreicht, oder sogar blockiert ist.» Helfen kann Pauli zufolge die eine große Idee, die Bohr propagiert hat und der er als Komplementarität eine bleibende Aufgabe bei der Gestaltung der Welt und ihrer Zukunft zutraut.

# 10
# Faust in Kopenhagen (1932)

«Ich bin des trocknen Tons nun satt,
Muss wieder recht den Teufel spielen.»
Mephisto im *Faust* «für sich»

*Johann Wolfgang Goethe*

1932 stellt aus vielen Gründen für die hier erzählte Geschichte ein besonderes Jahr dar. Zum einen konnten die Physiker und ihre Freunde sich im Frühjahr 1932 zum letzten Mal friedlich versammeln, bevor die unsägliche Brutalität und unerträgliche Borniertheit der Anhänger Hitlers die Welt zu zerstören begannen. Für die Physik gab es darüber hinaus im Jahr 1932 zwei besondere Gründe zu feiern, auch wenn diese außerhalb der wissenschaftlichen Kreise eher unbemerkt blieben. Zum einen konnte die Existenz des Neutrons nachgewiesen werden, mit dem sich von nun an das positiv geladene Proton den Platz im Innersten der Atome zu teilen hatte. Außerdem wurde der experimentelle Nachweis geliefert, dass es tatsächlich Positronen und die Antimaterie allgemein gab, wie es Dirac dank seiner grandiosen Gleichung vorhersagen konnte, selbst wenn sich nach diesem Fund mehr Fragen stellten als vorher. Zusätzlich gab es den zehnten Jahrestag des Bohrschen Instituts am Blegdamsvej in Kopenhagen zu feiern, und *last but not least* wusste selbst unter den – meist Deutsch sprechenden – Physikern aus vielen europäischen Ländern fast jeder, dass der hundertste Todestag von Goethe nahte, der 1832 im hohen Alter gestorben war. Der 1904 in Odessa geborene George Gamow, der immer Schabernack im Sinn hatte und keine Gelegenheit für eine Feier auslassen wollte, trommelte ab 1931 die üblichen Verdächtigen zusammen, die sich aus Kopenhagen kannten, um etwas Besonderes für die Frühjahrstagung zu planen, die schließlich in der

Abb. 24: Teilnehmer an der Frühjahrstagung 1933
*Es gibt zwar ein Bild der Tagung von 1932, aber das ein Jahr später aufgenommene Gruppenbild ist eindrucksvoller. In der ersten Reihe sieht man von links Niels Bohr, Paul Dirac, Werner Heisenberg, Paul Ehrenfest, Max Delbrück und Lise Meitner. Hinter Bohr erkennt man Carl Friedrich von Weizsäcker.*

Zeit vom 3. bis 13. April 1932 in Kopenhagen stattfinden sollte (Abb. 24). Gamow spielte alle möglichen Ideen durch, setzte sich unter anderem mit dem jungen Berliner Max Delbrück zusammen, der aus einer gebildeten Professorenfamilie stammte, und sie entschieden sich, es mit einer Faust-Parodie zu versuchen, nicht zuletzt weil es sich dabei um eine Dichtung handelte, die alle kannten, die zur Schullektüre gehörte und von der viele kultivierte Menschen – etwa der Vater von Niels Bohr – lange Auszüge auswendig deklamieren konnten. Delbrück unternahm es, Goethes «geliebtes Original» in ein eher tumultartiges Stück mit lustigen Reimen zu übersetzen. Gamow schmückte ein mit der Schreibmaschine angefertigtes Manuskript mit einer Fülle von Zeichnungen von eigener Hand und kümmerte sich zudem um eine englische Übersetzung der Kopenhagener Faust-Parodie, die er als Anhang der von ihm erzählten «Story of Quantum Theory» drucken ließ. Als «Faust –

Abb. 25: Titelblatt der Faust-Parodie

Eine Historie» im Bohr-Institut gespielt wurde, waren etwas mehr als dreißig Jahre vergangen, seit Planck seinen Kollegen den Schlüssel gereicht hatte, mit dem sich das Tor zur inneren Welt aufschließen ließ (Abb. 25).

### *«Faust – Eine Historie»*

In Goethes Tragödie fallen die zentralen Rollen neben der Hauptfigur des Gelehrten Faust dem lieben Gott und dem Teufel namens Mephistopheles zu. Völlig klar und unumstritten war, dass der gute Bohr als «Der Herr» agieren sollte, während der zynische Pauli den Part des Mephisto zu übernehmen hatte. Dabei traten Bohr und Pauli bei der Aufführung der Parodie im Kopenhagener Frühling nicht persönlich auf. Zwei andere Physiker – Felix Bloch und Léon Rosenfeld – bekamen entsprechende Masken aufgesetzt, mit denen sie auf der Bühne agieren konnten.

Als Pauli in Gestalt des Teufels im Prolog seinen ersten Auftritt hat und mit dem Herrn sprechen kann, nutzt er gleich die Gelegenheit, um sich über die vielen schlechten Theorien zu beklagen, die in Umlauf sind und von denen sich der hohe Herr trotz aller Unzulänglichkeiten auch noch begeistert zeigt:

Von Stern' und Welten weiß ich nichts zu sagen,
Ich sehe nur, wie sich die Menschen plagen.
Und ist die ganze Theorie auch Mist,
Du bist wie immer in Ekstase,
Beschwichtigst, wo nichts mehr zu retten ist;
In jeden Quark begräbst du deine Nase.

Für die Rolle des Faust, so entschieden Delbrück, Gamow und Carl Friedrich von Weizsäcker, kam der gewiefte Paul Ehrenfest in Frage, der aus Wien stammte, etwas älter als Bohr war und dem alle zutrauten, sich auf die Schauspielerei einzulassen. Ehrenfest bezeichnete sich selbst gerne als «Schulmeister», wobei er eingestand: «Immer hilfloser fühle ich mich als Schulmeister den jüngeren Leuten gegenüber, die natürlich überzeugt sind, dass ich alles wissen und alles verstehen *muss*.»

Die Stelle in Goethes Drama, in der Faust von seinem Verlangen spricht zu erkennen, «was die Welt im Innersten zusammenhält», überspringen die Autoren der Kopenhagener Parodie bedauerlicherweise. Stattdessen klagt er:

Da steh' ich nun, ich armer Wicht:
Nichts gewisses weiß ich nicht!

Und das, obwohl er eigens die Transformationstheorie von Dirac studiert hat. Danach plagen ihn allerdings «alle Skrupel und Zweifel», und er gesteht:

Fürcht' mich vor Pauli wie vorm Teufel!

Der Satz hat sogar eine Entsprechung im wahren Leben, in dem Ehrenfest dem Göttinger Born mitgeteilt hat, dass er zwar plane, «ein paar Schulmeisterfragen betreffs Quantentheorie» zu publizieren, «aber ich traue mich nicht aus Angst vor Bohr und Pauli (und sonst niemandem auf der Welt)». Ehrenfest veröffentlichte seine «Erkundigungsfragen» zwar noch – im Sommer 1932 –, aber im Herbst 1933 schied er durch Selbsttötung aus dem Leben, was einen Betrachter seines symbolischen Todes in der Parodie auf der Bühne erschrecken und etwas von der dazugehörigen Tragödie seines Lebens erahnen lässt.

Als Ehrenfest als lebloser Faust von der Bühne getragen wird, packen ihn einige von den Parodisten erfundene und ins Stück geschmuggelte «Presseleute» an Armen und Beinen, vor denen er sich zuvor noch «höchst entzückt in Positur» gestellt hat, bevor Faust seine letzten Worte spricht:

Zum Augenblicke möchte' ich sagen:
Verweile doch, du bist so schön!
Es bleibt die Spur von meinen Erdentagen
Doch in den Zeitungen bestehn!

Ein «Conferencier» ruft dem Totenzug noch hinterher:

Blitzlicht, du Blendendes,
Magnesium spendendes,
Wolken versendendes,
Viel Zeit verschwendendes,
Stinkendes,
Blinkendes,
Stör' uns nicht mehr.

Der «Conferencier» wurde von Delbrück selbst gespielt, der im Stück auf der Bühne erscheint, um dem Publikum zu erklären, dass erst die klassische und danach noch eine quantentheoretische Walpurgisnacht gegeben werde. Man ist einverstanden, und Faust setzt sich erwartungsvoll zurecht. Nur dass nichts passiert. Man wartet und wartet, bis der «Conferencier» erklärt, dass im klassischen Fall keine Rückwirkung der Walpurgisnacht auf das Publikum vorhanden sei. Es folgt die quantentheoretische Walpurgisnacht, die das Publikum herbeischaffen kann. Dabei ist allerdings Vorsicht geboten wegen der vielen Dirac-Löcher, in die man überall fallen kann.

Wie es sich gehört, singt zum Ende hin auch in der Parodie ein Chorus Mysticus:

Alles Geladene
Ist nur ein Gleichnis!
Das oft Missratene,
Hier wird's Ereignis,
Das Phänomenale,
Hier ist's getan!
Das Ewig-Neutrale
Zieht uns hinan.

Doch das ist noch nicht das Ende der Parodie. Es folgt noch ein Finale, überschrieben «Apotheose des wahren Neutrons». Hier tritt der «ideale Experimentator» auf, der eine schwarze Kugel balanciert und scheinbar Tiefsinniges verkündet:

Neutron, es schwankt heran,
Masse, sie lastet dran,
Ladung, sie ist vertan,
Pauli, der glaubt daran.

Ganz am Ende der Parodie dann, in einer Art Paralipomina, wie man damals Nachträge in gebildeten Kreisen nannte, tritt auch noch der skeptische Dirac auf, um «streng sachlich» zu sprechen:

Gewiss! Das Alter ist ein kaltes Fieber,
Das jeden Physiker bedroht,
Hat einer dreißig Jahr vorüber,
So ist er schon so gut wie tot!

Der wie Dirac etwa dreißigjährige Heisenberg ergänzt diese Rede mit dem berühmten Goethe-Diktum: «Am besten wär's, Euch zeitig totzuschlagen!», bevor Pauli überraschend am Ende verkündet:

Der Pauli hat hier weiter nichts zu sagen!

### *Der Weg in die Großforschung*

Als Delbrück an diesem Text schrieb und bei seiner Aufführung mitspielte, arbeitete er dienstlich als Angestellter im Berliner Institut von Lise Meitner. Ihm war von der Chefin die Aufgabe übertragen worden, als «Haustheoretiker» die experimentellen Befunde zu deuten, die bei ihren Versuchen zutage traten, in denen sie Strahlen mit hoher Energie auf Atomkerne richtete. Heute weiß man, dass dabei aus dem voll besetzten Dirac-See im Untergrund des materiellen Seins Elektronen mit negativer Energie freigeschlagen werden können. Aus der im Versuch eingesetzten positiven Energie lässt das ein Teilchenpaar werden, das aus dem sich jetzt in der Wirklichkeit tummelnden Elektron und dem von ihm zurückgelassenen Loch besteht, das sich als Positron verhält. Delbrück konnte bei seinen theoretischen Bemühungen in Meitners Institut auf etwas hinweisen, das bis heute als Delbrück-Streuung erforscht wird, allerdings nicht mehr in den kleinen Laboratorien, in denen man um 1930 experimentierte, sondern in gewaltigen Maschinen, die seit dem Wunderjahr mit dem Neutronenzauber immer größer geworden sind. Ebenfalls 1932 konstruierten amerikanische Physiker einen ersten Kreisbeschleuniger, der als Zyklotron bewundert wurde; nach dem Zweiten Weltkrieg wurde in Europa das Kernforschungszentrum CERN gegründet, das heute mit seinen wahrlich gigantischen Beschleunigungsmaschinen die Aufmerksamkeit der Politik und des Publikums fesseln kann. Es hat zwanzig Jahre von Rutherfords Entdeckung des Atomkerns bis zur Auffindung des Neutrons gedauert, für die James Chadwick mit dem Nobelpreis geehrt wurde. Es wird weitere zwanzig Jahre dauern, bis es mit den Riesenmaschinen gelingt, die innere Struktur des Neutrons zu erkunden, und die Physik will immer noch tiefer in das Innerste der Welt eindringen. Dabei ist sie seltsamerweise auf Existenzweisen gestoßen, die Quarks genannt – und «Kworks» ausgesprochen – werden, ohne dabei an den Quark zu denken, in den in der Faust-Parodie jemand seine Nase gräbt. Wozu Goethes Faust noch die Magie eines Teufels zu benötigen meinte, gelingt heute mit der Magie von immer größeren Maschinen. Als die Physiker den *Faust* in Kopenhagen aufführten, hatten die ersten Wissenschaftler bereits damit begonnen, die kleinen Studierstuben zu verlassen, und angefangen, ihre Erkundungen als Großforschung zu betreiben. Das Immer-Größere zieht sie seitdem hinan. Folgen sie dieser Verlockung nicht, bleibt ihnen das Innere wahrscheinlich verwehrt.

Oder doch nicht? Kaum kannte man das Neutron, fiel dem ungarischen Physiker Leó Szilárd ein, dass man damit nicht nur durch die Elektronenhülle hindurchkommen und einen Atomkern treffen kann, sondern dass sich nach dem Zusammenstoß weitere Neutronen aus dem Innersten der Welt in Bewegung setzen lassen. Das wiederum kann rasch zu einer Kettenreaktion führen, wie man heute sagt, mit deren Hilfe den Menschen Zugriff auf ungewöhnliche Energiemengen gewährt wird. Die Theorie der Quantenmechanik hatte die Welt der Physik gewandelt. Jetzt konnte ihre Praxis den ganzen Erdball und das Leben auf ihm beeinflussen. Die Quantenphysiker waren im Innersten der Welt angekommen und hatten somit ihr faustisches Verlangen befriedigt. Es gab Grund zum Feiern. Die Hochzeit konnte beginnen. Was für ein Fest für die Menschheit hätte dies werden können!

## Nachleben 1

# Die schlimmen Jahre: Der Verlust der Unschuld und der Sprache

Auf der Bühne mag ein Teufel amüsant wirken, und das Publikum hat seinen Spaß, wenn der gelehrte Faust sich weder vor ihm noch vor der Hölle fürchtet. Wer hätte denn ahnen sollen, dass sich die Menschen selbst eine bereiten können, eine Hölle auf Erden? Die erste Fassung dieses Textes ist Anfang August 2020 und damit fünfundsiebzig Jahre nach dem Abwurf der in Amerika entwickelten und gebauten Atombombe entstanden, mit der die japanische Stadt Hiroshima getroffen wurde und deren Explosivkraft etwa 100 000 Menschenleben direkt auslöschte und bis heute unübersehbar viele Überlebende mit Spätfolgen leben und kämpfen lässt. Der Japaner Kunihiko Iida war drei Jahre alt, als die detonierende Kernwaffe seine Eltern und Großeltern umbrachte, das gemeinsam bewohnte Haus vom Erdboden wegfegte und die nachfolgenden Strahlungen ihm selbst Verletzungen und Krankheiten beibrachten, die ihn asthmatisch werden ließen und neben Geschwüren auch Hirntumore hervorbrachten, die mehrfach operiert werden mussten. Obwohl Kunihiko Iida sein Leben lang mit körperlichen Leiden zu kämpfen hatte, konnte er den Abwurf der Atombombe auf seine Heimatstadt bis heute überleben, und er und seine Freunde möchten der Welt durch ihr Zeugnis klarmachen, dass die Wirkung dieser teuflischen Waffe auch in der nächsten Generation zu spüren sein wird, vor allem durch zahlreiche sich spät entwickelnde Krebserkrankungen mit genetischen Ursachen, die sich auf die Wirkung der energiereichen Strahlungen zurückführen lassen, welche als weitere verheerende Folge einer gezündeten Atomwaffe auftreten und in der offiziellen Sprache eher harmlos als «radioaktiver Niederschlag» – «radioactive fallout» – bezeichnet werden.

Der Wissenschaftshistoriker Armin Hermann hat schon vor Jahrzehnten in einem Buch über Macht und Missbrauch der Forscher ausführlich geschildert, *Wie die Wissenschaft ihre Unschuld verlor*, wobei er die Weltkriege des 20. Jahrhunderts im Blick hatte und sein Hauptaugenmerk der Entwicklung der Atombombe galt, die dank der damit einhergehenden Errichtung eines militärisch-industriellen Komplexes möglich wurde. Die Leitung des als Manhattan Project bekannt gewordenen Baus einer Kernwaffe mit ihrer ungeheuren Sprengkraft war dem amerikanischen Physiker Robert Oppenheimer anvertraut worden. Diesen gebildeten jüdischen Intellektuellen zitiert Hermann nach der zerstörerischen und todbringenden Zündung einer politisch gewollten und vom Militär als notwendig angesehenen Hervorbringung seiner einst unschuldigen Wissenschaft mit den Worten: «Die Physiker haben erfahren, was Sünde ist, und dieses Wissen wird sie nie mehr ganz verlassen.» Oppenheimer selbst kamen beim Anblick des aufsteigenden Atompilzes einige dramatische Worte aus der heiligen Schrift der Hindus, der *Bhagavad Gita*, in den Sinn, die in seiner Erinnerung von einem «Zerstörer der Welten» sprechen und von einem Tod künden, «der alles raubt».

Für den in diesem Buch vorgestellten Theoretiker Wolfgang Pauli zeigte sich in der Entwicklung und beim Einsatz der Kernwaffen – ebenso wie durch die seit langem wirkende, aber erst in den 1950er Jahren bemerkte Umweltzerstörung – etwas sehr Allgemeines im Schicksal von Menschen, nämlich das mit der Überforderung und dem Versagen der Rationalität nicht nur mögliche, sondern unvermeidliche Auftreten einer «bösen Hinterseite der Naturwissenschaften». Mit jedem Gott tritt ein Teufel auf, den man weder übersehen noch leugnen kann, den man vielmehr ernst nehmen sollte, etwa wenn er in Gestalt des Mephisto in Goethes *Faust* auftritt und mit einem Rätselwort verkündet, «ein Teil von jener Kraft» zu sein, «die stets das Böse will und stets das Gute schafft». Die Menschen als Geschöpfe und Kinder eines Gottes erfahren das Umgekehrte, indem sie mit ihrem Wissen stets das Gute wollen, ohne das Böse vermeiden zu können, das sie unweigerlich mit schaffen, wenn sie die Welt erforschen und umformen. Als sich die Physiker auf die Atome zubewegten, wollten sie eigentlich erfahren, wie diese Gebilde die Welt im Innersten zusammenhalten, aber nur, um mit diesem hehren Ziel in Sichtweite erkennen zu müssen, dass sie am Ende des wissenschaftlichen Tages in der Lage waren, das genaue Gegenteil zu tun. Sie konnten die im Atomkern angetroffenen Energien freilassen, um der Welt mit diesen Kräften ihren inneren Zusammenhalt zu rauben.

Es gibt sie einfach, die vielen sowohl unbeabsichtigten als auch unvermeidlichen Folgen des Fortschreitens, nicht nur in der Wissenschaft, sondern auch in der Natur selbst. Sie zeigen sich selbst dann, wenn Menschen gar nichts zu sagen haben und keine Rolle spielen, wie man etwa bei der Evolution des aufrechten Ganges sehen kann. So schön der Blick mit erhobenem Kopf und das Gehen mit freien Händen ist, die Sturzgefahren für Kinder und alte Leute werden deshalb ebenso wenig verschwinden wie die Rückenprobleme, und so könnte man viele weitere Beispiele nennen, bei denen es Chancen nur mit entsprechenden Risiken gibt. Keine Wirkung ohne Nebenwirkung, wie die Medizin den Heilsuchenden meldet, und diese bösen Seiten des Guten oder guten Seiten des Bösen können Menschen nicht durch Einsatz ihrer Vernunft kontrollieren, vor allem dann nicht, wenn mit den jeweiligen Errungenschaften Kriege geführt werden können. Der Philosoph Karl Jaspers hat zwar 1958 in dem Bestseller *Die Atombombe und die Zukunft der Menschen* seinen Zeitgenossen geraten, nach dem Verstand, mit dem sie die Bombe gebaut haben, ihre Vernunft zu nutzen, um auf den Einsatz der explosiven Waffen zu verzichten, aber selbst ein oberflächlicher Blick in die Medien und das Weltgeschehen lässt erkennen, dass diese hochgepriesene und geschätzte Qualität von Menschen auf keinen Fall ausreicht, um eine unvernünftige Menschheit im Zaum zu halten. Die Gesellschaft muss auf die stets präsente Nachtseite der Wissenschaft anders reagieren. Der seinen Zeitgenossen eher unheimliche Pauli empfahl bereits in den 1950er Jahren an dieser Stelle die Besinnung auf komplementäre Qualitäten wie das Fühlen und den Instinkt. Das dazugehörige Bemühen ist bis heute in den Kinderschuhen stecken geblieben und wird vor allem von den zahlreichen elegant und endlos palavernden Ethikkommissionen nicht ausreichend beachtet, die die Nachtseite der Wissenschaft verhindern wollen, ohne ihre Tagseite angemessen zu würdigen.

### *Das zerplatzte Uran*

So wichtig ethische, moralische, politische, soziale und andere Fragen rund um die Atombombe sind, in diesem wissenschaftshistorischen Kontext gilt es zu erzählen, wie es dazu kommen konnte, dass die grandiose Zeit des philosophischen Wunderns und des forschenden Eintauchens in das tiefe Meer der unbegrenzt scheinenden Möglichkeiten in den 1920er Jahren durch die politische Katastrophe der folgenden Periode ruiniert wurde, die man durch die Eckdaten 1933 und 1945 angeben kann. Bis 1932 hatte die Welt ein Dutzend grandioser Jahre in Physik und Philosophie unter einem strahlend blauen Himmel weitreichender Ideen erlebt, und alles sah vermeintlich gut aus. Trotzdem lohnt es sich, den unvorhersehbaren Zufälligkeiten auf dem historischen Weg zur Atombombe etwas Aufmerksamkeit zu schenken; denn bei ihr wird letztlich die bereits aus dem Jahr 1905 (!) stammende Einsicht von Albert Einstein genutzt und umgesetzt. Er hatte schon früh erkannt, wie viel Energie selbst in einem kleinen Brocken Materie mit der Masse m steckt, nämlich $E = mc^2$, wie es die weltberühmte Formel besagt.

Es war seltsamerweise kein Physiker, sondern ein Dichter, der als Erster mit Hilfe von Einsteins Zauberformel auf die Idee kam, dass die Menschen energiereiche Atombomben bauen und damit unliebsame Bereiche der Erde verwüsten könnten, um sie anschließend neu und natürlich besser aufzubauen. Gemeint ist der Engländer Herbert George Wells, der bereits 1914 in seinem Roman *The World set free* («Befreite Welt») den Einsatz von Waffen mit genau diesem Namen beschrieben hat. Und der oben erwähnte Oppenheimer fand später Gefallen an der von H. G. Wells stammenden Prägung «atomic bomb», die er der wissenschaftlich stimmigeren Bezeichnung «Uranwaffe» vorzog, mit der Folge, dass alle Welt seitdem von Atombomben spricht, wenn sie Kernwaffen meint.

Tatsächlich haben Oppenheimer und sein Team in den Jahren des Zweiten Weltkriegs eine Uranbombe gebaut, wobei sich diese Bezeichnung dadurch erklärt, dass in ihr Kerne des Elements Uran gespalten werden. In einer Kettenreaktion hat das die immense Energie freigesetzt, die Hiroshima zerstört, seine Bewohner getötet und für ihr Leben beschädigt hat. Die grundlegende Beobachtung einer Kernspaltung der

Atome des Elements Uran ist Lise Meitner 1938 in Berlin gelungen. Mit den verdrehten Worten des Mephisto kann man sie als Teil von jener Kraft beschreiben – als Teil der Wissenschaft eben –, die stets das Gute will und dabei das Böse möglich macht. In ihren Experimenten nutzte Lise Meitner eine besondere Entdeckung der Physik aus, die 1932 gelungen war – also in dem Jahr, in dem man in Kopenhagen Goethes hundertsten Todestag mit der Faust-Parodie feierte. Gemeint ist der Nachweis eines elektrisch neutralen Teilchens mit Namen Neutron, dessen Vorhandensein schon länger vermutet worden war, um den Aufbau von Atomkernen verstehen zu können. Seine reale Existenz konnte 1932 durch den Engländer James Chadwick im Experiment bestätigt werden, der dafür drei Jahre später den Nobelpreis für Physik erhalten sollte. Mit der Entdeckung kannte die Wissenschaft drei elementare Teilchen, nämlich das negative Elektron, das positive Proton und das neutrale Neutron. Das dritte bot die Chance, es durch die geladenen Elektronenhüllen in Atome schleusen zu können, um anschließend den Kern zu treffen, was Mephisto in der Kopenhagener Faust-Parodie mit den Worten ankündigt, «Pass auf, wie jetzt die Schwierigkeiten schwinden, / Und wunderbar wirst du das *Neutron* finden.»

Physikerinnen wie Lise Meiner und ihre Kollegen hofften dabei, durch die Beobachtung der bei dem Uranbeschuss eintretenden Wechselwirkungen Aufschlüsse über die Zusammensetzung und den Aufbau von Atomkernen zu bekommen. Dabei bestand eine zu prüfende und erforschbare Annahme in der Vorstellung, dass etwa die schweren Urankerne die Neutronen auffangen und schlucken können, um auf diese Weise noch größere und noch unbekannte Elemente entstehen zu lassen, die man konsequent Transurane nannte.

Daran arbeitete Lise Meitner seit Mitte der 1930er Jahre. Doch nachdem das nationalsozialistische Deutschland 1938 Österreich annektiert hatte, geriet die aus Wien stammende Jüdin Lise Meitner in große Schwierigkeiten. Sie musste so schnell wie möglich das Land und damit ihre Forschungsstätte verlassen und konnte von ihrem Exil in Schweden aus nur noch zusehen, was aus den frühen Experimenten in Berlin wurde. Ihre Arbeiten konkret übernommen und weitergeführt hat der Chemiker Otto Hahn, der auf die einleuchtende Idee kam, statt nach unbekannten Transuranen zu suchen – wie sollte er deren Vorliegen überhaupt nachweisen? –, erst einmal zu analysieren, was da noch entstehen kann, wenn Neutronen auf Uransalze geleitet werden und mit ihnen reagieren. Zur allgemeinen Überraschung stellten Hahn und sein Kollege Fritz Straßmann fest, dass die Neutronen gar nicht vom Uran eingefangen werden, sondern es im Gegenteil zerlegen, so dass zum Beispiel das Element Barium entsteht. Das Uran war im Experiment zerplatzt, wie Hahn meinte. Seine Atomkerne waren gespalten worden, wie man heute sagt, und dies verwirrte den Chemiker, der nicht glauben wollte, was seine Messungen zeigten. Er schrieb einen ratsuchenden Brief an die Physikerin Lise Meitner. Sie konnte kurz vor Weihnachten 1938 im tiefverschneiten Schweden erst lesen, dass aus Uran Barium geworden war, erinnerte sich dann an die Atomgewichte der beteiligten Elemente und rechnete anschließend mit Hilfe von Einsteins Formel nach und verstand, dass bei der von Hahn nachgewiesenen Kernspaltung Masse verschwunden und also entsprechend viel Energie freigekommen war. Die Menge konnte ungeheuer groß werden, denn nicht nur, dass ein Neutron ein Uranatom spalten kann, nach diesem Vorgang treten weitere Neutronen auf, die in ihrem Flug auf weitere Uranatome treffen und diese ebenfalls spalten können, wobei natürlich noch mehr Neutronen frei werden, und so kommt das Geschehen in Gang, das die Wissenschaft eine Kettenreaktion nennt. Sie liefert den Mechanismus, der es bei geeigneten Kontrollmechanismen erlaubt, immens viel Energie freizusetzen und eine Uranbombe mit der eingangs geschilderten Wirkung zu bauen.

Es ist eine skurrile Situation – eine einsame Frau in einem verschneiten Wald in Schweden versteht als Erste kurz vor Weihnachten 1938, dass die Menschen in der Lage sind, die Energie von Atomkernen in riesigen Mengen freizusetzen. Sie möchte ihre Einsicht publizieren, und als im Sommer 1939 der Zweite Weltkrieg näher rückte und schließlich durch einen Überfall der deutschen Truppen auf Polen begann, hatte sich das Wissen der einen Frau längst in den wissenschaftlichen Köpfen der Welt eingenistet. Einstein zeigte sich so besorgt über «die Möglichkeit, nukleare Kettenreaktionen auszulösen» und darüber, dass «dies zum Bau von Bomben mit extrem hoher Explosionsgewalt führen kann», dass er dem amerikanischen Präsidenten F. D. Roosevelt einen flehentlichen Brief schrieb und ihn dringend bat, in den USA alle Anstrengungen zu unternehmen, um den Deutschen unter Hitler beim Bau einer Atombombe zuvorzukommen. Im März 1940 schrieb Einstein einen wei-

Abb. 26: Lise Meitner mit Otto Hahn während der Nobelpreisträgertagung in Lindau, 1962

teren Brief an den anfangs zögernden Roosevelt, und der Rest ist Geschichte, wie man manchmal sagt, auch wenn insgesamt höchst komplizierte Abläufe nachzuvollziehen sind, will man den Weg zur amerikanischen Atombombe im Detail verfolgen und zugleich die Gründe dafür ausleuchten, warum es damals keine deutsche Kernwaffe gegeben hat (Abb. 26).

### *«In der Sache J. Robert Oppenheimer»*

Es gibt eine Fülle von Literatur zu diesem Thema, wobei der Autor bekennen möchte, dass er 1964 als Siebzehnjähriger mit brennenden Augen das Buch *In der Sache J. Robert Oppenheimer* gelesen hat, das von dessen Verfasser Heinar Kipphardt als «Ein szenischer Bericht» bezeichnet wurde und sich vorzüglich als Hörspiel eignet. Das Stück handelt von der in den USA durchgeführten Untersuchung, die im Jahre 1954 klären sollte, wie Oppenheimer mit dem Konflikt umgegangen ist, der unvermeidlich auftritt, wenn ein Forscher sein Wissen in eine Waffe verwandeln soll. Ist er dann mehr der Wissenschaft und ihren Idealen oder mehr dem Staat und seinen Aufgaben gegenüber verpflichtet? Soll er mehr seinem individuellen Gewissen folgen oder soziale Verantwortung übernehmen? Aus den Verhörprotokollen Kipphardts setzte sich in dem jungen Leser der 1960er Jahre vor allem ein Gedanke Oppenheimers fest, als der Physiker bekannte, dass er als Wissenschaftler auf keinen Fall von einer ihm sich stellenden Aufgabe lassen kann – unabhängig von den kaum überschaubaren Folgen –, wenn sich ein Problem als «technically sweet» erweist, wie Oppenheimer es ausdrückte, wenn also der forschende Geist etwas Verlockendes vor sich findet, auf das er sich unbedingt einlassen möchte, von dem er nicht lassen und das ihm zuletzt eine persönliche Befriedigung verschaffen kann.

Zurück zu den frühen 1940er Jahren, als ausgerechnet der Pazifist Einstein die kriegsbereiten USA dringend zum Bau einer Vernichtungswaffe aufforderte. Historisch lässt sich das durch seine Erfahrung des Ersten Weltkriegs verständlich machen, in dem es nicht um A-Waffen, sondern um C-Waffen ging, womit chemische Kampfstoffe – Nervengase – gemeint sind. Damals lebte Einstein in Berlin, und er bekam mit, wie sich die deutsche Wissenschaft besser als die anderer europäischer Länder organisierte und entschlossener mit der Industrie kooperierte, um mit Chemiewaffen den Krieg führen zu können, wie es sich die militärische Führung wünschte. Und nun dachte der inzwischen in den USA lebende Einstein erneut an die Qualität der deutschen Physik und die nationale Ergebenheit einiger Atomforscher, und so schrieb er seine erwähnten Briefe mit den dramatischen historischen Folgen. Dabei kann man die deutschen Bemühungen im historischen Rückblick nur milde belächeln, denn während sich in den USA etwa 150 000 Menschen in dem berühmten Manhattan Project um die Entwicklung einer Atombombe engagierten, bemühten sich in Deutschland gerade einmal rund ein Dutzend Leute um ein Reaktorprojekt, und ihr Chef Heisenberg verwendete viel Zeit auf die Vorbereitung von Vorlesungen, in denen er Goethes Farbenlehre mit Newtons Lichtphysik verglich. Als eine amerikanische Sondereinheit nach 1945 erkunden sollte, wie weit eine deutsche Bombe in den Kriegsjahren gediehen war, meinte deren Leiter, der

Physiker Samuel Goudsmit, fast amüsiert: «Offensichtlich hatte das ganze deutsche Uranprojekt einen lächerlich kleinen Umfang. Das zentrale Labor bestand lediglich aus einem kleinen Keller im Untergrund, einem Teil einer kleinen Textilfabrik, ein paar Räumen einer alten Brauerei. Verglichen mit unserem Projekt in den USA war das alles Kleinkram. Wir überlegten, ob unsere Regierung mehr Geld für unsere Spionage-Mission ausgegeben hatte als die Deutschen für das ganze Uranprojekt.»

## *Der Verlust einer Sprache*

Mit den Namen Einstein und Oppenheimer (Abb. 27) lässt sich auf eine andere Entwicklung hinweisen, die als Folge der schlimmen Jahre nach 1933 eingetreten ist. Sie betrifft nicht nur die Tatsache, dass Einstein Deutschland verlassen hat und im amerikanischen Princeton am dortigen Institute for Advanced Studies eine neue Heimat fand, wo er unter anderem mit Oppenheimer zusammengearbeitet hat, bevor der theoretische Physiker wissenschaftlicher Leiter des Manhattan Project wurde. Sie betrifft auch das historische Faktum, dass Oppenheimer in den 1920er Jahren noch nach Deutschland gekommen war, um in Göttingen bei Max Born zu studieren, weil die als Quantenmechanik erfolgreich werdende Atomphysik auf Deutsch diskutiert wurde. Damit war jetzt Schluss. Die Forscher lebten jetzt nicht nur in den USA, auch die Sprache ihrer Wissenschaft wurde das Amerikanische oder Englische, und so ist es bis heute weltweit geblieben. Selbst der ins Deutsche vernarrte Einstein publizierte jetzt auf Englisch, etwa als er 1935 mit zwei Kollegen die Frage erörterte, «Can quantum-mechanical description of physical reality be considered complete?», also «Kann man die quantenmechanische Beschreibung der physikalischen Wirklichkeit als vollständig ansehen?». Es bleibt erstaunlich, mit welcher Geschwindigkeit es damals den Kräften, die am deutschen Wesen die Welt genesen lassen wollten, in nur wenigen Jahren gelungen ist, die deutsche Sprache zweitrangig und wissenschaftlich fast bedeutungslos werden zu lassen, und es macht einen sprachlos, dass diese Entwicklung damals bejubelt wurde und der damit einhergehende Kulturverlust bis heute in deutschtümelnden Kreisen nicht verstanden wird.

Abb. 27: Albert Einstein und J. Robert Oppenheimer in Princeton, 1947

### *Etwas mehr zu den Neutronen*

Übrigens: Wenn von Neutronen die Rede ist, sollte es erlaubt sein, auf die Ideen von Physikern hinzuweisen, die nach solchen Strukturen nicht im Inneren von Atomen, sondern im Inneren von Sternen gesucht haben. Spätestens seit 1933 gab es Überlegungen, dass Neutronen im Verlauf von Sternentwicklungen entstehen können, wenn die Ausgangsmasse des Himmelskörpers groß genug ist, damit die Schwerkraft alles zusammenziehen kann, bis zuletzt sogar die Elektronen in den Kern stürzen, wo sie sich mit den Protonen vereinen und von da an überall Neutronen zu finden sind. Die Astrophysiker sprechen in dem Fall von Neutronensternen, zu deren theoretischen Modellen Oppenheimer beigetragen hat. 1967 konnte ein solcher Neutronenstern tatsächlich am Himmel gefunden werden, und zwar durch die britische Radioastronomin Jocelyn Bell. Sie arbeitete mit Antony Hewish zusammen. Als aber 1974 der Nobelpreis für Physik für die Aufspürung des ersten Neutronensterns vergeben wurde, ging die Dame Jocelyn Bell leer aus – wie Lise Meitner vor ihr, die mit der Neutronenstreuung an Uransalzen begonnen hatte, die sogar eine erste Theorie der Kernspaltung vorlegen konnte und dann doch erleben musste, wie allein Otto Hahn mit dem Nobelpreis geehrt wurde.

Übrigens: Lise Meitner hat sich nicht nur mit Uranspaltungen befasst, sondern auch sehr erfolgreich den Zerfall von radioaktiven Atomen untersucht, der als Beta-Zerfall bezeichnet wird – und woraus man schließen kann, dass es auch Alpha- und Gamma-Strahlen gibt, wenn die entsprechenden Umwandlungen von Atomen eintreten. Wie Meitners Messungen klarmachten, lag das Besondere am Beta-Zerfall darin, dass die frei werdende Energie kontinuierlich verteilt war. Das wurde so verstanden, dass mehrere Teilchen aus dem Kern ausbrechen mussten, um die Energie zufällig auf sich zu verteilen. Noch 1930 stand man da vor einem großen Rätsel. Pauli versuchte es mit einem Paukenschlag zu lösen, indem er die damals noch neue Möglichkeit erwog, es könnten elektrisch neutrale Teilchen in Atomkernen existieren, «die ich Neutronen nennen will». Er machte diesen Vorschlag in einem Brief vom 4. Dezember 1930 an seine Freunde und Kollegen und redete sie mit «Liebe Radioaktive» an. Tatsächlich gehören zu der Beta-Strahlung neutrale Teilchen, wie Pauli es vorhersagt hat, aber sie sind wesentlich kleiner als Neutronen, heißen heute Neutrinos und bereiten den Physikern immer noch Kopfschmerzen. Die Neutronen im Atomkern sind im isolierten Zustand nicht so stabil wie die positiv geladenen Protonen, und die ladungslosen Teilchen mit dem Spin 1/2 können in dem Prozess zerfallen, den bereits Lise Meitner als Beta-Zerfall untersucht hat und der inzwischen genauer analysiert werden konnte. Ein einzelnes Neutron wandelt sich in ein Teilchentrio aus einem Elektron, einem Proton und einem – aufgepasst – Antineutrino um, wobei die erstgenannten Mitspieler den Spin 1/2 haben, was es erfordert, dem Antiteilchen eine negative Quantenzahl zuzuordnen, nämlich den Spin –1/2. Während das schon rätselhaft genug ist, kommen die heutigen Physiker ins Schwitzen, wenn man sie nach der mittleren Lebensdauer eines Neutrons außerhalb des Atomkerns fragt (wobei man dem Proton eine uneingeschränkte Existenz zutraut, was es auch erst noch zu verstehen gilt). Es gibt zwei Methoden, die Daseinszeit – Lebensdauer – eines Neutrons zu bestimmen, aber sie liefern nicht ein Ergebnis, sondern zwei Messwerte im Bereich von 880 Sekunden, die sich leider um fast zehn Sekunden unterscheiden. Man könnte vor allem als Laie darüber hinweggehen, wenn der Beta-Zerfall nicht im Allgemeinen zum Verständnis der frühen Entwicklung des Kosmos gebraucht würde und die Instabilität der Neutronen nicht im Speziellen die Kernfusionen im Inneren der Sonne erklären könnte. Die Diskrepanz der Messwerte kann natürlich auf Fehlern bei ihrer Ermittlung beruhen. Sie kann aber auch auf das Wirken bislang unbekannter Phänomene hinweisen, also auf die Chance, etwas Neues zu finden.

## Nachleben 2
# Die Verschränkung und ein Kinderspiel

Als Einstein 1935 wissen wollte: «Kann man die quantenmechanische Beschreibung der physikalischen Wirklichkeit als vollständig ansehen?», da nahm er nicht an, die Quantenmechanik sei falsch. Er bezweifelte aber, dass mit ihr das letzte Wort über die Atome gesprochen war. Um dies zu dokumentieren, dachte er sich in Princeton mit den beiden Physikern Boris Podolsky und Nathan Rosen 1935 einen Versuch aus, in dem eine physikalische Größe auftauchte, die zwar offenbar in der Wirklichkeit bestimmt war und einen festen Wert besaß, der auch ermittelt werden konnte, von der die Quantentheorie aber behauptete, dass sie unbestimmt sei.

Hier soll nun nicht das Gedankenexperiment von Einstein, Podolsky und Rosen (EPR) beschrieben werden. Vielmehr gehe ich nach einigen Vorbemerkungen auf einen entsprechenden Versuch ein, der durchgeführt worden ist, nachdem zu Beginn der achtziger Jahre die technischen Möglichkeiten vorlagen, den EPR-Vorschlag zu realisieren. Französische Physiker unter Leitung von Alain Aspect haben dies auch bewerkstelligt (Abb. 28). In ihrer Apparatur wird aus Kalzium ein Gas bereitet, von dem aus sich einzelne Atome auf eine Kammer zubewegen. Bevor die Kalziumatome diesen Ort erreichen, werden sie von einem Laserstrahl getroffen, der mit seiner Energie die Atome in den angeregten Zustand versetzt, mit dem sie in der Kammer eintreffen. Hier verlieren sie diese Energie blitzartig wieder, indem sie zwei Lichtteilchen aussenden. Diese beiden Photonen verlassen den Kasten in entgegengesetzten Richtungen, sie treffen jeweils auf einen Filter und anschließend auf ein Messgerät.

Es spielt im Augenblick keine Rolle, welche Eigenschaft die Filter analysieren, wichtig ist nur, dass sie die eintreffenden Photonen je nach

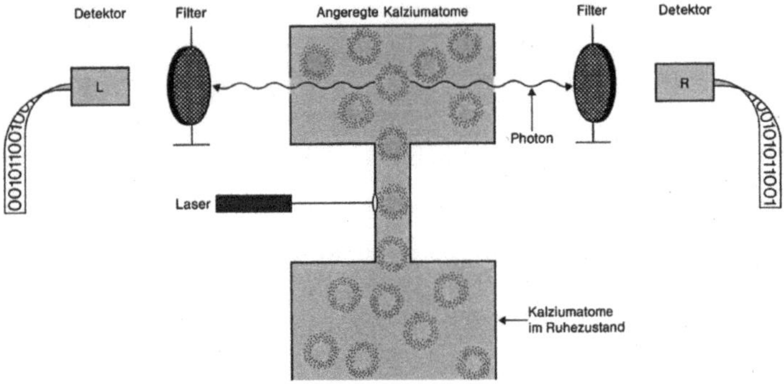


Abb. 28: Experiment zur Verschränkung
*Korrelationsexperiment zum Nachweis der Verschränkung in der Quantenwelt: Kalziumatome werden durch einen Laserstrahl angeregt und in eine Kammer gepumpt. Wenn sie dort in ihren Grundzustand zurückkehren, senden sie zwei Lichtteilchen (Photonen) aus, die auf Polarisationsfilter gelenkt werden. Hinter diesen Filtern befinden sich zwei Detektoren, die registrieren, ob ein Photon den Filter passiert hat – dann erscheint eine 1 – oder nicht – dann notiert das Gerät eine 0. Wenn die beiden Filter gleich orientiert sind, besteht eine 100-prozentige Korrelation zwischen den Zahlenreihen. Es kam in dem Versuch darauf an, die Korrelation zwischen den Zahlenreihen für den Fall zu finden, in dem die Filter in verschiedenen Winkeln zueinander gestellt sind. Die Quantenmechanik sagt voraus, für welche Winkel die Korrelation größer ist, als es der gesunde Menschenverstand erwartet. Ihre Vorhersagen wurden qualitativ und quantitativ bestätigt.*

Stellung aufhalten oder durchlassen können. Wenn ein Photon zum Beispiel den Filter auf der linken Seite L passiert, wird es registriert, und seine vom Filter analysierte Eigenschaft ist dem Experimentator bekannt. Damit kennt er aber auch – und zwar aufgrund von physikalischen Erhaltungssätzen – den Zustand des Photons auf dem rechten Filter R, ohne ihn gemessen und somit bestimmt zu haben. Der Zustand des Teilchens bei R – so argumentierten Einstein, Podolsky und Rosen – ist also nicht unbestimmt, auch wenn keine Beobachtung erfolgt. Er kann sogar mit Sicherheit vorhergesagt werden und stellt demnach «ein Element der Wirklichkeit» dar, wie die Autoren es nennen. Dies ist in der Quantenmechanik aber nicht enthalten. Damit erweist sich diese Theorie als unvollständig, wie Einstein meinte, der neugierig auf Bohrs Reaktion wartete.

Als der Däne von dem EPR-Vorschlag hörte, reagierte er im selben Jahr mit einer komplizierten Antwort, in der er meinte, dass zwar mit einer Messung bei L kein mechanischer Eingriff bei R verbunden ist, dass diese Messung aber «einen Einfluss auf die tatsächlichen Bedingungen ausübt, welche die möglichen Arten von Voraussagen über das zukünftige Verhalten des Systems definieren». Dieser Satz bleibt auch beim wiederholten Lesen ein wenig dunkel, er deutet aber eine seltsame Korrelation zwischen den Zuständen bei L und R an, und diese ist im Experiment tatsächlich gefunden worden. Der oben angesprochene und tatsächlich durchgeführte Versuch zeigte schließlich, dass Bohr recht hat und die Quantentheorie folglich eine vollständige Beschreibung der Wirklichkeit liefert.

Dieses Experiment wurde möglich mit einer Entdeckung, die dem schottischen Physiker John S. Bell 1964 gelang. Er suchte nach einer Möglichkeit, den Disput zwischen Bohr und Einstein durch eine Beobachtung zu entscheiden. Dies scheint auf den ersten Blick ausgeschlossen, denn im Mittelpunkt des EPR-Arguments steht doch ein Teilchen, das gerade *nicht* beobachtet werden soll. Wie will man nun feststellen, ob sein Zustand dennoch bestimmt ist? (Dies erinnert an die alte Scherzfrage, wie man herausfinden will, ob das Licht im Kühlschrank noch an ist, wenn die Tür geschlossen ist.)

Natürlich gibt es keine Möglichkeit, ein isoliertes Teilchen unbeobachtet zu beobachten. Bell empfahl deswegen, sich nicht um ein einzelnes Photonenpaar zu kümmern, sondern die Korrelation zwischen vielen Paaren dieser Art zu untersuchen. Man muss dazu die beiden Filter der Versuchsanordnung gleich orientieren und so anordnen, dass alle Photonen sie passieren. Dies ergibt eine hundertprozentige Korrelation. Dreht man einen Filter (zum Beispiel den bei R) um 90 Grad, stellt man fest, dass jede Korrelation zwischen beiden Seiten verschwindet. Dies ist zwar nicht verwunderlich, es hilft aber auch nicht weiter. Die Frage, ob Einstein richtigliegt oder Bohr, kann entschieden werden, wenn die Filter weder parallel noch senkrecht zueinander angeordnet sind, sondern sich in einer Zwischensituation befinden. Dabei sollte sich eine Korrelation zeigen, die irgendwo zwischen 100 und null Prozent liegt.

Bell konnte zeigen, dass sich unter verschiedenen Voraussetzungen verschiedene Formen von Korrelationen ergeben sollten. Wenn man wie Einstein annimmt, dass die Quantenobjekte wirklich zu jeder Zeit alle

Eigenschaften in wohldefinierter Weise besitzen – dies nennt man die Realitätsannahme –, und wenn man weiter annimmt, dass keine Information zwischen den Photonen schneller als mit Lichtgeschwindigkeit ausgetauscht wird, dann kann man eine Grenze angeben, die die Korrelation nicht überschreiten darf. Diese Schranke wird in mathematischer Form festgelegt, und zwar durch die sogenannte Bellsche Ungleichung.

Die zweite genannte Voraussetzung wird auch als Annahme der Lokalität bezeichnet, da sie einen instantanen physikalischen Einfluss auf entfernte Objekte verbietet. Damit vermeidet man mögliche Verletzungen der speziellen Relativitätstheorie, mit deren Hilfe Einstein zeigen konnte, dass sich keine physikalische Wirkung schneller als Lichtgeschwindigkeit ausbreitet. Die Lokalität braucht nicht eigens aufgeführt zu werden, wenn die Quantenmechanik anstelle der Realitätsannahme verwendet wird, weil allgemein bewiesen werden kann, dass diese beiden großen Theorien der Physik, die unabhängig voneinander gefunden wurden, konsistent sind und sich nicht gegenseitig widersprechen. (Dies wird zurzeit bestritten, worauf weiter unten eingegangen werden soll.)

Nun kommt der entscheidende Punkt. Wenn man annimmt, dass eine Quantenmechanik à la Bohr gilt, dann gibt es Orientierungen der Filter, bei denen die Bellsche Ungleichung *verletzt* ist. Die Quantenmechanik prophezeit eine *bessere* Korrelation der Photonen als die Annahme einer lokalen Realität.

Die klärenden Experimente wurden zum ersten Mal zwischen 1982 und 1984 von A. Aspect, J. Dalibard und G. Roger ausgeführt und inzwischen vielfach wiederholt. Die von ihnen erzielten Ergebnisse lassen keine Zweifel zu. Die Korrelationen waren genau um den Teil höher, den die Quantentheorie vorausgesagt hat. Die Annahme einer lokalen Realität kann also in der Quantenwelt nicht zutreffen. Die atomare Wirklichkeit ist nicht lokal, sie offenbart einen Zusammenhang zwischen einzelnen Objekten, der als Ganzheit beschrieben werden kann. Quantenteilchen wie etwa die Photonen im EPR-Versuch, die einmal in physikalischer Wechselwirkung gestanden haben, bleiben für immer verbunden, auch wenn keine direkte Verknüpfung mehr zwischen ihnen besteht.

Bohr hatte auf diese besondere Art des quantenhaften Zusammenhängens schon 1935 in seiner Antwort an Einstein hingewiesen. Erwin Schrödinger hat diesen Gedanken im selben Jahr aufgegriffen und vorgeschlagen, für solche korrelierten Zustände ohne Wechselwirkung den Begriff der «Verschränkung» zu verwenden, der im Englischen «entanglement» heißt (und auf diese Weise an das englische Wort für Aufklärung – enlightment – erinnert). Dies sei das eigentliche Charakteristikum der Quantentheorie. Sie lässt eine verschränkte Welt erkennen, die in gewisser Weise am Grund unserer Wirklichkeit existiert und wahrscheinlich letztendlich verstehen lässt, was die Welt im Innersten zusammenhält.

Diese Verschränkung verbietet es genau genommen, von einzelnen Elektronen zu reden. So etwas wie isolierte Teilchen gibt es in einer jetzt holistisch zu verstehenden Wirklichkeit nicht. Die klassische Zerlegung eines Ganzen in seine Teile ist streng genommen verboten. Als Menschen müssen wir sie dennoch durchführen, weil wir sonst über die verschränkte Welt mit den verfügbaren einzelnen Worten gar nicht sprechen können. Und reden müssen Menschen schon miteinander, um sich ihre Erfahrungen (auch diejenigen experimenteller Art) mitteilen zu können.

### *Schrödingers Katze*

In der Arbeit mit dem Titel «Die gegenwärtige Situation der Quantenphysik», in der Schrödinger 1935 seinen Vorschlag einer verschränkten Welt der Atome macht, diskutiert er auch den «burlesken Fall», bei dem es um eine Katze in einer «Höllenmaschine» geht. Das Gedankenexperiment ist als «Schrödingers Katze» berühmt geworden und wird bis heute nicht nur diskutiert, sondern auch erforscht. Die Katze steckt in einem Stahlkasten, der mit einer Klappe zur Beobachtung ausgestattet ist. In dem verschlossenen Gehäuse befindet sich eine Quelle mit radioaktivem Material, das im Verlaufe seines zufälligen Zerfalls Energie abstrahlen kann, und wenn dies zu einem unvorhersehbaren Zeitpunkt geschieht, wird dadurch ein Mechanismus ausgelöst, der ein Giftgas freisetzt und die Katze tötet. Niemand weiß, ohne durch die Klappe geschaut zu haben, ob dies passiert ist oder die Katze noch lebt. Schrödinger fragt sich und seine Leser nun, ob in dem Fall, in dem ein Beobachter in dem Kasten ein totes Tier erblickt, die Katze durch dessen Eingreifen umgebracht worden ist. Schrödinger wollte mit dieser Situation zum einen die Vorstellung der Quantenphysiker angreifen, die unbeobachteten Objekten einräumten, bis zu ihrem Betrachten in einer Superposition aus möglichen Zuständen zu existieren – tot oder lebendig im Fall der Katze –, und er wollte den Gedanken der Unbestimmtheit ad absurdum führen, dem zufolge Atome keine bestimmte Eigenschaft haben, bis eine Messung sie festlegt. Es scheint demnach tatsächlich so, dass der durch das Fensterchen ins Kasteninnere Blickende festlegt, ob die Katze tot oder lebendig ist, dass er sie also umbringt oder umgebracht hat, wenn er sie tot zu Gesicht bekommt. Wird der neugierige Wissenschaftler so wider Willen zum Katzenkiller?

Natürlich nicht, wie versichert werden soll, und auch wenn es dicke Bücher gibt, die Schrödingers Höllenmaschine gewidmet sind, so soll hier nur knapp festgehalten werden, was an dem Gedankenexperiment nicht stimmt oder klemmt. Schrödingers Katze stellt unübersehbar eine alltägliche (dingliche) Realität dar. Für die Sphären, in denen die Unbestimmtheit ihre Wirkung entfaltet, gilt dies aber nicht. Man kann zwar von der Wirklichkeit (!) der Atome sprechen, nicht aber von ihrer Realität, da dieses Wort von Sachen handelt. Schrödingers eigene Gleichung zeigt, dass man Atome anders sehen muss. Sie beschreibt die möglichen Zustände der submikroskopischen Welt mit imaginären Funktionen. Die reale Katze und ihr makroskopisches Dasein – der Zustand ihrer Existenz – haben damit nichts zu tun. Sie lebt, solange der Zufall nicht die radioaktive Strahlung freilässt. Vielleicht sollte man sie gar nicht erst in die Stahlkammer einsperren, nicht einmal in Gedanken.

Das heißt, inzwischen untersuchen manche Physiker tatsächlich so etwa, was sie «Schrödinger cat states» nennen, also Katzenzustände nach Schrödingers Vorschlag. Sie meinen damit aber keine Haustiere aus der Familie der Felidae, sondern Zustände von Oszillatoren, mit deren Hilfe man Quantenrechner bauen kann, die statt Bits Quantenbits einsetzen. Die Physiker müssen für die erhoffte Quantenkommunikation noch lernen, solche Katzenzustände zu stabilisieren, wozu sie supraleitende Mikrowellenresonatoren einsetzen (was hier nur hingeschrieben wird, um eine Ahnung von der trickreichen Technologie zu bekommen, die in Zukunft den Umgang mit Quanteninformationen ermöglicht). Schrödinger würde sich sehr über die Karriere seiner Katze wundern.

## *Ein Quantenkinderspiel*

Die seltsamen Quantenphänomene lassen sich durch ein Gesellschaftsspiel illustrieren, das früher in der Schule gespielt wurde. Es heißt «17 und 4». Dabei wird ein Kandidat vor die Tür geschickt. Er muss einen Begriff erraten, auf den sich die anderen Spieler geeinigt haben. Dem Kandidaten stehen 17 + 4 Fragen zur Verfügung, die alle nur mit Ja oder Nein beantwortet werden dürfen.

Diese Regeln sind nur das Beiwerk und betreffen nicht die Problematik der Quanten. Sie kann dadurch in das Spiel eingeführt werden, dass dem Kandidaten *kein* Begriff vorgegeben wird – zum Beispiel Wolke –, sondern dass man ihn durch sein Raten und die Antworten der anderen Spieler den Begriff selbst erst festlegen lässt. Die Informationen, die der Kandidat erhält, müssen natürlich konsistent sein. Diese Quantenform des Kinderspiels ist für die Teilnehmer schwieriger als die Standardversion, sie müssen viel aktiver sein und alle Antworten genau verfolgen und mitdenken.

Bei der «klassischen» Durchführung des Spiels ist das Wort unabhängig von den Fragen des Kandidaten bestimmt. So haben sich die klassischen Physiker auch immer ein Elektron oder Photon vorgestellt. Beide Objekte hatten ihre Eigenschaften – gemeint sind bestimmte Positionen und bestimmte Impulse –, bevor ein Experiment gestartet wurde. In der Quantenform des Spiels entsteht das Wort erst durch die Fragen, genauso wie die Attribute eines Elektrons erst durch die Messung festgelegt werden. Andere Fragen des Kandidaten führen zu einem anderen Wort, und ein anderes Experiment legt eine andere Eigenschaft des Elektrons oder Photons fest. Ohne die Fragen des Kandidaten ist gar kein Wort da, und ohne Versuch ist auch kein Zustand eines Quantenobjektes vorhanden.

## *Rechnen mit Verschränkung*

Als die Idee der Verschränkung aufkam und die mit ihr verbundene Ganzheit der atomaren Ebene von Wirklichkeit erkannt und benannt wurde, dachten die Physiker bestenfalls über den Nachweis dieser antiintuitiven Eigenschaft nach. Nutzbar kam ihnen die Verschränkung von zwei Photonen nicht vor, und lange Zeit verschwendete niemand einen Gedanken in diese Richtung. Doch die Situation hat sich inzwischen grundlegend gewandelt. Rund 100 Jahre nach der Aufstellung der Quantenmechanik ist man dabei, ihre eigentümlichste Auswirkung in der Praxis einzusetzen, und zwar im Rahmen der sich immer stärker in den Alltag einmischenden Informationstechnologien. Von Quantenrechnern ist inzwischen immer häufiger die Rede, und einigen besonders eiligen Physikern schwebt bereits ein Quanteninternet vor Augen.

Eine besondere Neuigkeit, die mit Hilfe der Quanten in die Welt der Computer kommen würde, kann man sich rasch verdeutlichen, wenn man daran denkt, dass die traditionelle Verarbeitung von Informationen digital vor sich geht. Informationen werden in sogenannten Bits repräsentiert, die entweder den Wert 1 oder den Wert 0 annehmen. Wenn die Computer immer kleiner werden, lässt sich vorhersagen, dass eines Tages die Grenze erreicht werden wird, hinter der Quanteneffekte eine Rolle spielen, was zum Beispiel konkret heißt, dass die Superposition von Quantenzuständen oder deren Verschränkung berücksichtigt werden muss. Wenn individuelle Quantensysteme das Rechnen übernehmen, werden aus alten Bits neue Quantenbits, wie man sagt. Diese neuen Einheiten der Informationsverarbeitung werden abgekürzt als Qubits bezeichnet. Ein Qubit kann nicht nur in den Zuständen 0 und 1 sein, es kann sich auch als Superposition der beiden klassischen Möglichkeiten zeigen, so wie ein Elektron als Superposition der zwei Zustände erscheinen kann, die den einen oder den anderen Schlitz in einem Doppelspalt durchlaufen.

In gewisser Weise trägt ein Qubit die beiden gewohnten Werte – 0 und 1 – gleichzeitig. Dies ist zwar kaum noch mit dem gesunden Menschenverstand zu begreifen, aber es kommt noch schlimmer. Denn zwei oder mehrere Qubits können verschränkt sein, was bedeutet, dass keines von ihnen allein eine wohl definierte Information bei sich trägt oder mit sich führt. Vielmehr finden sich alle Informationen in ihren gemeinsamen Eigenschaften. Dies hat nichtlokale Korrelationen zur Folge, mit deren Hilfe die Messung eines Qubits instantan die Zustände der anderen festlegt, und zwar unabhängig von der Entfernung zwischen ihnen – wie es das Experiment vorgeführt hat.

Ein ehrgeiziges Ziel der gegenwärtigen Physik besteht darin, aus den genannten Eigenschaften heraus Quantencomputer zu bauen, die Qubits anstelle der herkömmlichen Bits verarbeiten. Das hohe Ziel besteht darin, die theoretisch gegebene Möglichkeit in die Praxis umzusetzen, der zufolge ein Quantenrechner nicht eine Aufgabe nach der anderen bearbeiten muss, sondern gleichzeitig Überlagerungen von vielen Rechnungen durchführen kann. Er wird dadurch sehr viel schneller als ein herkömmlicher Computer, und zwar so viel schneller, dass er Aufgaben mit Rechenleistungen bewältigt, für deren Erledigung die bislang verfügbaren Rechner so viel Zeit brauchen würden, dass das Alter des Universums dafür nicht ausreichte.

Quanteneffekte können auch eine wichtige Rolle spielen, wenn es darum geht, Nachrichten so zu übermitteln, dass außer dem Sender und dem Empfänger kein Dritter mithören kann. Um dieses Problem kümmert sich die Wissenschaft der Kryptographie, die viele Wege kennt, um Texte zu chiffrieren. Lesbar werden solche verschlüsselten Botschaften zum einen nur, wenn man den verwendeten Schlüssel tatsächlich kennt, und wirklich nützlich sind solche Verfahren erst dann, wenn man sicher sein kann, *dass* er geheim war und so geblieben ist. Die Frage, *wie* man sicher sein kann, dass niemand eine übermittelte Nachricht abgehört hat, stellt ein wunderbares Problem für Quantenphysiker dar; denn ihre Gegenstände hängen – als Quantenobjekte – von der Beobachtung ab. Jeder Spion verändert den Code, den er abhört, und weil dies erkennbar ist, macht er ihn und seine Arbeit wertlos. Tatsächlich bemüht man sich schon länger um eine Quantenkryptographie, bei der es darum geht, zur Schlüsselerzeugung und -übertragung Quantensysteme einzusetzen. Mit ihrer Hilfe ist es inzwischen erstmals in der Geschichte möglich, abhörsichere Kommunikation zu garantieren – jedes Abhören verursacht Fehler im Schlüssel – und sensitive Informationen wirklich geheim zu halten, während sie verschickt werden. Dazu müssen Sender und Empfänger die perfekten Korrelationen ausnutzen, die zwischen zwei verschränkten Photonen bestehen. Die zu versendende Information wird durch unabhängige Messungen an verschränkten Photonenpaaren verschlüsselt, wobei der Trick darin besteht, dass der Schlüssel spontan zustande kommt und niemals übertragen werden muss. Ein traditionelles Abhören kann es also gar nicht mehr geben. Es lässt sich zudem verhindern, dass sich ein Spion in die Erzeugung des Schlüssels einmischt, indem sowohl der Sender als auch der Empfänger zufällig und jeder für sich zwischen verschiedenen Messungen wechselt. Der derzeitige Status der Quantenkryptographie erlaubt es grundsätzlich, Schlüssel in der Größenordnung von 1 Kilobit pro Sekunde über Entfernungen von rund 10 km zu produzieren. Das heißt, für Bankzentren in großen Städten bietet die Quantenkryptographie heute schon eine praktische Alternative, und es kann nicht mehr lange dauern, bis der Auftrag erteilt wird, die im Laboratorium erprobte Technik alltagstauglich zu entwickeln.

## Nachleben 3

# Molekularbiologie im Informationszeitalter

Wenn oben von einem Wechsel der Wissenschaftssprache von Deutsch nach Englisch die Rede war, dann meinte dies zunächst zwar nur die Physik, aber die Biologie zog bald nach. Als Erwin Schrödinger in den Jahren des Zweiten Weltkriegs Vorlesungen über die Frage «Was ist Leben?» anbot, sprach er Englisch, und das dazugehörige Buch erschien 1944 mit dem Titel *What is Life?*. Wer das bis heute trotz einiger veralteter Angaben und mancher Unstimmigkeiten oder Fehler nach wie vor lieferbare Buch zur Hand nimmt, wird feststellen, dass das fünfte Kapitel – von sieben insgesamt – sich einem Modell widmet, mit dem Max Delbrück 1935 versucht hat, «die Natur der Genemutation» zu erfassen und die Genstruktur zu verstehen. Damals war die Biochemie noch nicht so weit, dass ihre Vertreter genau sagen konnten, aus welchem Stoff das Genmaterial – das Erbgut – besteht. Aber die Genetiker wussten, dass es Mutationen von Genen gab, die erstens von Strahlungen ausgelöst werden konnten und zweitens so stabil waren wie die ursprünglichen Gene. Delbrück zog daraus den Schluss, dass Gene der Physik zugänglich sein mussten – mit Strahlungen und Stabilitäten kannte man sich in dieser Disziplin aus –, weshalb er vorschlug, Gene als einen «Atomverband» zu verstehen. Seit 1953 weiß die Welt, wie solch ein Verband aussieht. Er zeigt sich in Form der Doppelhelix, wie sie von dem Duo Francis Crick und James Watson vorgeschlagen worden ist.

In diesem Zusammenhang sind zwei Aspekte erwähnenswert. Zum einen ist Crick wie Delbrück ursprünglich als Physiker ausgebildet worden. Wer diesen Zusammenhang weiterverfolgt, wird bald feststellen, dass die moderne Wissenschaft vom Leben, die Molekularbiologie, das Werk von Physikern ist, von denen viele nach dem Aufkommen der Atombombe eine friedlichere Disziplin suchten und die Erforschung des Lebens wählten. Zum Zweiten konnte die Strukturermittlung des Erbmaterials DNA vor allem deshalb gelingen, weil es eine erfolgreiche Disziplin namens Kristallographie gab, deren Vertreter mit Röntgenstrahlen molekulare Analysen vornehmen konnten, was eine Menge Physik erfordert, worauf aber hier nicht weiter eingegangen werden soll.

Delbrücks Interesse an der Biologie und letztlich seine Hinwendung zu ihr wurde von Niels Bohr angeregt, der Anfang der 1930er Jahre in einer Vorlesung mit dem Titel «Licht und Leben» gemeint hat, in der Biologie solle man versuchen, das Leben so zu verstehen, wie es die Physiker mit dem Licht gemacht hätten. Bohr meinte speziell das Licht, das Atome aussenden. Um damit zurechtzukommen, hatten sich die Physiker dem einfachsten Atom zugewandt, das die Welt ihnen zur Verfügung stellte, nämlich das Wasserstoffatom. Die Biologen sollten die Vererbung nicht an komplizierten Organismen wie Heuschrecken, Fliegen, Erbsen und Mäusen erkunden, wie Bohr meinte, sondern etwas Lebendiges finden, das nicht viel mehr konnte, als sich zu vermehren. Mit anderen Worten, Bohr meinte um 1930, die Biologie komme nur weiter, wenn sie sozusagen das Wasserstoffatom der Vererbung finden und untersuchen könnte, und Delbrück machte sich in den folgenden Jahren auf, um danach zu suchen. Nach seinen theoretischen Vorübungen von 1935, denen Schrödinger einige Jahre später ein Kapitel seiner Überlegungen zur Frage «Was ist Leben?» widmete, verließ Delbrück seine Heimatstadt Berlin, um in den USA nach dem Wasserstoffatom der Biologie zu suchen.

1939 wurde er fündig in Form von Viren, die Bakterien angreifen und als Bakteriophagen – Bakterienfresser – bekannt sind. In den Jahren des Zweiten Weltkriegs durfte Delbrück trotz seiner deutschen Staatsbürgerschaft nicht nur in den USA bleiben, er wurde sogar darum gebeten, weil die damaligen Lehrbücher der Quantenmechanik alle auf Deutsch geschrieben waren. Wenn amerikanische Studenten die neue Physik lernen sollten, brauchten sie einen Lehrer, der sich mit dieser Sprache auskannte – zum Beispiel Delbrück. Er nutzte die frühen 1940er Jahre zudem, um mit dem italienischen Radiologen Salvatore Luria – fast auch ein Physiker – das Wechselspiel von Bakterien und Phagen zu erkunden. In der Zeit, in der Schrödinger seine oben erwähnten Vorlesungen hielt, konnten Delbrück und Luria nachweisen, dass erstens Bakterien über Gene verfügen – was damals tatsächlich etwas Neues war –, und dass deren Mutationen spontan und zufällig zustande kommen, wie es sich Charles Darwin bereits im 19. Jahrhundert vorgestellt hatte, als er versuchte, den Ursprung der Arten zu verstehen.

### *Die genetische Information*

Mit Delbrück und Luria beginnt die Erfolgsgeschichte der Molekularbiologie. Sie hat der Quantenmechanik noch viel mehr zu verdanken, wenn auch auf indirekte Weise. Als 1953 die Doppelhelix als Struktur des Erbmaterials aus DNA bekannt geworden war, dauerte es nicht mehr lange, bis die Biologen den Begriff der Information nutzten, um die Rolle der Gene zu beschreiben. Sie wurden zu Trägern der genetischen Information einer Zelle und der aus ihnen bestehenden Lebewesen. Konkret ist damit die Reihenfolge der Basenpaare gemeint, die das Innere der Doppelhelix bilden und die beiden Stränge zusammenhalten. In den 1960er Jahren fanden die Molekulargenetiker unter Führung von Francis Crick heraus, wie die genetische Information der DNA-Moleküle benutzt wird. Es handelt sich um einen Lesemechanismus, der die Sequenz in den Genen in eine andere Abfolge von molekularen Buchstaben überträgt, die dann als Proteine die chemischen Reaktionen in den Zellen katalysieren, die das Leben letztlich möglich machen.

So klar damals das Ziel vor Augen lag, die genetische Information lesen zu können, so hoffnungslos sah die experimentelle Wirklichkeit zur Umsetzung dieser Idee aus – bis man in den frühen 1970er Jahren die Methode entwickelte, die als Gentechnik berühmt und heftig diskutiert wurde. Hier sollen die teilweise skurrilen Angstphantasien über gentechnisch optimiertes Leben übersprungen werden, um darauf hinweisen zu können, dass die Gentechnik den Traum der Biologen erfüllen konnte, die Sequenzen von DNA-Molekülen zu ermitteln. Die dazu gehörigen Methoden wurden immer besser und zuverlässiger, so dass man sich in der Mitte der 1980er Jahre zu einem kühnen Vorschlag aufschwingen konnte. Damals war erstmals zuverlässig gezeigt worden, dass Krebs eine genetische Krankheit ist, was zu der einfachen Logik führte, dass man Krebs verstehen könne, wenn man die menschlichen Gene kennen würde, also sequenziert habe. So einfach dies klingt, das

Problem steckte in den zu bewältigenden Mengen, denn das als humanes Genom bezeichnete Erbmaterial einer einzigen menschlichen Zelle besteht aus drei Milliarden Bausteinen. Eigentlich sind es sogar sechs Milliarden, da es jeweils zwei Exemplare der Chromosomen gibt, auf denen die Gene liegen. Drei Milliarden Buchstaben – die füllen tausend Bücher mit jeweils tausend Seiten auf denen jeweils dreitausend Buchstaben stehen (und das in jeder Zelle, von denen es viele Milliarden braucht, um einen Menschen zu machen). Mit anderen Worten, kein Mensch wird sein eigenes Genom lesen können. Hier kommt erneut die Quantenmechanik ins Spiel, denn die Maschinen, die die geballte Information speichern und durchsuchen können, gibt es nur, weil die neue Physik mit den Quantensprüngen sie ermöglicht hat, wie an einem Beispiel vorgeführt werden soll.

### *Der Weg in die Informationsgesellschaft*

Jeder kennt das Stichwort der Digitalisierung. Die dazugehörigen Apparate mit den riesigen Informationskapazitäten können deshalb höchst zuverlässig funktionieren und in handlichen Größen angeboten werden, weil es in den Jahren nach dem Zweiten Weltkrieg gelungen ist, die früheren Rechenmonster mit ihren reparaturanfälligen Röhren durch kompakte Schaltungen mit robusten Transistoren zu ersetzen. Sie werden heute längst zu Millionen auf geeigneten Chips platziert und dem Publikum für wenig Geld angeboten.

Erfunden wurde das Bauprinzip für diese Wunderdinger im Dezember 1947, und zwar in den Bell-Laboratorien in New Jersey. Hier versuchten drei in den 1950er Jahren mit dem Nobelpreis für ihr Fach ausgezeichnete Physiker – William Shockley, John Bardeen und Walter Brattain – systematisch zu erforschen, was in den Jahren des Zweiten Weltkriegs eher nebenbei erkundet worden war: die Eigenschaften von Kristallen oder Festkörpern, die man Halbleiter nannte. Was in der Geschichte der Physik erst nur Unverständnis und Langeweile hervorgerufen hatte – was sollte man auch mit Elementen wie Silizium und Germanium anfangen, die manchmal elektrischen Strom leiteten und manchmal nicht? –, war im Rahmen von Arbeiten (mit militärischer Zielsetzung) zur Radartechnik in den Blickpunkt des wissenschaftlichen

Interesses gerückt. Man benötigte möglichst empfindliche Empfänger (Detektoren) für oftmals extrem schwache Signale. Eines Tages muss jemand unter den Physikern auf den Gedanken gekommen sein, dass Halbleiter genau dazu dienen konnten. Die Verwandlung vom Isolator zum Leiter setzt bei einigen Halbleiterkristallen sehr plötzlich ein, also schon bei geringsten Änderungen der äußeren Bedingungen – etwa der Temperatur oder der durch Strahlung zugeführten Energie. Wenn man diese kleinen Schwankungen erkunden und vermessen wollte, konnte man ja Halbleiter als Detektoren einsetzen.

Nach ersten tastenden Bemühungen vor 1945 nahmen die – auch nach Kriegsende noch vom amerikanischen Militär finanzierten – Bell-Laboratorien die Entwicklung von Halbleitern als Schalter systematisch in Angriff, und als das Jahr 1947 aufhörte und 1948 begann, gab es den ersten Transistor. Die Bezeichnung Transistor ist ein englisches Kunstwort, das sich aus zwei Teilen zusammensetzt, aus Transfer (Übertragung) und Resistance (Widerstand) nämlich. So ein «Übertragungswiderstand» konnte – bei geeigneter Bauweise – Strom abblocken oder verstärken. Er lieferte nicht nur das, was die alte Elektronenröhre konnte – er tat dies besser und auch zuverlässiger, und er war darüber hinaus sehr viel kleiner und billiger herzustellen. Bei diesen Qualitäten dauerte es nicht lange, bis der Siegeszug der Transistoren einsetzte, die es bereits 1951 in Hörgeräten gab und mit denen seit 1958 die integrierten Schaltkreise gebaut werden, die wir als Mikrochips kennen und nutzen.

Es gilt zu erwähnen, dass die drei Erfinder des Transistors sich bei ihren Bemühungen an der Quantenmechanik orientierten. Ohne ihre Kenntnis dieser neuartigen Wissenschaft wären sie keinen Schritt vorangekommen. Im 18. Jahrhundert hatte man eine Dampfmaschine konstruieren und im 19. Jahrhundert eine Eisenbahn bauen können, ohne die Gesetze der Thermodynamik zu kennen. In der zweiten Hälfte des 20. Jahrhunderts ging dies nicht mehr. Jetzt reichte es nicht, etwas zu wollen, jetzt musste man zunächst etwas wissen, um etwas grundlegend Neues bauen und konstruieren zu können, wie sich an der Erfindung des Transistors zeigen lässt (auch wenn die Details hier zu weit führen würden). Wer dieses erste kleine Beispiel in einen großen Trend umwandeln will, könnte sagen, dass sich hier die Transformation zu erkennen gibt, die heute als ausgemacht und zukunftsweisend gilt, nämlich die Wandlung einer Industrie- in eine Informationsgesellschaft.

## *It from Bit?*

Der amerikanische Physiker John Archibald Wheeler hat einmal bemerkt, dass die Physik zuerst die Rolle des Beobachters entdeckt habe und dass danach aus der zentralen Rolle des Beobachters die ebenso zentrale Bedeutung der Information hervorgegangen sei, bis sie den Menschen schließlich als physikalische Wirklichkeit begegnete. Wheeler hat zusätzlich prophezeit, dass es eines Tages gelingen werde, «die gesamte Physik in der Sprache der Information zu verstehen und auszudrücken». Diese Idee stammt aus dem Jahre 1989, als der große Physiker einen unter Fachkollegen legendären Vortrag mit dem ansprechenden und fragenden Titel «It from Bit?» hielt. Es ging Wheeler um die Idee, «dass jeder Gegenstand der physikalischen Welt an seiner Basis … eine nichtmaterielle Quelle und Erklärung besitzt». Wheeler meint: «Kurz gesagt, alle physikalischen Dinge sind ihrem Ursprung nach informationstheoretisch» – und zu dem Universum, das dabei entsteht, tragen wir Menschen, so Wheeler, bei. Die Welt, in der Menschen leben, haben sie geformt. Sie ist ihre Information und lohnt noch eine Überlegung.

Information erzeugt Information und ist damit etwas, das zugleich vorliegt und wirkt. Information ist Prozess und Ergebnis zugleich. Sie erinnert auf diese Weise an den doppelten Charakter, der in dem Begriff Bildung steckt, mit dem ja auch ein Vorgang – das Bilden – und ein Ergebnis – das Gebildete – zugleich gemeint sind. «Information» bezeichnet das offene Wechselspiel zwischen Subjekten und Objekten, das die erlebte (informative) Wirklichkeit ausmacht. Menschen haben an beiden Enden des Feldes zu tun. Inzwischen sind sie in der Lage, die Information dort hinzuführen und einzuführen, wo sie eigentlich hingehört, nämlich in das Innerste der Welt und damit in die Physik der atomaren Sphäre und ihre Grundlegungen. Wenn Naturvorgänge vermessen werden, entnehmen die Beobachter ihnen schon immer Information, aber diese Variable taucht in der Beschreibung (Theorie), mit der sie diese Abläufe zu verstehen und zu nutzen hoffen, bislang noch an keiner einzigen Stelle selbst auf. Information muss also eine konkrete (physikalische) Eigenschaft des Wirklichen sein. Dies ist längst bekannt, ohne dass es bis heute zu den nötigen Konsequenzen bei der Formulierung der physikalischen Grundgesetze geführt hat.

Wenn Informationen durchgreifend verstanden und eingesetzt werden, fügen sich viele Einzelwissenschaften neuartig zusammen. In vielen von ihnen geht es um die Übertragung von Information – die physikalische durch Licht, die biologische durch molekulare Strukturen, die sprachliche durch Symbole. Es gilt zu verstehen, wie nicht nur die Welt uns Informationen liefert, sondern wie auch die Informationen selbst zur Welt führen.

Es hat lange gedauert, bis Menschen gelernt haben, dass der Kosmos ein *Uni*versum ist. Als im antiken Griechenland der «Kosmos» erfunden wurde, teilten die Philosophen die Welt in zwei Hälften auf. Dieses «*Duo*versum» wurde durch den Mond in eine sub- und eine supralunare Sphäre getrennt. Es dauerte bis in die Tage der frühen Neuzeit, um zu erkennen und zu akzeptieren, dass in beiden Sphären die gleichen Elemente zu finden sind, die zudem den gleichen Gesetzen unterliegen. Wie gesagt, es hat mehr als tausend Jahre gedauert, bis die Einheit im Kosmos verstanden war. Es ist trotzdem nicht nötig, dass es erneut so lange dauert, um eine andere unnötige Zweiteilung aufzuheben, nämlich die zwischen dem, was wirklich der Fall ist, und dem, was Menschen darüber sagen können. Das Ding an sich steckt in den Informationen, die zu ihm führen. Menschen müssen sie aber erst in die Welt hineinlegen, die dann eine Einheit in der Art wird, wie es das Universum geworden ist.

Die letzten beiden großen Umwälzungen der Physik – die Relativitätstheorie und die Quantenmechanik – haben beide auf ihre Weise mit der Information zu tun. Albert Einstein nutzte 1905 das damals beste Pendant der Information – die Entropie –, um zu einer neuen Theorie des Lichts zu gelangen. Und in der Quantenmechanik zeigte sich, dass Objekte erst dann bestimmt werden, wenn wir Informationen mit ihnen austauschen. In beiden Wissenschaften kennen wir inzwischen Erhaltungssätze für die Information. Ihnen zufolge bleibt sie bei allem, was passiert, insgesamt erhalten. Wenn sich das Konzept der Information durchgehend bewährt, dann könnte mit ihrer Hilfe jene einheitliche Theorie entstehen, die man schon lange sucht.

## Epilog

# Der beleidigte gesunde Menschenverstand

Keine Frage, die Quantenmechanik macht es vielen Menschen schwer, und sie stellt eine Beleidigung für den gesunden Menschenverstand dar, wenn diese Formulierung erlaubt ist. Viele der Ideen, die der gewöhnliche Mensch im Umgang mit der anschaulichen Welt gelernt hat, treibt die Physik ihm wieder aus. Die atomaren Objekte sind anders als die aus dem Alltag. Elektronen laufen nicht auf Bahnen umher, Photonen folgen keinen Wegen und sie können nicht identifiziert werden. Der Zustand eines Photons liegt nicht fest, solange es nicht beobachtet wird. Geschieht dies aber, dann wird ein Quantum ausgetauscht und das Photon ist unwiderruflich verloren. Es ist ein anderes geworden. Bei alledem zwingt uns die Quantentheorie, eine Wahl zwischen verschiedenen (komplementären) Aspekten der Wirklichkeit zu treffen, die sich bei der Beobachtung gegenseitig ausschließen wie zum Beispiel Welle und Teilchen.

Der Weg zu den Atomen hat die Menschen in eine bizarre dialektische Situation geführt, die den Kern der Vorstellung berührt, «die wir von der Realität der physikalischen Welt haben und die so grundlegend für die Evolution unseres Geistes ist. Millionen Jahre sind wir Tiere gewesen, die diese Dichotomien kannten: Schauspieler und Beobachter, Ich und Welt, Geist und Wirklichkeit, die Gegenüberstellung der inneren Welt der Gedanken, Wünsche und Emotionen mit der äußeren Welt der Objekte», wie es Max Delbrück formuliert hat, als er sich 1976 in seiner Abschiedsvorlesung Gedanken über das Verhältnis von «Wahrheit und Wirklichkeit in der Wissenschaft» gemacht hat.

Diese Dichotomien schufen die Ausgangslage, in der René Descartes vor mehr als dreihundert Jahren den berühmten Schnitt ausführte, der die Welt aufteilte in den Geist – die *res cogitans* – und die Materie – die *res extensa*. Mit seiner Hilfe entstand das Konzept einer äußeren Wirklichkeit, die unabhängig von einem Beobachter ist. Die klassische Physik hat diese Ansicht zementiert und Einstein hielt an ihr fest. Der Mond ist doch da, auch wenn niemand hinschaut, pflegte er zu sagen.

Natürlich bleibt der Mond auch ohne einen Betrachter am Himmel, wo er zu sehen ist. Physikalische Aussagen über ihn beziehen sich jedoch nur auf Situationen, die zumindest prinzipiell beobachtet werden können, auch wenn sie mit Hilfe von Naturgesetzen formuliert werden. Man erwähnt den Beobachter nicht explizit, wenn man sagt, der Mond geht in Baden-Baden um 21:34 Uhr MEZ auf. Die Angaben beziehen sich aber auf Vorgänge des Wahrnehmens, und eine derartige sprachliche Konstruktion bekommt ihre Bedeutung erst durch individuelle und kollektive Erfahrungen und Handlungen, die gemeinsam den Gesamtrahmen des wissenschaftlichen Diskurses ausmachen. Die Quantenmechanik klebt den kartesischen Schnitt also wenigstens teilweise wieder zu. Sie macht deutlich, dass die von ihm bewirkte Trennung einer externen und einer internen Wirklichkeit eine Illusion ist und dass es nur eine Wirklichkeit gibt, was den Menschen doch gefallen sollte.

Am Ende fügt also die Quantentheorie wieder zusammen, was das klassische Denken getrennt hat (obwohl die ganze Entwicklung scheinbar andersherum mit der Entdeckung des Dualismus von Welle und Teilchen begonnen hat). In diesem Zusammenhang ist immer wieder überlegt worden, ob es mit Hilfe der Quantenphänomene nicht auch gelingt, die Kluft zu überwinden, die sich zwischen dem Geist und der Materie aufgetan hat: Wie sieht dieses uralte Problem aus, wenn man es im Lichte der Lampe sieht, die Quantenmechanik heißt?

Die Quantenmechanik wird gerne zu Hilfe genommen, wenn bestimmte Wirkungen erklärt werden sollen und eine traditionelle Ursache nicht in Sicht ist. Wer zum Beispiel das Gehirn als biochemische Maschine betrachtet, sieht zunächst keine Möglichkeit, hier dem Geist Einlass zu verschaffen. Wie soll er sich in einem solchen Apparat bemerkbar machen, in dem alles streng deterministisch abläuft? Die Unbestimmtheiten der Quantenmechanik scheinen nun einen Ausweg hieraus zu bieten. Sie lassen kein vollständig mechanisches Bild des Gehirns zu – und nun braucht nur noch postuliert zu werden, dass das Bewusstsein die Möglichkeit hat, den atomaren Zufall zu lenken. Wenn einige Elektronen auf diese Weise auf den richtigen Weg gebracht sind, feuert eine Nervenzelle, wir strecken einen Arm aus und unser Wille ist erfüllt.

Schaut man die Komplexität des Gehirns an und weiß zudem, dass die Elektronen in den Zellen dieses Organs ohnehin vielen zufälligen Schwankungen ausgesetzt sind, fällt es schwer, tatsächlich an einen solchen Mechanismus zu glauben. Doch ganz sollte man die Hoffnung nicht aufgeben, dass die Quanten vielleicht doch bei dem Problem weiterhelfen, das für diejenigen besteht, die beim Leib-Seele-Problem eine dualistische Position einnehmen. Für sie ist der Geist nicht nur eine Qualität der Materie, er existiert genauso unabhängig von ihr, so wie das Licht unabhängig von Augen vorhanden ist. Von dieser Position aus ist es schwierig, ohne eine Verletzung physikalischer Gesetze zu erklären, wie der Geist die Materie beeinflussen kann. Woher bekommt mein Wille die Energie, die ich zum Beispiel brauche, um meinen Arm zu heben?

In letzter Konsequenz lautet die Frage, ob etwas – in diesem Fall die Energie – aus dem Nichts kommen kann. Und wenn sie so gestellt wird, sieht man, dass es eine noch viel weitergehende Frage gibt, die ähnlich lautet und die ohne Quantenideen mit Sicherheit unlösbar ist. Es geht dabei um den Anfang der Welt und die Entstehung des Universums. Es muss per Definition aus dem Nichts geboren worden sein. Die Frage lautet dann, kann die Quantenmechanik eine Schöpfung *ex nihilo* vielleicht plausibel machen oder wenigstens andeuten, dass es nicht völlig hoffnungslos ist, hier nach einer Antwort zu suchen?

Bevor über diesen Anspruch zu laut gelacht wird, sollte man bedenken, dass zumindest eine Vorstufe dazu schon bewältigt worden ist, nämlich die Schaffung von Quantenteilchen buchstäblich aus dem Nichts. Dies passiert zum Beispiel im Fall der angeregten Kalziumatome. Die von ihnen ausgesandten Photonen waren vorher auch nicht da. In diesem speziellen Fall gibt es die Vorleistung in Form der von einem Laser gelieferten Energie. Doch die Quantenmechanik wird auch mit komplizierteren Situationen fertig. So erklärt sie ohne weiteres die vielen Teilchen, die spontan geboren werden, wenn ein elektrisches Feld nur hinreichend groß wird.

Dabei tauchen neben den Elektronen auch ihre sogenannten Antiteilchen auf, die als Positronen bezeichnet werden. Die Voraussage, dass im Kosmos Antimaterie existiert, gehört zu den eindrucksvollsten Triumphen der Quantenmechanik. Sie ist Paul Dirac zu verdanken, als er 1928 feststellte, dass das Grundgesetz der Quantenmechanik, die Schrö-

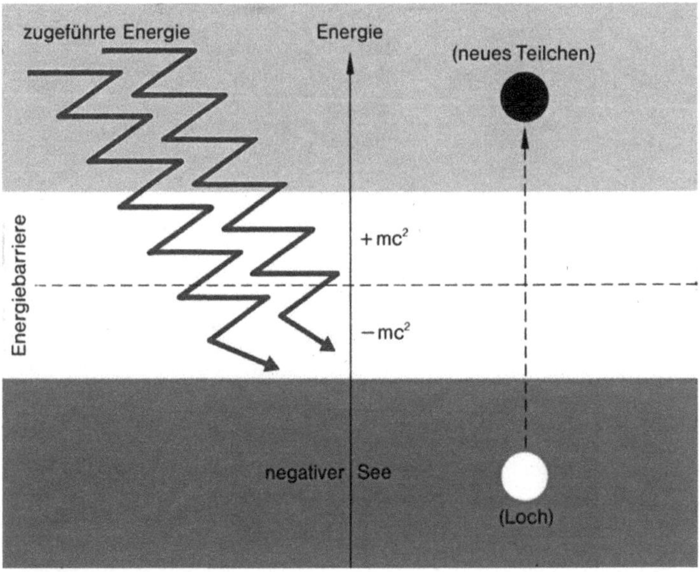


Abb. 29: Der Dirac-See

*Die Unterwelt von Dirac: Die Quantenmechanik hat zu der Entdeckung von Antimaterie geführt. Sie bildet eine Art Unterwelt und ruht unbemerkt in einer Art See, der von der Welt der wirklichen Teilchen durch eine Energiebarriere getrennt ist, die von der sogenannten Ruheenergie der Teilchen bestimmt wird. Trifft Energie in Form von Strahlen oder Feldern ein, die größer als die Lücken sind, wird etwas aus dem Untersee freigeschlagen. Was immer dies ist, es kann gemeinsam mit dem zurückgelassenen Loch registriert werden. (Dies ist zwar Wahnsinn, aber es hat Methode.)*

dinger-Gleichung, bei hohen Energien zwei Lösungen hat, die sich durch ihre Vorzeichen unterscheiden. Dirac entdeckte damit eine Unterwelt, die neben der bislang bekannten Quantenwelt existierte. Die Idee war verrückt genug, um von den Physikern ernst genommen zu werden, und bald wurden diese Antiteilchen auch gefunden und ihre Existenz nachgewiesen.

Um alle experimentellen Daten und theoretischen Zusammenhänge verstehen zu können, musste das Bild vom leeren Raum aufgegeben werden. Den gab es nun nicht mehr. Das Vakuum war «in Wirklichkeit» ein See aus Antimaterie, der durch eine Energielücke von der gewöhnlichen Materie getrennt ist, aus der sich unsere Welt aufbaut (Abb. 29). Wird in diese Unterwelt genügend Energie hineingepumpt, kann die Lücke überbrückt werden und aus dem See tauchen Elektronen auf, die dann gemeinsam mit den zurückgelassenen Löchern – den Positronen – registriert werden können.

Mit anderen Worten, im Rahmen der Quantenmechanik gibt es den leeren Raum nicht mehr. Es gibt nur das Vakuum «voller Unterwelt», die aber zu der gewöhnlichen Materie nichts beiträgt. Kommt man jetzt auf die Frage zurück, wie das Universum entstanden ist, kann die Antwort nicht mit einem leeren Raum anfangen, in den hinein die Materie gebracht wird. Es gilt vielmehr zu erklären, wie der Raum selbst entstanden ist oder entstehen kann.

Dieses Thema bleibt so aktuell wie am ersten Tag. Den Erkenntnissen der Astronomie zufolge befindet sich die Menschheit in einem expandierenden Weltall, in dem jeden Tag Raum neu geschaffen wird. Diese Kreation muss also ein gewöhnliches physikalisches Ereignis sein. Wo aber kommt dieser Raum her? Wo oder was war er vorher?

Wenn die Quantenidee dieses Problem lösen soll, muss es den Physikern gelingen, die Quantenmechanik mit der Theorie von Raum und Zeit zusammenzuschweißen, mit der Theorie der Gravitation also. Eine Quantengravitation muss konstruiert werden analog zur Quantenmechanik selbst, die durch Anwendung der Quantenidee auf die klassische Mechanik möglich geworden ist. Eine solche Quantengravitation gibt es noch nicht. Alle bisherigen Versuche, die beiden Theorien in ihrer gegenwärtigen Form zu vereinen, sind an einem Problem gescheitert, das mit der Unbestimmtheit zusammenhängt und am besten verstanden werden kann, wenn man die entsprechende Situation der Quantenmechanik selbst ansieht.

Für die Bewegung eines Teilchens ergibt sich als Folge der Unbestimmtheitsrelationen, dass zum Beispiel ein Elektron nie zur Ruhe kommen kann. Wenn sein Ort festliegt, wird seine Geschwindigkeit völlig unbestimmt. Sie unterliegt riesigen Schwankungen und sinkt auf keinen Fall auf null ab. Ein Elektron muss sich auch am absoluten Nullpunkt immer bewegen. Dies sind seine sogenannten Quantenfluktuationen.

Wendet man die Theorie auf die Struktur des Raumes an, muss es ganz analog Quantenfluktuationen des Raumes geben. Zwar glaubte man zunächst, damit seine Entstehung erklären zu können, doch bald stellte sich heraus, wie immer man auch rechnete, die Fluktuationen wurden unendlich groß. In solch einem Fall hilft keine Ausrede oder Interpretation mehr, jetzt vermutet man, dass irgendwo ein grundlegender Fehler steckt, und die Frage ist, wo er sich befindet.

Das viel diskutierte Buch des amerikanischen Physikers Brian Greene mit dem hübschen Titel *Das elegante Universum* stellt genau dies auf den ersten Seiten des ersten Kapitels fest. Der Autor erklärt die Gravitationstheorie und die Quantenmechanik für wechselseitig inkompatibel, allerdings nur, um im Anschluss daran die sogenannte String-Theorie als Ausweg anzubieten. Greene und viele Kollegen durcheilen auf diese Weise das Denkschema, das unter dem Namen Dialektik populär geworden ist und in einfachster Weise besagt, dass aus These und Antithese eine Synthese werden kann, die dann alles erklärt und die Physik abschließt. (Die hier vertretene Idee der Komplementarität geht da vorsichtiger vor. Als eine Art von qualitativer Dialektik erkennt sie These und Antithese an, um fortan in einer Spannung zwischen beiden Polen den Blick und die Wissenschaft offenzuhalten.)

Im Rahmen der Stringtheorie wird versucht, den Aufbau der realen Welt mit der Annahme zu erklären, dass die von Physikern beobachteten Eigenschaften von elementaren Bausteinen der Materie, die sie in einem Standardmodell zusammenfassen, die verschiedenen Möglichkeiten darstellen, in denen ein eindimensionales Gebilde – ein String – vibrieren und in Schwingung geraten kann. Die Superstrings, wie sie manchmal auch heißen, kann man sich wie die Saiten einer Violine vorstellen, die auch bevorzugte Frequenzen haben, bei denen sie in Vibration geraten und Klänge erzeugen. So wie eine Geige mit ihren Saiten Musik erzeugt, bringen die schwingenden Strings die Wirklichkeit hervor, denken die Vertreter der entsprechenden Theorie. Und obwohl sie die Idee der Komplementarität vernachlässigen und daher meine Sympathie nicht finden, fasziniert der Gedanke, dass die Welt wie und als Klang entsteht, der durch uns tönt. Im Innersten der Dinge sind nicht wiederum Dinge, sondern findet Bewegung statt.

Doch hat Greene recht? Gibt es wirklich irgendwo einen Fehler? Ist vielleicht doch etwas an der Quantenmechanik falsch? Oder reicht die Gravitationstheorie nicht hin? Eine Antwort hierauf ist dringend erforderlich, aber sie steht noch aus. Die entsprechenden Rechnungen sind extrem kompliziert und bleiben immer wieder stecken. In solch einer festgefahrenen Situation ist die Vermutung erlaubt, dass sich dahinter ein konzeptionelles Problem besonderer Art verbirgt. Dies bringt uns wieder zurück zur Interpretation der Quantentheorie, und zwar zu Bohrs Idee der Komplementarität. Vielleicht sind nämlich beide Theorien richtig. Nur kann man sie nicht ohne weiteres zu einer einzigen verbinden, weil ihre Ausgangspositionen *komplementär* zueinander sind. Die Quantenmechanik betont den *unstetigen* Aspekt der Wirklichkeit, ihre Welt ist aus *Quanten* aufgebaut. Die Theorie der Gravitation beschreibt den *kontinuierlichen* Aspekt der Wirklichkeit, ihre Welt ist aus *Feldern* aufgebaut. (Dass die feldtheoretische Beschreibung der Schwerkraft vor allem das Verdienst von Einstein ist, macht seine Abneigung gegen die Quantendarstellung vielleicht besser verständlich.) Die beiden Grundgrößen Quantum und Feld lassen sich ebenso wenig in einem Schema vereinen, wie sich Welle und Teilchen zu einem Bild zusammensetzen lassen. Die Natur der Quantenobjekte wird – dies ist die Botschaft der Komplementarität – nicht dadurch verstanden, dass man den Gegensatz von Welle und Teilchen aufhebt, sondern im Gegenteil dadurch, dass man ihn betont. Also muss auch der Gegensatz von Quantum und Feld im Wortsinn festgestellt werden. Jeder Versuch einer Vereinheitlichung der Theorien muss demnach scheitern, wenn er die Komplementarität von Quantum und Feld übersieht.

Die beiden kontrastierenden Theorien sind in der Sprache der Mathematik formuliert, in der eine analoge Komplementarität sichtbar wird. Hier stehen sich eine *Algebra* – sie handelt von diskreten Zahlen – und eine *Geometrie* – sie handelt von stetigen Linien, Flächen und Winkeln – gegenüber. Beide Disziplinen stammen historisch aus verschiedenen (komplementären?) Teilen der Welt, und zwar aus Indien (die Algebra) und aus Griechenland (die Geometrie). Es ist möglich, Zahl und Kontinuum zusammenzubringen – etwa in Form der Mengenlehre –, aber dabei haben sich die Mathematiker über Jahrzehnte hin in Widersprüche verwickelt. Die Paradoxien konnten erst aufgelöst werden, als bestimmte (sogenannte reflexive) Aussagen über eine Menge verboten wurden. Den Physikern wird es sicher nicht anders ergehen. Auch sie werden feststellen, dass einige Aussagen über die Natur einfach unzulässig sind. Hier wird die Ansicht vertreten, dass die Fragen der Erschaffung aus dem Nichts ohne wissenschaftliche Antwort bleiben werden, weil die dazu erforderlichen Theorien komplementär zueinander sind. Eine Schöpfung *ex nihilo* wäre damit erwiesenermaßen eine Glaubensfrage. Gott sei Dank?

## *Wissenschaft und Religion*

Noch etwas: Wissenschaft kann als eine Tätigkeit verstanden werden, die (mathematische) Symbole hervorbringt. Sie stellt ein System von Symbolen bereit, in denen sich Ideen und Überzeugungen finden, die Menschen emphatisch als wahr empfinden, selbst wenn sie nicht immer empirisch überprüfbar sind. Die Bestätigung erfolgt auf mathematisch-gedanklichen und anderen Wegen und durch andere Erfahrungen.

Die letzten Sätze orientieren sich an einer Arbeit des amerikanischen Kulturphilosophen Clifford Geertz, der 1973 einmal Religion so definiert hat: «Religion ist ein System von Symbolen, das mächtige, eindringliche und dauernde Grundstimmungen und Handlungsgründe im Menschen erzeugt, indem es allgemeine Prinzipien so in eine Aura des Wirklichen einkleidet, dass diese Grundstimmung und Handlungsgründe als einzig gültig erscheinen.»

Natürlich geht es hier nicht darum, Wissenschaft in den Rang einer Religion zu heben. Aber es bringt wenig, die Bedeutung und die öffentliche Akzeptanz von Wissenschaft zu erörtern, ohne zu erkennen (und auch mit in die Debatte aufzunehmen), dass es Symbole sind, mit denen man sich verständigt. Symbole enthalten immer mehr, als man auf den ersten Blick wahrzunehmen vermag, und sie verweisen auf andere Dimensionen der Wirklichkeit, die sonst nicht zu kennzeichnen sind. Symbole vereinigen auf ihre Weise komplementäre Gegensätze, die für die Logik unvereinbar sind.

Als erstes Beispiel dafür lässt sich das mathematische Zeichen i – die imaginäre Einheit – betrachten. Es gehört als fester Bestandteil zur mathematischen Sprache der Quantentheorie. Auf die Frage, was das i symbolisiert, antwortet Pauli mit dem heute allzu modischen Begriff der Ganzheitlichkeit, dem die präzise Form der Verschränkung gegeben werden kann. Tatsächlich stellt die imaginäre Einheit einen Kreis oder einen Ring dar, dessen Geschlossenheit auf der einen Seite die ganzheitliche Struktur der Materie symbolisiert und der durch seine Existenz die beiden Bereiche von Innen und Außen schafft, in denen sich die ganzheitliche Situation der erkennenden Menschen zeigt.

### *Das Verschwinden der Atome*

Die vermutlich spannendste Möglichkeit, den Symbolbegriff in die Physik einzuführen, stellt das Atom selbst dar. Als die Physiker sich zu Beginn des 20. Jahrhunderts mit der Idee anfreunden mussten, dass es eine seltsame Naturkonstante namens Quantum der Wirkung gab, waren die meisten von ihnen von einem Gedanken durchdrungen, den man als Idee des Atomismus bezeichnen könnte. Sie fand ihren Ausdruck in dem oben erwähnten Forschungsprogramm, das auf zwei Säulen ruhte: Erstens nahm man an, dass die Materie aus kleinsten, nicht weiter zerlegbaren Bausteinen besteht, dass – anders ausgedrückt – alles, was Masse hat, aus Atomen aufgebaut ist. Und zweitens war man sicher, das sich das Naturgeschehen aus Eigenschaften und Bewegungen dieser elementaren Bausteine erklären und herleiten lässt.

Dieser Atombegriff stammte aus dem Gedankengut der Antike. Er hatte sich über die Jahrhunderte erhalten, und schließlich seine deutlichste Formulierung bei Isaac Newton gefunden. In einer als «Query 31» bezeichneten Passage schreibt Newton, dass Gott am Anfang der Welt die Materie in Form von Teilchen («particles») geschaffen habe, die «solid, hard, impenetrable, moveable» sind und sich durch «no ordinary power» teilen lassen. Newton hielt somit auf der einen Seite am logisch Unteilbaren der Griechen fest und ging zugleich auf der anderen Seite über die antiken Vorstellungen dadurch hinaus, dass er den Atomen noch die Eigenschaft verlieh, Träger von anziehenden Kräften zu sein.

Mit solchen Formulierungen bleibt natürlich die Frage offen, ob es Atome – in dieser oder einer anderen Art – wirklich gibt, und tatsächlich rieten zahlreiche Wissenschaftler mit philosophischen Neigungen bei diesem Thema zur Vorsicht. Der österreichische Physiker Ernst Mach wies am Ende des 19. Jahrhunderts unermüdlich darauf hin, dass man Atome nicht sehen kann und sie bestenfalls als Gedankenkonstrukt beizubehalten seien, und zwar aus Gründen der Denkökonomie. Doch nach 1895 tauchten neue experimentelle Möglichkeiten für den Umgang mit der Materie auf. Die Röntgenstrahlen und die Radioaktivität wurden entdeckt. Beide erlaubten es, die bislang ausgedachten Atome mit konkreten Maßzahlen auszustatten. Sie bekamen Masse und Ladung und konnten gezielt eingesetzt werden, etwa in Streuexperimenten. Um die Jahrhundertwende kippte schließlich die Front, und selbst alte Gegner des Atomismus zeigten sich nach und nach bekehrt. So hält der Nobelpreisträger Wilhelm Ostwald um 1909 in seinem *Grundriss der allgemeinen Chemie* im Vorwort fest: «Ich habe mich überzeugt, dass wir seit kurzer Zeit in den Besitz der experimentellen Nachweise für die diskrete und körnige Natur der Stoffe gelangt sind, welche die Atomhypothese seit Jahrhunderten, ja Jahrtausenden vergeblich gesucht hatte.»

Als 1926 der Nobelpreis für Physik an den Franzosen Jean Perrin (1870–1942) vergeben wird, erkennt die Fachwelt mehr oder weniger offiziell die Existenz von Atomen an, denn seine Arbeit «beendet endgültig den langen Kampf um die reale Existenz von Atomen», wie es das Nobelpreiskomitee in Stockholm formuliert. Damit ist gemeint, dass es sich um unterscheidbare und abzählbare Massenpunkte handelt, die wie kleine Legosteine benutzt und zusammengefügt werden können und dabei die konkret sichtbare Materie und ihre Strukturen aufbauen.

So anschaulich dachte man noch in vielen Kreisen und in Einklang mit dem «Common Sense», als es bereits die Quantentheorie gab, die genau dies nicht mehr zulässt. In ihrer Sicht lässt sich die Welt nicht aus irgendwelchen Elementarsystemen – Atomen – aufbauen, und zwar deshalb nicht, weil sie verschränkt ist und also nicht in Teilsysteme aufgespalten werden kann. Die zwar gegen Einsteins Willen gefundenen, trotzdem heute aber nach ihm benannten Einstein-Korrelationen zeigen, dass die materielle Welt als ein Ganzes besteht, das nicht aus Teilen aufgebaut ist.

Natürlich wird weiterhin von «Atomen» die Rede sein, aber mit diesem Wort sind dann keine Bausteine der Materie mehr gemeint. Die seltsame Lehre der Physik besteht in der Einsicht, dass der sich am gesunden Menschenverstand orientierende Leitgedanke der antiken Naturphilosophie unzutreffend ist, wonach niemand teilen kann, was keine Teile hat. Natürlich kann man physikalische Gegenstände weiterhin in Teile wie Atome zu zerlegen, und man kann sogar die unteilbaren Atome teilen. Es ist aber einfach so, dass «Teilbarkeit» etwas anderes bedeutet als «Zusammengesetztsein». Gegenstände lassen sich in Atome zerlegen, ohne aus ihnen zu bestehen.

Teilbarkeit ist hier als ein theoretisches Konzept gemeint (im Gegensatz zur experimentellen Möglichkeit des Spaltens und Zerlegens). Im praktischen Fall löst sich die Frage nach der unendlichen Teilbarkeit von Materie anders, nämlich durch die schon mehrfach erwähnte Entdeckung von Einstein, der zufolge Masse und Energie äquivalente Größen sind, die sich ineinander überführen lassen. Es leuchtet ein, dass die kleinsten Gebilde ziemlich fest zusammenhalten müssen, was bedeutet, dass viel Energie zu ihrer Teilung erforderlich ist. Es gibt eine Grenze, an der die zu diesem Zweck eingesetzte Energie sehr groß werden muss, um eine Wirkung zu erzielen. Sie wird so groß, dass ein Teil von ihr sich materialisiert, mit dem Ergebnis, dass die Produkte der Teilung nicht kleiner, sondern größer werden. In der winzigen Welt der Atome kann also praktisch und konkret nicht so lange weiter zerlegt werden, bis die Teile in meiner Hand verschwinden. Es gibt eine Stelle der Umkehr, nach der jeder Versuch des Verkleinerns in sein Gegenteil umschlägt.

## *Atome als Symbole*

Atome, Elektronen und andere Einheiten dieser Art sind also wirklich vorhanden, aber nicht als eigenständig existierende Formen des Seins, sondern nur in Wechselwirkung mit ihrer Umgebung. Atome sind Ursachen, aber keine Sachen. Es sind kontextuelle Objekte, die nur relativ zu Beobachtungsmitteln definiert werden können. Atome sind deshalb auch offene Systeme, die ähnlich wie eine Kerzenflamme sich ständig ändern und gerade dadurch ihre Identität bewahren.

Kein mit der Quantentheorie und ihren Erfolgen vertrauter Wissenschaftler wird deshalb noch vom «Aufbau der Materie aus elementaren Bausteinen» reden können oder eine Reduktion biologischer Phänomene auf physikalische Grundgesetze erwarten. Damit ist nicht gesagt, dass die reduktionistisch-atomistische Vorgehensweise überflüssig ist. Sie wird – im Gegenteil – auch weiterhin eine maßgebende Rolle in der Naturwissenschaft spielen.

Trotzdem gilt es, die von unten her argumentierende Denk- und Vorgehensweise in Physik und Biologie zu überwinden. Die Aufgabe besteht darin, die Natur vom Ganzen her – aufs Ganze gesehen – zu verstehen. Nach wie vor wird sie dazu in immer wieder verschiedenen Kontexten und Fragestellungen in Teile gespalten. Doch wer so vorgeht, wird nach und nach feststellen und irgendwann dann auch wissen, dass es dabei unvermeidbar ist, wesentliche Aspekte als bedeutungslos zu deklarieren.

Wenn die gerade gestellte Aufgabe gelingen soll, muss sich die Wissenschaft in ihrem Denken der Kunst nähern. Denn Kunst ist Leidenschaft zum Ganzen, wie es Rilke einmal gesagt hat, während sich Wissenschaft komplementär dazu als Leidenschaft zum Teil charakterisieren lässt. Die konsequente Bemühung der Forschung um die kleinsten Details hat zuletzt ein selbsterschaffenes Ganzes hervorgebracht, nämlich das Bild der Quantenmechanik. In ihrem Rahmen ist es den Physikern zum ersten Mal gelungen, nicht nur eine geschaffene Welt zu betrachten, sondern auch schaffende Natur zu sein. Leider gehört diese Einsicht noch nicht zur Allgemeinbildung oder zum allgemeinen Standard. Das entsprechend benannte Modell hält sich mit Teilchennamen und also mit partiellen Beschreibungen der Natur auf. Sie sind natürlich oft sehr erfolgreich. Sie sind aber weder vollständig noch umfassend. Immer wieder werden komplementäre Beschreibungen verlangt, die sich ausschließen, obwohl sie gleichberechtigt sind. Keine dieser Beschreibungen kann eine andere ersetzen, und keine genügt für sich allein. Jeweils beide sind erforderlich. Wesentlich ist, dass die Naturwissenschaft auf komplementäre Beschreibungsweisen angewiesen ist, wenn sie die ungeteilte Wirklichkeit erfassen und erkennen will. Und das Leben der Menschen gehört dazu. Sie spielen immer mit und ergreifen ihre Möglichkeiten.

# Anhang

# Literatur

## Vorsätze

Robert Musil, *Der Mann ohne Eigenschaften*, Reinbek 2006
Paul Valéry, *Monsieur Teste*, Frankfurt am Main 1992

## Vorwort zur Taschenbuchausgabe

Friedrich Schiller, Die Räuber, Hamburg 2024
Werner Heisenberg, Der Teil und das Ganze, München 1969
Jan Assmann, Achsenzeit – Eine Archäologie der Moderne, München 2018
Karls Jaspers, Vom Ursprung und Ziel der Geschichte, Leipzig 2023

## Zur Vorsicht

Isaiah Berlin, *Die Revolution der Romantik*, in dem Buch *Wirklichkeitssinn*, Berlin 1998, S. 291–330
Isaiah Berlin, *Die Wurzeln der Romantik*, Berlin 2007
Wolfram Eilenberger, *Zeit der Zauberer. Das große Jahrzehnt der Philosophie 1919–1929*, Stuttgart 2018
Ernst Peter Fischer, *Einstein für die Westentasche*, München 2003
Ernst Peter Fischer, *Die Hintertreppe zum Quantensprung*, Frankfurt am Main 2012
Ernst Peter Fischer, *Die Welt in deiner Hand. Zwei Geschichten der Menschheit in einem Objekt*, Heidelberg 2020
Ernst Peter Fischer, *Das wichtigste Wissen. Vom Urknall bis heute*, München 2020
Peter von Matt, *Öffentliche Verehrung der Luftgeister*, München 2003; hierin der Beitrag *Hoffmanns Nacht und Newtons Licht*
C. A. Meier (Hrsg.), *Wolfgang Pauli und C. G. Jung. Ein Briefwechsel 1932–1958*, Heidelberg 1992
Novalis, *Hymnen an die Nacht. Heinrich von Ofterdingen*, München 1994
Christina Vagt, *Komplementäre Korrespondenz. Heidegger and Heisenberg über die Frage nach der Technik*, Zeitschrift für Geschichte der Wissenschaften Band 19 (2011), S. 391–406
Paul Valéry, *Monsieur Teste*, Frankfurt am Main 1992

Ludwig Wittgenstein, *Tractatus logico-philosophicus, Logisch-philosophische Abhandlung*, Frankfurt am Main 1966

## Gruppenbild mit Dame

Heinrich Detering, *Holzfrevel und Heilsverlust. Die ökologische Dichtung der Annette von Droste-Hülshoff*, Göttingen 2020
Max Planck, *Vorträge, Reden, Erinnerungen*, Berlin 2001, S. 211
Victor Weisskopf, *Mein Leben*, Bern 1991, S. 18
Ernst Peter Fischer, *Aristoteles, Einstein und Co.*, München 1995
Barbara Goldsmith, *Obsessive Genius. The Inner World of Marie Curie*, New York 2005
Niels Bohr, *Diskussion mit Einstein über erkenntnistheoretische Probleme der Atomphysik*, in: Paul Arthur Schilpp (Hrsg.), *Albert Einstein als Philosoph und Naturforscher*, Stuttgart 1951, S. 115–150
Isaiah Berlin, *Die Wurzeln der Romantik*, Berlin 2007
Ernst Peter Fischer, *Einstein für die Westentasche*, München 2005

## Teil 1 – Zehn Schritte durch die Zeit

### Kapitel 1 – Weltstars in Berlin (1900–1919)

Das Zitat von Mach findet man in vielen Büchern, zum Beispiel bei Károly Simony, *Kulturgeschichte der Physik. Von den Anfängen bis heute*, Frankfurt am Main 2001
Amir Alexander, *Infinitesimal. How a dangerous mathematical theory shaped the modern world*, New York 2014
Brockhaus – Nobelpreise, hrsg. Von der Lexikonredaktion F. A. Brockhaus, Mannheim 2004
Ludwig Boltzmann, *Populäre Schriften*, Braunschweig 1979
Burton Feldman, *The Nobel Prize. A History of Genius, Controversy, and Prestige*, New York 2000
Ernst Peter Fischer, *Aristoteles, Einstein und Co.*, München 1995
Ernst Peter Fischer, *Der Physiker. Max Planck und das Zerfallen der Welt*, München 2007
Ernst Peter Fischer, *Die Hintertreppe zum Quantensprung*, Frankfurt am Main 2012
Ernst Peter Fischer, *Einstein für die Westentasche*, München 2005
Max Jammer, *Der Begriff der Masse in der Physik*, Darmstadt 1964
Konrad Kleinknecht, *Einstein und Heisenberg*, Stuttgart 2020
Max Planck, *Vorträge, Reden, Erinnerungen* (herausgegeben von Hans Roos und Armin Hermann), Berlin 2001, S. 103
Max Planck, Sitzungsberichte der Preußischen Akademie der Wissenschaften, Physikalisch-Mathematische Klasse 13 (Juni 1907)
Milana Wazeck, *Einsteins Gegner*, Frankfurt am Main 2009

### Kapitel 2 – Frühling in Kopenhagen

Niels Bohr, *Atomphysik und menschliche Erkenntnis*, Braunschweig 1985
Paul Feyerabend, *Wider den Methodenzwang*, Frankfurt am Main 1986
Ernst Peter Fischer, *Licht und Leben. Max Delbrück als Wegbereiter der Molekularbiologie*, Konstanz 1985
Ernst Peter Fischer, *Aristoteles, Einstein und Co.*, München 1995
Ernst Peter Fischer, *Niels Bohr. Physiker und Philosoph des Atomzeitalters*, München 2012
George Gamow, *Thirty Years that shook Physics. The Story of Quantum Mechanics*, New York 1966
Karl von Meyenn et al., *Niels Bohr. Der Kopenhagener Geist in der Physik*, Braunschweig 1985
Poul Martin Møllers Buch *En dansk students aventyr* wird zitiert nach Ernst Peter Fischer, *Niels Bohr. Physiker und Philosoph des Atomzeitalters*, München 2012
Karl Popper, *Logik der Forschung*, Tübingen 1969
Paul Strathern, *Mendelejews Traum. Von den vier Elementen zu den Bausteinen des Universums*, München 2000
Carl Friedrich von Weizsäcker, *Wahrnehmung der Neuzeit*, München 1983

### Kapitel 3 – Zwei Wunderknaben in München

Gaston Bachelard, *Die Bildung des wissenschaftlichen Geistes*, Frankfurt am Main 1987
Walter Benjamin, *Der Begriff der Kunstkritik in der deutschen Romantik*, Hamburg 2013
Isaiah Berlin, *Die Wurzeln der Romantik*, Berlin 2007
Isaiah Berlin, *Wirklichkeitssinn*, Berlin 1998
David C. Cassidy, *Werner Heisenberg. Leben und Werk*, Heidelberg 1995
Alfred Döblin, *Die abscheuliche Relativitätstheorie*, in: Berliner Tagblatt, Abendausgabe vom 24. November 1923
Wolfram Eilenberger, *Zeit der Zauberer. Das große Jahrzehnt der Philosophie 1919–1929*, Stuttgart 2018
Elisabeth Emter, *Literatur und Quantentheorie*, Berlin 1995
Charles P. Enz und Karl von Meyenn (Hrsg.), *Wolfgang Pauli. Das Gewissen der Physik*, Braunschweig 1988
Charles P. Enz, *No Time to be brief. A scientific biography of Wolfgang Pauli*, Oxford 2002
Albert Einstein, *Über die spezielle und die allgemeine Relativitätstheorie*, Berlin 1988
Ernst Peter Fischer, *Brücken zum Kosmos. Wolfgang Pauli zwischen Kernphysik und Weltharmonie*, Lengwil (CH) 2014
Ernst Peter Fischer, *Werner Heisenberg. Ein Wanderer zwischen zwei Welten*, Berlin 2015
Nancy Greenberg, *Max Born. Baumeister der Quantenwelt*, München 2006
Werner Heisenberg, *Der Teil und das Ganze*, München 1969

Werner Heisenberg, *Gesammelte Werke. Abteilung C: Allgemeinverständliche Schriften*, 5 Bände, hrsg. von Walter Blum, Hans-Peter Dürr und Helmut Rechenberg, München ab 1984

Das Zitat von Robert Musil steht in Wolfgang Martynkewicz, *1920. Am Nullpunkt des Sinns*, Berlin 2019

Wolfgang Martynkewicz, *1920. Am Nullpunkt des Sinns*, Berlin 2019

Wolfgang Pauli, *Physik und Erkenntnistheorie*, Braunschweig 1984

Wolfgang Pauli, *Relativitätstheorie*, in: Enzyklopädie der Mathematischen Wissenschaften, Bd. 5, Teil 2, S. 539–775, Leipzig 1921

Frank Wilczek, *The Lightness of Being*, New York 2010

## Kapitel 4 – Festspiele mit Folgen

Gaston Bachelard, *Die Bildung des wissenschaftlichen Geistes*, Frankfurt am Main 1986

Isaiah Berlin, *Die Wurzeln der Romantik*, Berlin 2007

Isaiah Berlin, *Wirklichkeitssinn*, Berlin 1998

David C. Cassidy, *Werner Heisenberg. Leben und Werk*, Heidelberg 1992

Albert Einstein/Max Born, *Briefwechsel 1916–1955*, kommentiert von Max Born, Frankfurt am Main 1986

Charles P. Enz, *No Time to be brief. A scientific biography of Wolfgang Pauli*, Oxford 2002

Nancy T. Greenspan, *Max Born. Baumeister der Quantenwelt*, München 2006

Werner Heisenberg, *Der Teil und das Ganze*, München 1969

Werner Heisenberg, *Liebe Eltern! Briefe aus kritischer Zeit 1918–1945*, hrsg. von Anna Maria Hirsch-Heisenberg, München 2003

Karl von Meyenn et al., *Niels Bohr. Der Kopenhagener Geist in der Physik*, Braunschweig 1985

Karl von Meyenn (Hrsg.), *Quantenmechanik und Weimarer Republik*, Braunschweig 1994

Frank Wilczek, *The Lightness of Being. Mass, Ether, and the Unification of Forces*, New York 2008

## Kapitel 5 – Zweideutigkeiten

Louis de Broglie, *Licht und Materie*, Hamburg 1943

Charles P. Enz, *No time to be brief. A scientific biography of Wolfgang Pauli*, Oxford 2002

Ernst Peter Fischer, *Brücken zum Kosmos. Wolfgang Pauli zwischen Kernphysik und Weltharmonie*, Lengwil (CH) 2014

Ernst Peter Fischer, *Das große Buch der Physik*, Köln 2017

Charles P. Enz und Karl von Meyenn (Hrsg.), *Wolfgang Pauli. Das Gewissen der Physik*, Braunschweig 1988

C. A. Meier (Hrsg.), *Wolfgang Pauli und C. G. Jung. Ein Briefwechsel 1932–1958*, Heidelberg 1992

Karl von Meyenn (Hrsg.), *Quantenmechanik und Weimarer Republik*, Braunschweig 1994
Karl von Meyenn et al., *Niels Bohr. Der Kopenhagener Geist in der Physik*, Braunschweig 1985
Urbasi Sinha in New Scientist vom 14. März 2020, S. 36
Merlin Sheldrake, *Entangled Life*, New York 2020

### Kapitel 6 – Zur Schönheit in der Nacht

Willi Baumeister, *Das Unbekannte in der Kunst*, Köln 1988
Max Born, Werner Heisenberg und Pascual Jordan, *Zur Quantenmechanik II*, Zeitschrift für Physik 35 (1926), S. 557–615
Gerd W. Buschborn und Helmut Rechenberg, *Werner Heisenberg auf Helgoland*, München 2000
David C. Cassidy, *Werner Heisenberg. Leben und Werk*, Heidelberg 1992
Charles P. Enz und Karl von Meyenn (Hrsg.), *Wolfgang Pauli. Das Gewissen der Physik*, Braunschweig 1988
Ernst Peter Fischer, *Licht und Leben. Max Delbrück als Wegbereiter der Molekularbiologie*, Konstanz 1985
Ernst Peter Fischer, *Werner Heisenberg. Ein Wanderer zwischen zwei Welten*, Berlin 2015
Kurt Flasch, *Meister Eckhardt. Philosoph des Christentums*, München 2010
Werner Heisenberg, *Über quantentheoretische Umdeutung kinematischer und mechanischer Beziehungen*, Zeitschrift für Physik 33 (1925), S. 879–893
Werner Heisenberg, *Über den anschaulichen Inhalt der quantentheoretischen Kinematik und Mechanik*, Zeitschrift für Physik 43 (1927), S. 172–198
Werner Heisenberg, *Der Teil und das Ganze*, München 1969
Werner Heisenberg, *Schritte über Grenzen*, München 1971
Carl Gustav Jung und Wolfgang Pauli, *Naturerklärung und Psyche*, Zürich 1952
Konrad Kleinknecht, *Einstein und Heisenberg. Begründer der modernen Physik*, Stuttgart 2020
Wolfgang Pauli, Physik *und Erkenntnistheorie*, Braunschweig 1984

### Kapitel 7 – Ferien in Arosa

Max Born, *Physik im Wandel meiner Zeit*, Braunschweig 1983
Albert Einstein, *Mein Weltbild*, Berlin 1962
Albert Einstein-Max Born, *Briefwechsel 1916–1955*, kommentiert von Max Born, Frankfurt am Main 1982
David L. Goodstein, *States of Matter*, New York 1985
Armin Hermann, *Die Wellenmechanik. Dokumente der Naturwissenschaft*, Stuttgart 1963
Ernst Peter Fischer, *Licht und Leben. Max Delbrück als Wegbereiter der Molekularbiologie*, Konstanz 1985

Walter Moore, *Schrödinger. Life and Thought*, Cambridge 1989
Karl Popper, *Ausgangspunkte. Meine intellektuelle Entwicklung*, München 2004
Erwin Schrödinger, *Was ist Leben?*, München 1987
Erwin Schrödinger, *Briefe zur Wellenmechanik (an Planck, Einstein, Lorentz)*, hrsg. von Karl Przibam, Wien 1963

### Kapitel 8 – Das Ringen im Norden

Niels Bohr, *Atomphysik und menschliche Erkenntnis. Aufsätze und Vorträge aus den Jahren 1930–1961*, Braunschweig 1985
Ernst Peter Fischer, *Niels Bohr. Physiker und Philosoph des Atomzeitalters*, München 2012
Ernst Peter Fischer, *Werner Heisenberg. Ein Wanderer zwischen zwei Welten*, Berlin 2015
Karl von Meyenn et al., *Niels Bohr. Der Kopenhagener Geist in der Physik*, Braunschweig 1985
Werner Heisenberg, *Der Teil und das Ganze*, München 1969
Werner Heisenberg, *Über den anschaulichen Inhalt der quantentheoretischen Kinematik und Mechanik*, Zeitschrift für Physik 43 (1927), S. 172–198
Werner Heisenberg, *Liebe Eltern! Briefe aus kritischer Zeit 1918–1945*, hrsg. von Anna Maria Hirsch-Heisenberg, München 2003

### Kapitel 9 – Zwei seltsame Herren

Louis de Broglie, *Licht und Materie*, Hamburg 1943
Paul Dirac, *Die Prinzipien der Quantenmechanik*, Leipzig 1930
Charles P. Enz und Karl von Meyenn (Hrsg.), *Wolfgang Pauli. Das Gewissen der Physik*, Braunschweig 1988
Graham Farmelo, *The Strangest Man. The Hidden Life of Paul Dirac. Mystic of the Atom*, New York 2009
Ernst Peter Fischer, *Licht und Leben. Max Delbrück als Wegbereiter der Molekularbiologie*, Konstanz 1985
George Gamow, *Thirty Years that Shook Physics*, New York 1966
Karl von Meyenn et al., *Niels Bohr. Der Kopenhagener Geist in der Physik*, Braunschweig 1985
Ernst Peter Fischer, *Brücken zum Kosmos. Wolfgang Pauli zwischen Kernphysik und Weltharmonie*, Lengwil (CH) 2014
Carl Gustav Jung und Wolfgang Pauli, *Naturerklärung und Psyche*, Zürich 1952
Victor Weisskopf, *Mein Leben*, Bern 1991

### Kapitel 10 – Faust in Kopenhagen

Karl von Meyenn et al., *Niels Bohr. Der Kopenhagener Geist in der Physik*, Braunschweig 1985
George Gamow, *Thirty Years that Shook Physics*, New York 1966

Ernst Peter Fischer, *Licht und Leben. Max Delbrück als Wegbereiter der Molekularbiologie*, Konstanz 1985

Gino Segrè, *Faust in Copenhagen. The Struggle for the Soul of Physics and the Birth of the Nuclear Age*, London 2007

## Nachleben 1

Dennis Normille, *Aftermath*, Science 369, Ausgabe vom 24.7.2020, S. 361–365

Armin Hermann, *Wie die Wissenschaft ihre Unschuld verlor*, München 1982

Ernst Peter Fischer, *Brücken zum Kosmos. Wolfgang Pauli zwischen Kernphysik und Weltharmonie*, Lengwil (CH) 2014

Karl Jaspers, *Die Atombombe und die Zukunft der Menschen*, Stuttgart 1958

Richard von Schirach, *Die Nacht der Physiker. Heisenberg, Hahn, Weizsäcker und die deutsche Bombe*, Berlin 2012

Konrad Kleinknecht, *Einstein und Heisenberg. Begründer der modernen Physik*, Stuttgart 2017

Ernst Peter Fischer, *Werner Heisenberg. Ein Wanderer zwischen zwei Welten*, Heidelberg 2015

Ernst Peter Fischer, *Aristoteles, Einstein & Co.*, München 1995

Lise Meitner, *Wege und Irrwege zur Kernenergie*, Naturwissenschaftliche Rundschau 16 (1963), S. 167–169

Patricia Rife, *Lise Meitner*, Düsseldorf 1990

Heiner Kipphardt, *In der Sache J. Robert Oppenheimer*, Frankfurt am Main 1964

Albert Einstein, Boris Podolsky und Nathan Rosen, *Can quantum-mechanical description of physical reality be considered complete?*, Physical Review 47 (1935), S. 777–780

Wolfgang Pauli, *Zur älteren und neueren Geschichte des Neutrinos*, in *Physik und Erkenntnistheorie*, Braunschweig 1984, S. 156–180

## Nachleben 2

John Stewart Bell, *Quantenmechanik. Sechs mögliche Welten und weitere Artikel* (auch der von A. Aspect), Berlin 2015

Hans Christian von Baeyer, *Das informative Universum. Das neue Weltbild der Physik*, München 2005

Albert Einstein, Boris Podolsky und Nathan Rosen, *Can quantum-mechanical description of physical reality be considered complete?*, Physical Review 47 (1935), S. 777–780

Ernst Peter Fischer, *Eine verschränkte Welt*, Mannheimer Forum 87/88, hrsg. von Hoimar von Ditfurth, Mannheim 1988, S. 61–104

A. Grimm et al., *Stabilization ans operation of a Kerr-cat qubit*, Nature Band 584, Ausgabe vom 13.8.2020, S. 205–209

## Nachleben 3

Erwin Schrödinger, *What is Life?*, Cambridge 1944
Erwin Schrödinger, *Was ist Leben?* (mit einem Vorwort von Ernst Peter Fischer), München 1989
Ernst Peter Fischer, *Licht und Leben. Ein Bericht über Max Delbrück, den Wegbereiter der Molekularbiologie*, Konstanz 1985
Niels Bohr, *Atomphysik und menschliche Erkenntnis*, Braunschweig 1985
Daniel J. Kevles und Leroy Hood, *The Code of Codes. Scientific and Social Issues in the Human Genome Project*, Cambridge 1992
Jerry E. Bishop und Michael Waldholz, *Landkarte der Gene. Das Genom Projekt*, München 1991
Ernst Peter Fischer, *Information. Eine kurze Geschichte in fünf Kapiteln*, Berlin 2010
Hans Christian von Baeyer, *Das informative Universum. Das neue Weltbild der Physik*, München 2005

## Epilog

Ernst Peter Fischer, *Kritik des gesunden Menschenverstandes*, Hamburg 1989
Max Delbrück, *Wahrheit und Wirklichkeit. Über die Evolution des Erkennens*, Hamburg 1986
Ernst Peter Fischer, *Eine verschränkte Welt*, Mannheimer Forum 87/88, hrsg. von Hoimar von Ditfurth, Mannheim 1988, S. 61–104
Brian Greene, *Das elegante Universum – Superstrings, verborgene Dimensionen und die Suche nach der Weltformel*, München 2005
Claus Kiefer, *Der Quantenkosmos. Von der zeitlosen Welt zum expandierenden Universum*, Frankfurt am Main 2008
Ernst Peter Fischer, *Sowohl als auch*, Hamburg 1987
Ernst Peter Fischer, *Die zwei Gesichter der Wahrheit. Die Struktur naturwissenschaftlichen Denkens*, München 1990
Clifford Geertz, *Dichte Beschreibung. Beiträge zum Verstehen kultureller Systeme*, Frankfurt am Main 1987
Károly Simony, *Kulturgeschichte der Physik. Von den Anfängen bis heute*, Frankfurt am Main ³2001

# Kurzbiographien

**Isaiah Berlin (1909–1997)** geboren in Riga (damals Russisches Kaiserreich) und gestorben in Oxford. Nachdem die Familie nach London gezogen war, nahm er dort sein Studium auf. Er setzte es in Oxford fort, wo er erst Fellow am All Souls College wurde, bevor er eine Professur für Soziale und Politische Theorie erhielt und für seine Vorlesungen über Negative Freiheit und Positive Freiheit berühmt wurde. Ende der 1970er Jahre war er Englands bekanntester Intellektueller, der 1983 den Erasmus-Preis erhielt.

**Niels Bohr (1885–1962)** geboren und gestorben in Kopenhagen. Berühmtheit erlangte er für das 1913 vorgeschlagene Atommodell, mit dem man das Periodensystem der Elemente erstmals verstehen konnte (Nobelpreis 1922). Bohr war Gründer des Instituts für Theoretische Physik in seiner Heimatstadt, das zum Treffpunkt der Physiker in den 1920er Jahren wurde. Bohr erklärt viele Besonderheiten der Atome durch das Konzept der Komplementarität, bei dem sich widersprechende Ideen ergänzen und zusammengehören.

**Ludwig Boltzmann (1844–1906)** geboren in Wien, gestorben (durch Selbstmord) in Duino, das zu Österreich-Ungarn gezählt wird. Boltzmann entwickelte als Theoretischer Physiker die Thermodynamik und Statistische Mechanik und konnte mit seinen Beiträgen zur kinetischen Gastheorie seine Kollegen von der realen Existenz der Atome überzeugen.

**Max Born (1882–1970)** geboren in Breslau, gestorben in Göttingen. 1954 wurde er mit dem Nobelpreis für Physik ausgezeichnet, mit dem seine (statistische) Deutung der neuen Atomphysik geehrt wurde. Er war vielseitig als mathematischer und philosophischer Forscher tätig, an seinem Institut in Göttingen motivierte er zu Höchstleistungen. Später waren von ihm kritische Töne zu hören, der Flug zum Mond sei ein Triumph des Verstandes und eine Tragik der Vernunft.

**Louis de Broglie (1892–1987)** geboren in Dieppe in der Normandie, gestorben in Louvecienne, Department Yvelines. Der Sohn eines Herzogs studierte erst Philosophie und Geschichte, bevor er sich der Mathematik und Physik zuwandte. In seiner Dissertation wandte er den Welle-Teilchen-Dualismus auf jegliche feste

Materie an. 1949 schlug er die Gründung einer europäischen Kernforschungsanlage vor, die heute als CERN erfolgreich operiert.

**Max Delbrück (1906–1981)** geboren in Berlin, gestorben in Pasadena bei Los Angeles. Nach dem Studium der Physik wechselte er in die Biologie, um der Natur des Gens auf die Spur zu kommen. Delbrück ging 1937 in die USA und begründete hier in den 1930/40er Jahren die Genetik von Bakterien und Viren. Er wurde zum Wegbereiter der Molekularbiologie, die bis heute das Verständnis des Lebendigen bestimmt.

**Paul Dirac (1902–1984)** geboren in Bristol, gestorben in Tallahassee (Florida). Von ihm stammen wesentliche Beiträge zur Quantenmechanik, etwa die Dirac-Gleichung von 1928, die die Physik auf die Spur der Antimaterie brachte; Nobelpreis 1933. Dirac schrieb ein Lehrbuch – *Die Prinzipien der Quantenmechanik* (1930) – und hielt die Schönheit einer Theorie für wichtiger als ihren Wahrheitsgehalt. Er bekleidete eine Professur in Cambridge, bevor er sich nach Florida zurückzog.

**Albert Einstein (1879–1955)** geboren im schwäbischen Ulm, gestorben im amerikanischen Princeton. Der Superstar der Physik, der in einem Wunderjahr 1905 seine Disziplin runderneuerte und ihr eine Relativitätstheorie und besondere Einsichten in die Natur des Lichts schenkte, für die ihm der Nobelpreis für Physik verliehen wurde. Im Ersten Weltkrieg kam Einstein nach Berlin, nach 1933 emigrierte er in die USA, dessen Präsidenten er vor einer deutschen Atombombe warnte.

**Michael Faraday (1791–1867)** geboren in Newington (Surrey), gestorben in Hampton Court Green (Middlesex). Faraday hat als einfacher Buchbinder angefangen und sich zu einem großen Forscher entwickelt, der stets an «Gottes unsichtbares Wesen» glaubte und den Menschen und vor allem den Kindern Weihnachtsvorlesungen schenkte. Seine berühmteste behandelt «Die Naturgeschichte einer Kerze» und ist immer noch lieferbar. Er glaubte fest an eine Einheit der physikalischen Phänomene.

**Otto Hahn (1879–1968)** geboren in Frankfurt am Main, gestorben in Göttingen. Hahn hat nach Vorarbeiten von Lise Meitner gemeinsam mit Fritz Straßmann nachgewiesen, dass Uran durch Beschuss mit Neutronen gespalten und Kernenergie freigesetzt werden kann. Hahn gilt als «Vater der Kernchemie» und wurde 1944 mit dem Nobelpreis für sein Fach ausgezeichnet, ohne dass Lise Meitner berücksichtigt worden wäre, die großen Anteil an der weltbewegenden Beobachtung hatte und sie sogar erklären konnte.

**Werner Heisenberg (1901–1976)** geboren in Würzburg, gestorben in München. Heisenberg gelang 1925 in einer Nacht auf Helgoland der erste entscheidende Durchbruch zu einer Theorie der Atome (Nobelpreis 1933). 1927 konnte er die Idee der Unbestimmtheit vorstellen, der zufolge die Eigenschaften von Objekten atomarer Größenordnung erst durch ihre Messung bestimmt werden. Die Bahn eines Elektrons gibt es tatsächlich nur, wenn Menschen sie beschreiben.

**Martin Heidegger (1889–1976)** geboren in Meßkirch, gestorben in Freiburg. 1926 entstand sein Hauptwerk *Sein und Zeit*, das die philosophische Richtung einer Fundamentalontologie begründete. Er verstand Technik nicht nur als Mittel zum Erreichen von Zwecken, sondern sah dadurch eine neue Auffassung der Welt entstehen, die der Nutzbarmachung unterliegt. Bei allem Ruhm wird Heidegger wegen seines unübersehbaren Engagements für die Nationalsozialisten und wegen seines Antisemitismus oft verachtet.

**Edmund Husserl (1859–1938)** geboren in Proßnitz in Mähren, gestorben in Freiburg. Gilt als Begründer der philosophischen Strömung mit Namen Phänomenologie, die großen Einfluss u. a. auf Martin Heidegger und Jean-Paul Sartre hatte. Nachdem er anfänglich eine psychologische Grundlegung der Mathematik angestrebt hatte, unternahm er in seinen *Logischen Untersuchungen* um 1900 eine umfassende Kritik an dem damals vorherrschenden Psychologismus, der die Logik auf psychologische Gegebenheiten zurückführen wollte.

**Carl Gustav Jung (1875–1961)** geboren in Kesswil und gestorben in Küsnacht, beides in der Schweiz. Jung heiratete eine wohlhabende Frau, was ihm viel Forscherfreiheit verschaffte, die er nutzte, um die Analytische Psychologie zu begründen. Auf ihn geht das Konzept eines kollektiven Unbewussten zurück, wobei ihn interessierte, wie «Bewusstsein, Unbewusstes und Individuation» zusammenhängen. 1931 lernte er Wolfgang Pauli kennen, dessen Träume er zu deuten hoffte.

**Johannes Kepler (1571–1630)** geboren in Weil der Stadt, gestorben in Regensburg. Kepler hat drei Gesetze der Planetenbewegung gefunden und sich gefragt, wie man sie erklären kann. Sosehr er Wissenschaft als Gottesdienst betrieb, so klar war ihm, dass die Bibel kein Physikbuch ist. Was sich am Himmel abspielte, musste immanent erklärt werden, aus der Sache heraus, nicht transzendent, von den Göttern her. Sein Hauptwerk beschreibt die *Harmonice mundi* und erschien 1619.

**Ernst Mach (1838–1916)** geboren in Brünn (Tschechien), gestorben in München, lebte in Wien. Mach betätigte sich als Physiker, Philosoph und Physiologe und begründete als Theoretiker der Wissenschaft deren Geschichtsschreibung. Sein berühmtes Werk *Die Mechanik in ihrer Entwicklung* von 1883 beeinflusste

Einstein. Mach liebte es, Kollegen zu fragen: «Haben Sie schon einmal ein Atom gesehen?», weil er selbst gegenüber solchen Konstruktionen skeptisch blieb.

**James Clerk Maxwell (1831–1879)** geboren in Edinburgh, gestorben in Cambridge. Maxwell konnte die Grundlagen der Elektrodynamik in vier Maxwell-Gleichungen errichten und mit ihnen das Licht als elektromagnetische Welle deuten und seine Geschwindigkeit bestimmen. Er hat auch fundamentale Beiträge zu einer kinetischen Theorie der Gase geliefert und 1861 eine erste Farbfotografie veröffentlicht. Sein Maxwell-Dämon sollte die Gültigkeit physikalischer Gesetze testen.

**Lise Meitner (1878–1968)** geboren in Wien, gestorben im britischen Cambridge. Meitner ist die wohl bedeutendste österreichische Kernphysikerin. Im Winter 1938/39 gab sie die erste theoretisch-physikalische Erklärung der Kernspaltung, die Otto Hahn nach ihren Vorarbeiten in Berlin nachweisen konnte. Sie arbeitete zusammen mit Hahn im Kaiser-Wilhelm-Institut für Chemie über radioaktive Stoffe, bis sie nach dem Anschluss Österreichs Deutschland verlassen musste.

**Isaac Newton (1642–1726)** geboren in einem Dorf in der Grafschaft Lincolnshire, gestorben in Kensington. Newton hat 1687 ein Werk mit dem Titel *Philosophia Naturalis Principia Mathematica* vorgelegt, in dem er ein universelles Gravitationsgesetz vorstellt und die Grundlagen für das Weltbild legt, das als «Newtons Uhrwerk» die gesamte Kultur beeinflusst hat. Zu Beginn des 18. Jahrhunderts zerlegte er das Licht und schrieb eine Optik mit einer Farbenlehre, die Goethe nicht leiden konnte.

**Wolfgang Pauli (1900–1958)** geboren in Wien, gestorben in Zürich; galt als Wunderkind, der vor seinem zwanzigsten Geburtstag über Relativitätstheorie publizierte. 1945 wurde er für seine Beiträge zur Atomphysik mit dem Nobelpreis ausgezeichnet. Pauli hielt die Nachtseite der Wissenschaft für wichtig, die sich in den Träumen von Menschen zeigt, und er machte sich viele Gedanken über archetypische Hintergründe seiner Wissenschaft, die er in ihrer Geschichte zu finden hoffte.

**Max Planck (1858–1947)** geboren in Kiel, gestorben in Göttingen. Für seine Einführung der Quantensprünge in die Welt der Wissenschaft wurde er 1918 mit dem Physiknobelpreis für sein Fach geehrt wurde. Planck griff zu seinem Quantum der Wirkung in einem Akt der Verzweiflung und hoffte, es würde sich irgendwann wieder abschaffen lassen. Neben den Quanten hat Planck eine zweite Entdeckung gemacht, nämlich als Erster die Größe von Einstein erkannt und ihn nach Berlin geholt.

**Ernest Rutherford (1871–1931)** geboren in Spring Grove bei Nelson (Neuseeland), gestorben in Cambridge (England). Berühmt für sein Modell, das 1911 das Atom wie den Saturn darstellte und mit dem der Atomkern in die Wissenschaft kam. Rutherford meinte, es gebe nur Physik oder Briefmarkensammeln, weshalb es ihn wahrscheinlich geärgert hat, dass er 1908 mit dem Nobelpreis für Chemie ausgezeichnet worden ist. Er hat nie an den Nutzen der Kernenergie geglaubt.

**Erwin Schrödinger (1887–1961)** geboren und gestorben in Wien, wenn auch in verschiedenen Stadtteilen. Nach Professuren in Berlin und Zürich stellte er 1926 die Schrödinger-Gleichung auf, die wohl am meisten angewendete Formel seiner Wissenschaft. 1933 erhielt er den Nobelpreis für Physik, 1935 ersann er das Gedankenexperiment zu Schrödingers Katze. Sein Buch *Was ist Leben?* aus dem Jahr 1944 hat er im Exil in Dublin geschrieben. Schrödinger arbeitete zu vielen Themen der Physik, nicht zuletzt zu den Farben.

**Arnold Sommerfeld (1868–1951)** geboren in Königsberg, gestorben in München. Seit 1906 war er Professor für Theoretische Physik an der Universität München, wo er ein bedeutendes Zentrum für seine Wissenschaft aufbaute. Sommerfeld wurde mehr als achtzigmal für den Nobelpreis vorgeschlagen, ohne ihn zu erhalten. Ihm wurde bescheinigt, in seinen Vorlesungen die Geister seiner Zuhörer zu veredeln. 1919 erschien sein großes Werk über *Atombau und Spektrallinien*.

**Joseph John Thomson (1856–1940)** geboren in Cheetam Hill bei Manchester, gestorben in Cambridge. Er entdeckte am Ende des 19. Jahrhunderts das Elektron, zeigte, dass das Wasserstoffatom genau ein solches Elementarteilchen enthält, und wurde dafür und für Untersuchungen über die elektrische Leitfähigkeit von Gasen mit dem Nobelpreis ausgezeichnet. Er hat wesentliche Beiträge zur Entwicklung der Massenspektrometrie geliefert und sich ein Atom wie einen Rosinenkuchenteig oder einen Plumpudding vorgestellt.

**Victor Weisskopf (1908–2002)** geboren in Wien, gestorben in Neuengland. Nach dem Studium der Physik in Göttingen bei Max Born war Weisskopf Assistent von Heisenberg in Leipzig, von Bohr in Kopenhagen und von Pauli in Zürich. Er arbeitete am Manhattan Project mit, wurde Professor am MIT in Cambridge (Mass.) und Direktor des Europäischen Forschungszentrum CERN in Genf. Er ist Mitbegründer der «American Federation of Scientists», die sich für eine zivile Nutzung der Atomkraft einsetzte, und Autor von Büchern wie *Das Wunder des Wissens* und *The Joy of Insight*.

**Carl Friedrich von Weizsäcker (1912–2007)** geboren in Kiel, gestorben am Starnberger See. Er wurde bekannt und berühmt als Physiker, Philosoph und Friedensforscher. Von Weizsäcker studierte bei Werner Heisenberg, er arbeitete am Uranprojekt (beantragte in diesem Zusammenhang mehrere Patente auf Atombomben), war Professor für Theoretische Physik in Straßburg, für Philosophie in Hamburg und gründete 1970 das Starnberger Max-Planck-Institut zur Erforschung der Lebensbedingungen in der wissenschaftlich-technischen Welt.

# Glossar

**Antimaterie** Die von Paul Dirac vorhergesagte Materie, die aus Antiteilchen besteht und in der man in Antiatomen Antielektronen findet, die auch Positronen heißen; treffen ein Teilchen und sein Antiteichen zusammen, zerstrahlen sie als Energie.

**Atom** Kleinster Bestandteil eines chemischen Elements, zu dem neben einer Hülle aus Elektronen ein Atomkern aus geladenen Protonen und neutralen Neutronen gehört.

**Atommodell nach Bohr** Anschauliche Vorstellung eines Atoms als kleines Sonnensystem mit kreisenden Elektronen als Planeten.

**Bosonen** Teilchen mit ganzzahligem Spin, die sich gerne massenhaft versammeln (vgl. Fermionen).

**Dualität** Die Beobachtung, dass sowohl Licht als auch Elektronen sowohl als (diskrete) Teilchen als auch als kontinuierliche Wellen zu verstehen sind und keine einfache Antwort etwa auf die Frage «Was ist Licht?» möglich ist.

**Elektron** Negativ geladener Mitspieler im Atom.

**Element** In der Chemie ein Stoff, der nicht weiter zerlegt werden kann.

**Elementarteilchen** Unteilbare Grundgegebenheit der Materie.

**Energie** Universell erhaltene Größe, die in verschiedenen Formen auftreten und sich dauernd wandeln kann – als Bewegung, Wärme, Elektrizität, Licht usw.

**Fermionen** Teilchen mit halbzahligem Spin, die sich antisozial verhalten, indem sie eigenbrötlerisch für sich bleiben (vgl. Bosonen).

**Komplementarität** Der Grundbegriff der Philosophie von Bohr, der die Lektion der Atome so verstand, dass es zu jeder Beschreibung einer Wirklichkeit – etwa der von Licht als Bewegung einer Welle – eine zweite gibt – in dem Fall der Darstellung von Licht als Ausbreitung von Teilchen namens Photonen –, die der ersten zwar widerspricht, die aber gleichberechtigt zu ihr ist. Beide ergänzen sich und geben in der komplementären Zusammengehörigkeit die vollständige Erklärung des Phänomens, das man verstehen möchte. Komplementarität geht wie die Dialektik von These und Antithese aus, ohne zu behaupten, alles in einer Synthese auflösen zu können. Komplementarität lebt von der Spannung zwischen Gegensätzen, die es auszuhalten gilt, und bietet auf diese Weise eine qualitative Dialektik an.

**Kopenhagener Deutung der Quantenmechanik** Die Verbindung, die zustande kommt, wenn man die Idee der Komplementarität von Bohr mit der Einsicht in die Unbestimmtheit von Heisenberg verbindet und zusammen sieht.

**Matrizenmechanik** Die Version der Quantenmechanik, die auf Werner Heisenberg zurückgeht und die alten Größen (Messgrößen) der klassischen Physik so umdeutet, dass sie zu Matrizen werden und Vertauschungsrelationen erfüllen.

**Neutron** Kernteilchen ohne Ladung.

**Ousia** Ein Begriff aus der griechischen Philosophie, der etwas meint, das zum Sein hinführt und mit Wesen oder Substanz übersetzt werden kann; hier eine Art Ursubstanz oder wörtlich als Ursache zu verstehen.

**Photon** Teilchen des Lichts.

**Quantenmechanik** Die heutige Form der Atomtheorie, in der das Verhalten von Objekten atomarer Größenordnung nicht mehr durch Messgrößen beschrieben wird, die Zahlenwerte annehmen können, sondern in der Operatoren und Zustandsfunktionen an deren Stelle treten. Es gibt die Quantenmechanik in zwei Formen, als Wellen- und als Matrizenmechanik.

**Quantentheorie** Die erste Version einer Theorie der Atome, die mit einem Quantum der Wirkung operiert, in der es aber immer noch um Größen wie in der klassischen Physik geht, die durch Zahlen festgelegt werden.

**Quantenzahlen** Zahlen, die zur Charakterisierung eines Quantenzustandes dienen, wie Objekte atomarer Größenordnung sie annehmen können.

**Quantum der Wirkung** Die von Max Planck 1900 eingeführte Konstante mit der Dimension einer Wirkung, die zwischen der Energie von Licht und seiner Frequenz vermittelt; wird mit h abgekürzt und gibt die Größe von Quantensprüngen an, wie sie Elektronen in Atomen ausüben können.

**Schrödinger-Gleichung** Eine mathematische Gleichung, mit der das Verhalten einer Funktion erfasst wird, die das Verhalten im atomaren Bereich beschreibt.

**Spektrallinie** Die Art, wie sich Licht zu erkennen gibt, das von einem Atom ausgesendet wurde, nachdem es einen Quantensprung absolviert hat.

**Spin** Eine halbzahlige Quantenzahl, die auf eine klassisch nicht ableitbare Zweiwertigkeit der atomaren Wirklichkeit hinweist; gewöhnlich als Eigendrehimpuls eines Elementarteilchens verstanden, der sich in einem Magnetfeld dann in zwei Richtungen einstellen kann.

**Unbestimmtheit** Zustand von Mitspielern auf der atomaren Bühne, solange niemand unter den Zuschauern wissen will, welche Eigenschaften dort zu finden sind. Es kann nicht gleichzeitig nach allen Messgrößen gefragt werden: Beispielsweise lässt sich entweder die Energie eines Objektes oder die Zeit bestimmen, zu der man sie mit einem Experiment ermitteln will; auch Ort und Geschwindigkeit lassen sich im Bereich der Atome nicht gleichzeitig bestimmen. Die Unbestimmtheit der atomaren Möglichkeiten wird durch menschliches Fragen zur Bestimmtheit der dortigen Wirklichkeit

**Verschränkung** Eine Eigenschaft der atomaren Welt, die sie zu einem Ganzen macht. Sie zeigt sich, wenn die Wissenschaft ihre Teile untersucht und bemerkt, dass sie alle miteinander verwoben sind. Einstein sprach ablehnend von einer spukhaften Fernwirkung, während Heidegger darin eine Verbundenheit im Sein von Mensch und Welt sah und sich über deren Entbergung durch die Physik freute. Das Netz, das die Verschränkung aufspannt, verhindert jeden Sturz in ein Nichts.

**Wellenfunktion** Die Beschreibung eines Objektes im Rahmen der Schrödinger-Gleichung.

# Chronik

1900 Max Planck stellt das Quantum der Wirkung vor und leitet damit sein Strahlengesetz ab, in dem $E = h\nu$ eine Rolle spielt.

1905 Albert Einstein kann sein Wunderjahr feiern und in ihm nicht nur eine Theorie der Relativität präsentieren, sondern auch Licht als Welle und Teilchen erklären und $E = mc^2$ ableiten.

1913 Niels Bohr stellt zusammen mit Ernest Rutherford ein Saturn-Modell des Atoms vor, in dem leichte Elektronen um einen massiven Kern kreisen und Licht abgeben, wenn sie springen.

1919 Albert Einstein wird über Nacht zu einer Pop-Ikone, weil seine Vorstellung einer gekrümmten Raumzeit experimentell bestätigt wird und die Leute neugierig macht; Werner Heisenberg leitet eine Jugendgruppe und hat sein Erlebnis auf Schloss Prunn.

1921 Wolfgang Pauli veröffentlicht seinen «Relativitätsartikel», und Werner Heisenberg reicht seine erste Arbeit zur Publikation ein.

1922 Die Bohr-Festspiele in Göttingen und die Eröffnung des Kopenhagener Instituts für Theoretische Physik; Albert Einstein schreibt «Über die gegenwärtige Krise der theoretischen Physik».

1923 Werner Heisenberg und Max Born reichen eine Arbeit über das Heliumatom ein; Niels Bohr bekommt den Nobelpreis für Physik.

1924 Werner Heisenbergs erster Besuch in Kopenhagen; er und Wolfgang Pauli habilitieren sich; Albert Einstein bekommt Post von Satyendranath Bose, Louis de Broglie gibt seine Doktorarbeit mit dem Vorschlag einer Wellennatur der Elektronen ab.

1925 Werner Heisenberg auf Helgoland; in Göttingen entsteht die Dreimännerarbeit mit Max Born und Pascual Jordan; der Name Quantenmechanik taucht auf.

1926 Erwin Schrödinger macht Ferien in Arosa und bringt von dort die Wellenmechanik mit; Werner Heisenberg weilt als Assistent in Kopenhagen; Wolfgang Pauli berechnet das Wasserstoffspektrum mit der Matrizenmechanik.

1927 Werner Heisenberg reicht eine Arbeit über seine Idee der Unbestimmtheit ein; Niels Bohr trägt in Como das Prinzip der Komplementarität vor. Beides zusammen gilt als Kopenhagener Deutung; die berühmte Solvay-Konferenz in Brüssel.

1928 Werner Heisenbergs Antrittsvorlesung in Leipzig; Paul Dirac legt seine Quantentheorie des Elektrons vor (Dirac-Gleichung).

1929 Wolfgang Pauli und Werner Heisenberg publizieren gemeinsam einen Beitrag zur Quantenfeldtheorie.
1932 Auf der Frühjahrstagung in Kopenhagen wird die Faust-Parodie aufgeführt; das Neutron wird entdeckt.
1933 Die Welt wird dunkel in Deutschlands Drittem Reich.

## Danksagung

Ich danke dem Verlag C.H.Beck für die Möglichkeit, dieses Buch zu schreiben. Stefan Bollmann hat durch sein verständnisvolles Lektorat aus dem anfänglich zu umfangreichen Manuskript die hier vorliegende Version herbeigezaubert, und Angelika von der Lahr hat souverän alle Bildwünsche erfüllt und dem Autor immer das Gefühl vermittelt, dass alles auf dem richtigen Weg ist. Ich danke den beiden aus ganzem Herzen.

# Bildnachweis

Abb. 1: Aus: Mannheimer Forum 87/88. Ein Panorama der Naturwissenschaften, zusammengestellt und redigiert von Prof. Dr. Hoimar v. Ditfurth (Studienreihe Boehringer Mannheim), Boehringer Mannheim GmbH, Mannheim (Entwurf: Erwin Poell, Heidelberg, Zeichnungen: Albert R. Gattung, Neckarhausen und Jörg Kühn, Heidelberg), S. 63

Abb. 2: http://viewer.e-pics.ethz.ch/ETHBIB.Bildarchiv/index2.php?id=ETHBIB.Bildarchiv_Portr_14423-FL

Abb. 3: American Institute of Physics/Emilio Segrè Visual Archives, Ehrenfest Collection

Abb. 4: Aus: Albert Einstein als Philosoph und Naturforscher, herausgegeben von Paul Arthur Schilpp, Stuttgart 1951, S. 138

Abb. 5: https://upload.wikimedia.org/wikipedia/commons/6/6f/Grab_von_Ludwig_Boltzmann_auf_dem_Wiener_Zentralfriedhof.JPG

Abb. 6: Aus: The Atom and the Bohr Theory of It's Structure, by H. A. Kramers and Helge Holst. New York: Alfred A. Knopf, 1926. Originally published in Danish as «Bohrs Atomteori, almenfatteligt fremstillet», Kjobenhavn [etc.] Gyldendal, Nordisk forlag, 1922

Abb. 7: Aus: H. E. White, «Pictorial Representations of the Electron Cloud for Hydrogen-like Atoms», Physical Review 37 (1 June 1931): 1416

Abb. 8: https://www.tf.uni-kiel.de/matwis/amat/mw1_ge/kap_2/illustr/t2_1_1.html

Abb. 9: © Shutterstock

Abb. 10: Science Photo Library/American Philosophical Society (Photograph by Franco Rasetti)

Abb. 11: Science & Society Picture Library/Getty Images

Abb. 12: Bancroft Library, University of California/Otto Stern photograph collection

Abb. 13: © mauritius images/Sciencephotos/Alamy

Abb. 14: © ullstein bild/Getty Images

Abb. 15: Aus: Peter Fischer, Licht und Leben. Ein Bericht über Max Delbrück, den Wegbereiter der Molekularbiologie (Konstanzer Bibliothek, Band 2), Universitätsverlag Konstanz, Konstanz 1985 S. 40,

Abb. 16: © ullstein bild

Abb. 17: https://commons.wikimedia.org/wiki/File:Matrix_german.svg

Abb. 18: https://de.wikipedia.org/wiki/Datei:Gaußsche_Zahlenebene.svg
Abb. 19: © picture alliance/Barbara Gindl/APA/picturedesk.com
Abb. 20: Ernst Peter Fischer
Abb. 21: American Institute of Physics/Emilio Segrè Visual Archives
Abb. 22: © mauritius images/BTEU/TEKNISKA/Alamy
Abb. 23: https://commons.wikimedia.org/wiki/File:Dirac_equation_(4089777873).jpg
Abb. 24: American Institute of Physics/Emilio Segrè Visual Archives, Margrethe Bohr Collection
Abb. 25: Quelle: Niels Bohr. 1885–1962. Der Kopenhagener Geist in der Physik, herausgegeben von Karl v. Meyenn, Klaus Stolzenburg, Roman U. Sexl, Friedr. Vieweg & Sohn, Braunschweig/Wiesbaden 1985, S. 315
Abb. 26: © picture alliance/dpa/Rauchwetter
Abb. 27: © Paul Popper/Popperfoto/Getty Images
Abb. 28: Aus: Mannheimer Forum 87/88. Ein Panorama der Naturwissenschaften, zusammengestellt und redigiert von Prof. Dr. Hoimar v. Ditfurth (Studienreihe Boehringer Mannheim), Boehringer Mannheim GmbH, Mannheim (Zeichnungen: Albert R. Gattung, Neckarhausen und Jörg Kühn, Heidelberg), S. 85
Abb. 29: Aus: Mannheimer Forum 87/88. Ein Panorama der Naturwissenschaften, zusammengestellt und redigiert von Prof. Dr. Hoimar v. Ditfurth (Studienreihe Boehringer Mannheim), Boehringer Mannheim GmbH, Mannheim (Entwurf: Erwin Poell, Heidelberg, Zeichnungen: Albert R. Gattung, Neckarhausen und Jörg Kühn, Heidelberg), S. 101

# Personenregister

*Kursive Seitenzahlen verweisen auf Bildlegenden.*